高等职业技术教育通信类“十三五”规划教材

无线短距离通信技术开发项目教程

主　编　张玲丽　虞　沧

西南交通大学出版社
·成　都·

图书在版编目（CIP）数据

无线短距离通信技术开发项目教程 / 张玲丽，虞沧主编. —成都：西南交通大学出版社，2019.1
高等职业技术教育通信类“十三五”规划教材
ISBN 978-7-5643-6587-5

Ⅰ. ①无… Ⅱ. ①张… ②虞… Ⅲ. ①无线电通信－通信技术－高等职业教育－教材 Ⅳ. ①TN92

中国版本图书馆 CIP 数据核字（2018）第 290036 号

高等职业技术教育通信类“十三五”规划教材

无线短距离通信技术开发项目教程

主编 张玲丽 虞 沧

责任编辑 穆 丰
助理编辑 梁志敏
封面设计 何东琳设计工作室

出版发行 西南交通大学出版社
（四川省成都市二环路北一段 111 号
西南交通大学创新大厦 21 楼）
邮政编码 610031
发行部电话 028-87600564 028-87600533
网址 http://www.xnjdcbs.com
印刷 成都中永印务有限责任公司

成品尺寸 185 mm × 260 mm
印张 15.75
字数 392 千
版次 2019 年 1 月第 1 版
印次 2019 年 1 月第 1 次
定价 39.80 元
书号 ISBN 978-7-5643-6587-5

课件咨询电话：028-87600533

前 言

当前，带有物联网元素的智能手表、智能手环，以及智能家居等产品已经越来越多地渗透到我们的生活当中，这些设备都是物联网中的联网设备。从技术上来说，物联网可以分为三层：传感层、通信层和应用层。在通信层中，需要将这些数据和信息进行安全可靠的通信和传输。传输方式分为有线和无线两种，在无线传输系统中，短距离无线传输技术成为物联网技术中的一个重要分支。

为了满足市场需求，本书在编写和安排上突出以市场需求和岗位需求为导向，以岗位技能和职业素质培养为目标，旨在实现“知识、技能、态度、素质”人才四要素融合。全书重点分析了当前无线短距离通信技术典型的应用开发实例，其主线是：从广为人知的 WiFi 技术的应用出发，对比多种无线通信技术，最后以在物联网技术中肩负重任的 ZigBee 技术为基于协议栈项目开发的蓝本，向读者展示基于协议栈编程的一般流程和方法。学生学习后能动手实现单播、组播、广播等多种数据传输方式，完成温度、湿度、光照度等采集数据的成功传送或控制。

本书内容编排上循序渐进，先阐述基本概念和原理，接着介绍应用，然后提供实验示例供操作、练习，并附有习题。通过网络搭建、节点功能、数据传输、有效控制等实验，突出重点，各个击破，争取从实践的角度去找到与理论的吻合点。本书采用项目式的编排方式，便于教学安排，也可以作为课程设计、毕业设计、技术开发等的参考用书。

本书由张玲丽和虞沧担任主编，王金龙、王碧芳、廖骏杰参与编写。其中项目一到项目四由潍坊工程职业学院的王金龙老师编写，项目五到项目七由武汉职业技术学院的王碧芳老师编写，项目八到项目十由武汉职业技术学院的虞沧老师编写，项目十一和项目十二由武汉职业技术学院的廖骏杰老师编写，项目十三到项目十四由武汉职业技术学院的张帆老师编写，项目十五到项目二十由武汉职业技术学院的张玲丽老师编写。由于编者水平有限，难免有不当之处，恳请广大读者批评指正！

编 者

2018 年 10 月

目　录

项目一　WiFi 标准及基本 WLAN 网络组建

第一部分　教学要求

<table>
<tr><td>一、目的要求</td><td colspan="3">1. 了解 WLAN 基础；
2. 掌握多种 WLAN 的结构及相应的配置</td></tr>
<tr><td rowspan="5">二、工具、器材</td><td>实 验 设 备</td><td>数 量</td><td>备　注</td></tr>
<tr><td>TP-Link 无线 AP</td><td>1</td><td>创建无线网络</td></tr>
<tr><td>PC 机</td><td>3</td><td>配置无线终端</td></tr>
<tr><td>无线网卡</td><td>3</td><td>无线接入</td></tr>
<tr><td>有线网卡</td><td>1</td><td>有线接入</td></tr>
<tr><td>三、重难点分析</td><td colspan="3">802.11 协议不同版本之间的差别及工作频段划分；思路清晰地设置相关基本结构的 WiFi 网络连接</td></tr>
</table>

<table>
<tr><td colspan="3">四、教学过程</td></tr>
<tr><td>教学步骤/知识或单元结构</td><td>教学方式/方法/策略</td><td>学生活动安排/过程</td></tr>
<tr><td>1. WLAN 基础</td><td>讲授 WLAN 相关基础知识</td><td>查询资料了解 WLAN 和 WiFi 的联系和差别</td></tr>
<tr><td>2. WLAN 结构</td><td>初步讲解两种基本的 WLAN 网络拓扑结构</td><td>查询资料了解新结构，如 Mesh 结构</td></tr>
<tr><td>3. Ad-Hoc 对等无线网络组建</td><td>引导学生思考此处对等网络中的 PC 机的 IP 地址属性该如何设置，以及如何创建无线网络</td><td>组网并完成无线网卡的软硬件安装及测试，连接网络后测试连通性</td></tr>
<tr><td>4. Ad Hoc 网络接入 Internet</td><td>创设情境，让学生自主完成将 Ad-Hoc 对等无线网络接入 Internet</td><td>理解实验要求，完成相应功能</td></tr>
<tr><td>5. Infrastructure 无线网络组建</td><td>演示 AP 的配置方法</td><td>组网完成相应功能，并和 Ad-Hoc 对等无线网络组建比较</td></tr>
<tr><td>6. Infrastructure 网络接入 Internet</td><td>引导学生思考如何修改 AP 及终端的设置使其接入 Internet</td><td>完成相应功能并思考借助其他无线设备如何接入 Internet</td></tr>
<tr><td>7. 布置作业</td><td>练习</td><td>强化课堂认知技能</td></tr>
</table>

<table>
<tr><td colspan="4">五、成绩评定</td></tr>
<tr><td>评定等级</td><td></td><td>教师签名</td><td></td></tr>
</table>

第二部分 教学内容

一、WLAN基础

无线技术让网络使用更自由，使任何自由空间均可连接网络，不受限于线缆和端口位置，尤其适用于特殊地理环境下的网络架设，如隧道、港口码头、高速公路。无线网相对于有线网具有安装便捷、使用灵活、易于扩展等优点，但也存在设备价格昂贵、覆盖范围小、网络速度较慢等不足，因此，通常应用于局域网的范围，即无线局域网（Wireless Local Area Network，WLAN）。广义的WLAN是指通过无线通信技术将计算机设备互联起来，构成通信网络；狭义的WLAN是指采用IEEE 802.11无线技术进行互联的通信网络。目前的WLAN一般指802.11无线网络，802.11是处于2.4 G/5.8 G频段，以电磁波传播的无线网络。在802.11标准发展历程中的多个版本中，表1-1为比较有代表性的版本。

表1-1 典型802.11协议对比

版本号	802.11	802.11b	802.11a	802.11g	802.11n
标准发布时间	1997	1999	1999	2003	2007
合法频宽/MHz	83.5	83.5	325	83.5	83.5
频率范围/GHz	2.400～2.483	2.400～2.483	5.725～5.850	2.400～2.483	2.402～2.483
非重叠信道	3	3	5	3	3
调制技术	FHSS/DSSS	CCK/ DSSS	OFDM	CCK/OFDM	QAM
物理发送速率/Mb/s	1，2	1，2，5.5，11	6，9，12，18，24，36，48，54	6，9，12，18，24，36，48，54	2
兼容性	N/A	与11 g产品可互通	与11 b/g不能互通	与11 b产品可互通	与11 g产品可互通

802.11标准的发展一直没有停下脚步，802.11ac、802.11ad、802.11e、802.11f等仍然在致力于传输距离和速率应用等方面的发展和提升。

802.11协议在2.4 GHz频段定义了14个信道，每个频道的频宽为22 MHz。两个信道中心频率之间为5 MHz。信道1的中心频率为2.412 GHz，信道2 的中心频率为2.417 GHz，依此类推至位于 2.472 GHz 的信道 13。信道 14 是特别针对日本所定义的，其中心频率与信道13 的中心频率相差12 MHz。在北美地区（美国、加拿大）开放1～11信道，在欧洲开放1～13信道，我国与欧洲一样。802.11 b/g工作频段划分如图1-1所示。

从图1-1可以看到，信道1在频谱上和信道2、3、4、5都有交叠的地方，这就意味着：如果有两个无线设备同时工作，且它们工作的信道分别为1和3，则它们发送出来的信号会互相干扰。为了最大限度地利用频段资源，可以使用1、6、11；2、7、12；3、8，13；4、9、14这四组互相不干扰的信道来进行无线覆盖。由于只有部分国家开放了12～14信道频段，所以一般情况下，使用1、6、11这3个信道。为了达到上述目的，我们采用蜂窝式覆盖原则，如图1-2所示。

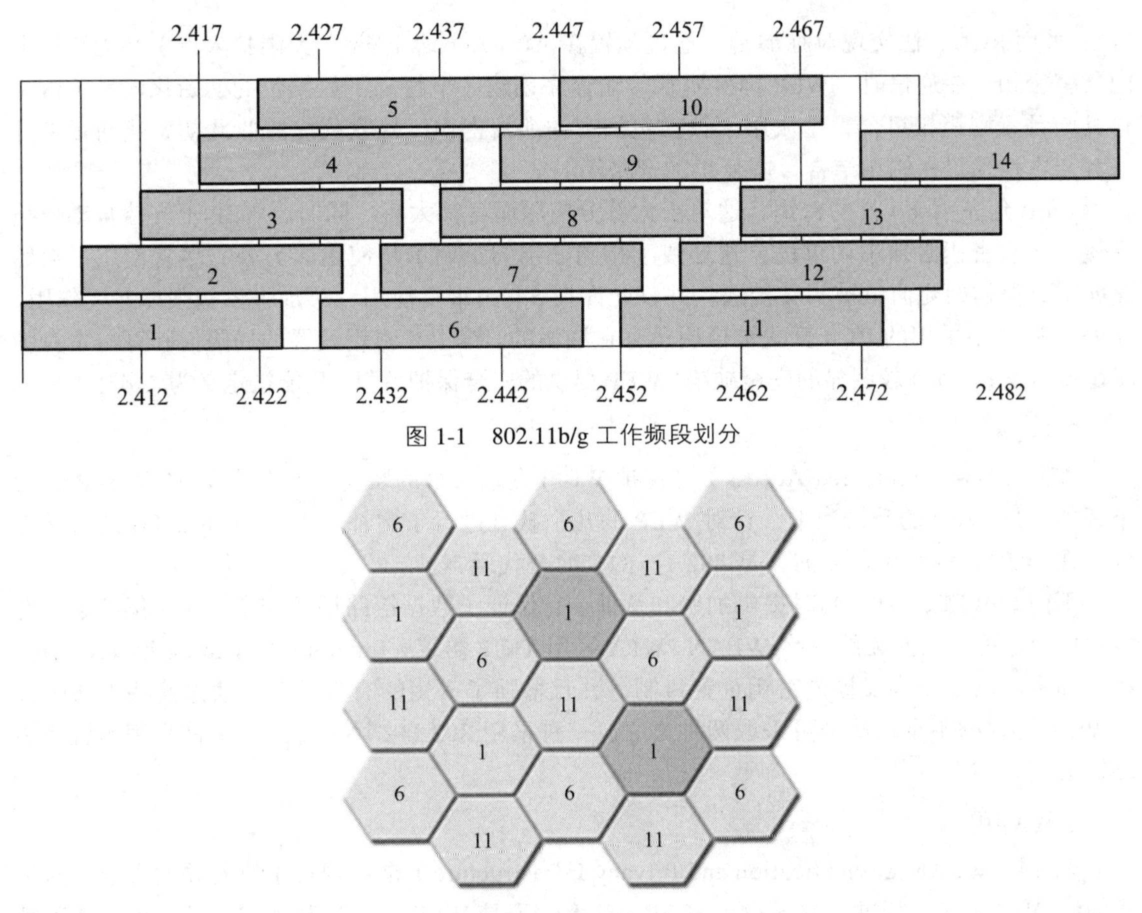

图 1-1　802.11b/g 工作频段划分

图 1-2　蜂窝式无线覆盖原则示意图

所谓的蜂窝式覆盖原则可以简单地概括为：任意相邻区域使用无频率交叉的频道，如：1、6、11 频道；适当调整发射功率，避免跨区域同频干扰；蜂窝式无线覆盖实现无交叉频率重复使用。

WiFi 联盟（WiFi Alliance）是一家全球非营利性的行业协会，拥有 300 多家成员企业，共同致力于推动 WLAN 产业的发展。以增强移动无线、便携、移动和家用设备的用户体验为目标，WiFi 联盟一直致力于通过其测试和认证方案确保基于 IEEE 802.11 标准的无线局域网产品的可互操作性。自 2000 年 3 月 WiFi 联盟开展此项认证以来，已经有超过 4 000 种产品获得了 WiFi CERTIFIED™指定认证标志，有力地推动了 WiFi 产品和服务在消费者市场和企业市场两方面的全面开展。

无线相比较于有线通信方式在保密性等方面是有缺陷的，那么 WiFi 这种技术要得到应用，认证、加密、完整性校验等就是不容忽视的技术。网络的安全机制都有自己的协议标准，就如同我们的社会有自己的法律约束，确保社会的安定。无线网络 WLAN 安全标准，大致有 3 种，分别是 WEP、WPA 和 WAPI。

1. WEP

WEP（Wired Equivalent Privacy）是 802.11b 采用的安全标准，用于提供一种加密机制，保护数据链路层的安全，使无线网络 WLAN 的数据传输安全达到与有线 LAN 相同的级别。

WEP 采用 RC4 算法实现对称加密。通过预置在 AP（Access Point，无限接入点）和无线网卡间共享密钥，在通信时，WEP 标准要求传输程序创建一个特定于数据包的初始化向量（IV），将其与预置密钥相组合，生成用于数据包加密的加密密钥。接收程序接收此初始化向量，并将其与本地预置密钥相结合，恢复出加密密钥。

WEP 允许 40 bit 长的密钥，这对于大部分应用而言都太短。同时，WEP 不支持自动更换密钥，所有密钥必须手动重设，这导致了相同密钥的长期重复使用。另外，尽管使用了初始化向量，但初始化向量被明文传递，并且允许在 5 h 内重复使用，对加强密钥强度并无作用。此外，WEP 中采用的 RC4 算法被证明是存在漏洞的。综上，密钥设置的局限性和算法本身的不足使得 WEP 存在较明显的安全缺陷，WEP 提供的安全保护效果，只能被定义为“聊胜于无”。

2. WPA

WPA（Wi-Fi Protected Access）是保护 Wi-Fi 登录安全的装置。它分为 WPA 和 WPA2 两个版本，是 WEP 的升级版本，针对 WEP 的几个缺点进行了弥补。WPA 是 802.11i 的组成部分，在 802.11i 没有完备之前，是 802.11i 的临时替代版本。

不同于 WEP，WPA 同时提供加密和认证。它保证了数据链路层的安全，同时保证了只有授权用户才可以访问无线网络 WLAN。WPA 采用 TKIP 协议（Temporal Key Integrity Protocol）作为加密协议，该协议提供密钥重置机制，并且增强了密钥的有效长度，通过这些方法弥补了 WEP 协议的不足。认证可采取两种方法，一种采用 802.11x 协议方式，一种采用预置密钥 PSK 方式。

3. WAPI

WAPI（WLAN Authentication and Privacy Infrastructure）是我国自主研发并大力推行的无线网络 WLAN 安全标准，它通过了 IEEE（注意，不是 Wi-Fi）认证和授权，是一种认证和私密性保护协议，其作用类似于 802.11b 中的 WEP，但是能提供更加完善的安全保护。WAPI 采用非对称（椭圆曲线密码）和对称密码体制（分组密码）相结合的方法实现安全保护，实现了设备的身份鉴别、链路验证、访问控制和用户信息在无线传输状态下的加密保护。

WAPI 除实现移动终端和 AP 之间的相互认证之外，还可以实现移动网络对移动终端及 AP 的认证。同时，AP 和移动终端证书的验证交给 AS（Authentication Server，认证服务器）完成，一方面减少了 MT（Mobile Terminal，移动终端）和 AP 的电量消耗，另一方面为 MT 和 AP 使用不同颁发者颁发的公钥证书提供了可能。

二、WLAN 结构

WLAN 不论采用哪一种传输技术，其拓扑结构有两种基本类型：有中心拓扑、无中心拓扑。最基本的就是 Ad-Hoc 结构（无中心拓扑结构）和 Infrastructure 结构（有中心拓扑结构）。

1. 点对点 Ad-Hoc 结构

点对点 Ad-Hoc 对等结构就相当于有线网络中的多机（一般最多是 3 台机）直接通过网卡互联，中间没有集中接入设备[没有无线接入点（AP）]，信号是直接在两个通信端点对点传输的。

在有线网络中，因为每个连接都需要专门的传输介质，所以在多机互联中，一台计算机中可能要安装多块网卡。而在 WLAN 中，没有物理传输介质，信号不是通过固定的传输线路作为信道传输的，而是以电磁波的形式发散传播的，所以在 WLAN 的对等连接模式中，各用户无须安装多块 WLAN 网卡，相比有线网络来说，组网方式要简单许多。

Ad-Hoc 对等结构网络通信中没有一个信号交换设备，网络通信效率较低，所以仅适用于较少数量的计算机无线互联（通常是在 5 台主机以内）。同时由于这一模式没有中心管理单元，所以这种网络在可管理性和扩展性方面受到一定的限制，连接性能也不是很好。而且，各无线节点之间只能单点通信，不能实现交换连接，就像有线网络中的对等网一样。这种无线网络模式通常只适用于临时的无线应用环境，如小型会议室、SOHO 家庭无线网络等。

由于这种网络模式的连接性能有限，所以此种方案的实际效果可能会差一些。况且现在的无线局域网设备价格已大幅下降，一般的 108 Mb/s 无线 AP 价格也可以在 500 元以内买到，54 Mb/s 的更是在 200 元左右，这样的价格根本没必要采用这种连接性能受到诸多限制的对等无线局域网模式。

为了达到无线连接的最佳性能，所有主机最好都适用同一品牌、同一型号的无线网卡；并且要详细了解相应型号的网卡是否支持 Ad-Hoc 网络连接模式，因为有些无线网卡只支持下面将要介绍的基础结构模式，当然绝大多数无线网卡是同时支持两种网络结构模式的。

2. Infrastructure 结构

Infrastructure 结构模式由 AP、无线工作站以及分布式系统 DSS（Distribution System Services）构成，覆盖的区域成为基本服务集 BSS（Basic Service Set）。无线工作站与 AP 关联采用 AP 的基本服务区标识符 BSSID（Basic Service Set Identifier）。在 802.11 中，BSSID 是 AP 的 MAC 地址。从应用角度出发，绝大多数无线局域网都属于有中心网络拓扑结构。基础结构网络也使用非集中式 MAC 协议。但有中心网络拓扑的抗摧毁性差，AP 的故障容易导致整个网络瘫痪。

第三部分　技能训练

一、Ad-Hoc 对等无线网络组建

实验拓扑如图 1-3 所示，要求正确安装无线网卡后，分别设置两台计算机的 IP 属性。在任意一台 PC 机上创建无线局域网，设置其 SSID（Service Set Identity），即无线网络的名称，用来区分不同的无线网络，最多可以有 32 个字符。同时，SSID 通常由 AP 广播出来，通过无线客户端自带的扫描功能可以查看当前区域内的 SSID。另一台 PC 加入该网络。

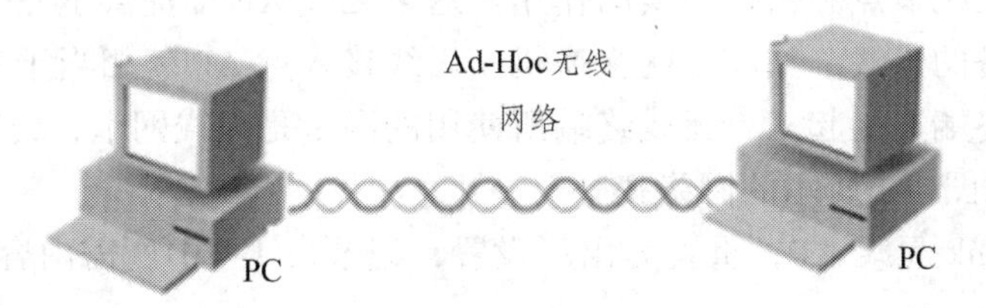

图 1-3　Ad-Hoc 对等无线网络组建拓扑

配置过程中请完成表 1-2。

表 1-2 Ad-Hoc 对等无线网络组建配置记录

设备	IP 地址	子网掩码	SSID	认证方式	WEP 密码
PC1					
PC2					

同时用“ping”命令等方式测试两台 PC 的连通性，并记录分析。

二、Ad-Hoc 对等无线网络接入 Internet

Ad-Hoc 对等无线网络接入 Internet 实验拓扑如图 1-4 所示。

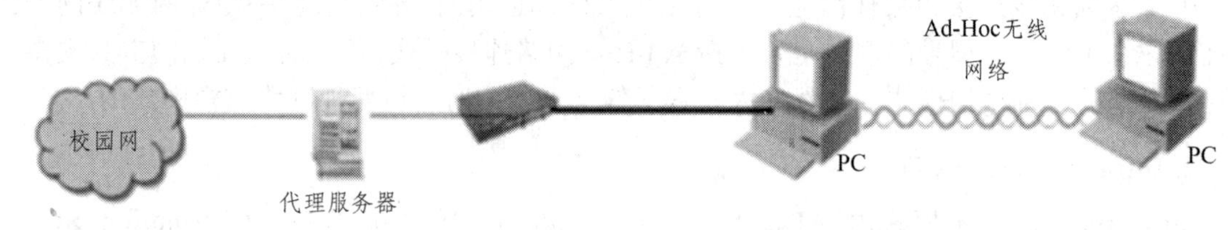

图 1-4 Ad-Hoc 对等无线网络接入 Internet 实验拓扑

按拓扑图连接网络设备后，设置 PC1 有线网卡的 IP 地址并设为共享，观察无线网卡地址的变化，再设置 PC2 的 IP 地址、子网掩码、默认网关、DNS 服务器。记录配置数据于表 1-3 中。

表 1-3 Ad-Hoc 对等无线网络接入 Internet 记录

设备	IP 地址	子网掩码	默认网关	DNS 服务器
PC1 有线网卡				
PC1 无线网卡				
PC2 无线网卡				

保障 PC1 有线网卡能上网，重点在于设置 PC1 的无线网卡和 PC2 无线网卡的相关参数，使得正确设置后 PC2 能上网，并测试分析结果。

三、Infrastructure 无线网络组建

Infrastructure（基础结构）模式属于集中式结构，其中无线 AP 相当于有线网络中的集线器，起着集中连接无线节点和数据交换的作用。通常无线 AP 都提供了一个有线以太网接口，用于与有线网络设备的连接，如以太网交换机。无线接入点 AP 就相当于有线网络的集线器，它能够把各个无线终端连接起来，无线终端所使用的网卡是无线网卡，传输介质是空气。

利用 AP 组建如图 1-5 所示的网络拓扑。

首先复位 TP-Link 无线 AP，重置为出厂设置，记录表 1-4 中所需内容。

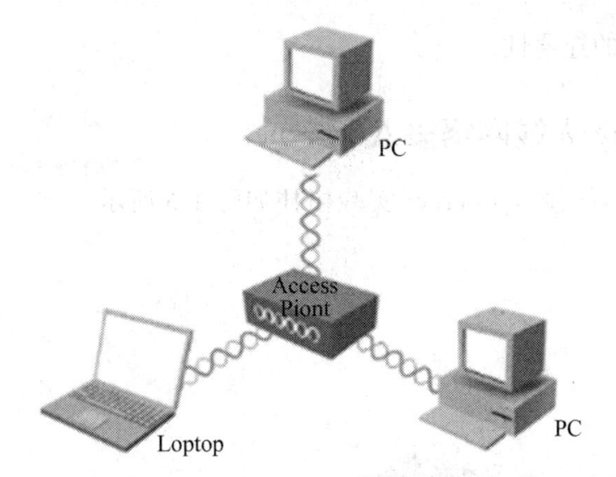

图 1-5　Infrastructure 无线网络组建拓扑

表 1-4　复位 TP-Link 无线 AP 后记录

参数	MAC 地址	管理 IP 地址	子网掩码	用户名	密码
AP					

无线 AP 加电放置后记录表 1-5 中所需内容。

表 1-5　复位后加电 TP-Link 无线 AP 后记录

参数	默认的 SSID	MAC 地址	IP 地址	子网掩码	用户名	密码
AP						

对 PC 机的无线网卡属性进行设置，PC 机通过无线网卡连接无线 AP，在 PC 机上登录无线 AP 管理界面，对无线 AP 的 IP 地址、子网掩码、用户名、密码进行设置，同时对无线参数进行设置，记录在表 1-6 中。

表 1-6　登录无线 AP 对参数的设置记录

<table>
<tr><th rowspan="2">参数</th><th colspan="5">地址及用户名、密码参数</th><th colspan="5">无线参数</th></tr>
<tr><th>MAC 地址</th><th>IP 地址</th><th>子网掩码</th><th>用户名</th><th>密码</th><th>工作模式</th><th>SSID</th><th>信道</th><th>模式</th><th>WPA-PSK</th></tr>
<tr><td>AP</td><td></td><td></td><td></td><td></td><td></td><td></td><td></td><td></td><td></td><td></td></tr>
</table>

启用无线 AP 的 DHCP 服务器地址池，PC 机使用自动获取 IP 地址，接入无线网络，支持 WiFi 的智能手机也能接入该无线网络，记录其 IP 地址属性于表 1-7 中。

表 1-7　PC 机及其他支持 WiFi 的智能手机 IP 地址属性记录表

设备	IP 地址	子网掩码
PC1		
PC2		
PC3		
手机 1		
手机 2		

测试以上终端之间的连通性。

四、Infrastructure 无线网络接入 Internet

Infrastructure 无线网络接入 Internet 实验拓扑如图 1-6 所示。

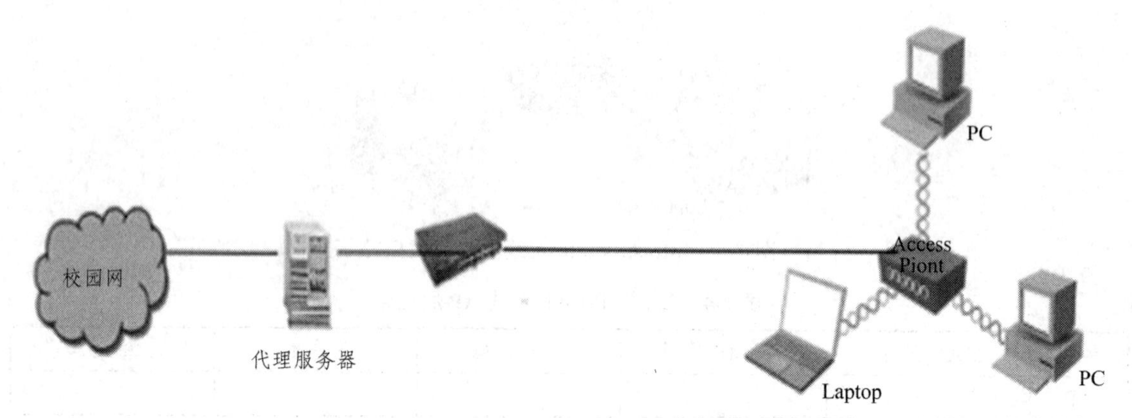

图 1-6　Infrastructure 无线网络接入 Internet 实验拓扑

按拓扑图来连接网络设备，在 PC 机上登录无线 AP 管理界面，对 IP 地址进行设置，使 AP 接入 Internet，启用无线 AP 的 DHCP 服务器，记录数据于表 1-8 中。

表 1-8　AP 的 IP 参数及 DHCP 参数

参数	IP 参数			DHCP 参数		
	IP 地址	子网掩码	网关	地址池	网关	DNS server
AP						

PC 机使用自动或手动获取 IP 地址，接入无线网络，支持 WiFi 的智能手机也接入无线网络，记录数据于表 1-9 中。

表 1-9　终端的 IP 参数

设备	IP 地址	子网掩码	默认网关	DNS 服务器
PC1				
PC1				
手机 1				
手机 2				

测试 PC 机、手机能否访问校园网。

五、知识点考核

1. 无线局域网 WLAN 的传输介质是（　　）。

   A. 红外线　　B. 载波电流　　C. 无线电波　　D. 卫星通信

2. 以下可以工作在 2.4 GHz 频段的无线协议是（　　）。（多选）

   A. 802.11　　B. 802.11a　　C. 802.11b　　D. 802.11g

3. 在中国，802.11b 2.4 GHz 的频段存在多少个非重叠信道（　　）。

A. 6　　B. 3　　C. 12　　D. 8

4. 根据欧洲标准，ISM 频段被分为（　　）个信道。

A. 11　　B. 13　　C. 14　　D. 3

5. ISM 中 802.11g 2.4 GHz 频段中每个信道所占用的频宽为（　　）。

A. 5.22 MHz　　B. 16.6 MHz　　C. 22 MHz　　D. 44 MHz

6. 如果第一个 AP 已经被设置为信道 6，那么需要在该区域中再增加一台 AP 时，该 AP 的信道应该设置为（　　）。

A. 4　　B. 1　　C. 9　　D. 10

7. IEEE 802.11 标准在 OSI 模型中的（　　）提供进程间的逻辑通信。

A. 数据链路层　　B. 网络层　　C. 传输层　　D. 应用层

8. IEEE 802.11 规定 MAC 层采用（　　）协议来实现网络系统的集中控制。

A. CSMA/CA　　B. CSMA/CD

9. 在下面信道组合中，三个非重叠信道的组合为（　　）。

A. 信道 1　信道 6　信道 10

B. 信道 2　信道 7　信道 12

C. 信道 3　信道 4　信道 5

D. 信道 4　信道 6　信道 8

10. 目前国际标准规定的无线产品最大发射功率为 100 mW，相当于（　　）。

A. 1 dBm　　B. 10 dBm　　C. 20 dBm　　D. 30 dBm

项目二　利用无线路由器组建 WLAN 网络

第一部分　教学要求

<table>
<tr><td>一、目的要求</td><td colspan="3">1. 掌握无线路由器的配置方法；
2. 掌握利用无线路由器多种方案组建 WLAN 的方法</td></tr>
<tr><td rowspan="5">二、工具、器材</td><td>实验设备</td><td>数量</td><td>备　注</td></tr>
<tr><td>无线路由器</td><td>2</td><td>创建无线网络</td></tr>
<tr><td>PC 机</td><td>3</td><td>配置及无线终端</td></tr>
<tr><td>无线网卡</td><td>3</td><td>无线接入</td></tr>
<tr><td>有线网卡</td><td>1</td><td>有线接入</td></tr>
<tr><td>三、重难点分析</td><td colspan="3">1. 无线路由器 WAN 口和 LAN 口的不同配置要点；
2. 无线路由器无线参数的配置</td></tr>
</table>

<table>
<tr><td colspan="3">四、教学过程</td></tr>
<tr><td>教学步骤/知识或单元结构</td><td>教学方式/方法/策略</td><td>学生活动安排/过程</td></tr>
<tr><td>1. 理论讲解</td><td>讲授以下知识点：
① 路由器的特点；
② 路由器的功能；
③ 从使用和功能两个方面对路由器进行分类；
④ 对比不同型号路由器的重要参数。</td><td>听讲；
查阅资料：上 TP-Link 等常见路由器生产厂商的官网 https://www.tp-link.com.cn/，关注产品参数</td></tr>
<tr><td>2. 无线路由器的基本配置</td><td>认知路由器的接口、指示灯、主要性能；
明确配置步骤；
分析主要设置参数</td><td>认知，查阅资料和按步骤测试，分小组讨论关键参数及其他简便配置方法</td></tr>
<tr><td>3. 路由器+路由器级联模式</td><td>明确连接方式；
各路由器主要参数的设置</td><td>分小组完成软硬件安装及测试，连接网络后测试其连通性</td></tr>
<tr><td>4. 路由器+AP 模式</td><td>创设情境，让学生自主完成配置，将终端接入 Internet；
引导学生思考此模式下各路由器的功能</td><td>理解实验要求，完成相应配置。分析两种模式的差别和优缺点</td></tr>
<tr><td>5. 布置作业</td><td>练习</td><td>强化课堂认知技能</td></tr>
</table>

<table>
<tr><td colspan="4">五、成绩评定</td></tr>
<tr><td>评定等级</td><td></td><td>教师签名</td><td></td></tr>
</table>

第二部分　教学内容

一、路由器的特点

路由器（router）是一种能将数据包通过网络传送至目的地（选择数据的传输路径）的计算机网络设备。路由器工作在 OSI 模型的第三层，即网络层，又称为网际协议（Internet Protocol，IP）层。路由和交换机之间的主要区别就是交换机发生在 OSI 参考模型第二层（数据链路层），而路由发生在第三层，即网络层。这一区别决定了路由和交换机在传输信息的过程中需使用不同的控制信息，所以两者实现各自功能的方式是不同的。路由器是连接因特网中各局域网、广域网的设备，它会根据信道的情况自动选择和设定路由，以最佳路径，按前后顺序发送信号。

路由器是互联网络的枢纽，即“交通警察”。目前，路由器已经广泛应用于各行各业，各种不同档次的产品已成为实现各种骨干网内部连接、骨干网间互联和骨干网与互联网互联互通业务的主力军。

二、路由器的功能

路由器具有判断网络地址和选择 IP 路径的功能，它能在多网络互联环境中，建立灵活的连接，可用完全不同的数据分组和介质访问方法连接各种子网。路由器只接受源站或其他路由器的信息，属网络层的一种互联设备。它不关心各子网使用的硬件设备，但要求运行与网络层协议相一致的软件。路由器在互联网中主要承担以下功能。

1. 连通不同的网络

从过滤网络流量的角度来看，路由器的作用与交换机和网桥非常相似。但是与工作在网络物理层，从物理上划分网段的交换机不同，路由器使用专门的软件协议从逻辑上对整个网络进行划分。例如，一台支持 IP 协议的路由器可以把网络划分成多个子网段，只有指向特殊 IP 地址的网络流量才可以通过路由器。对于每一个接收到的数据包，路由器都会重新计算其校验值，并写入新的物理地址。因此，使用路由器转发和过滤数据的速度往往要比只查看数据包物理地址的交换机慢。但是，对于那些结构复杂的网络，使用路由器可以提高网络的整体效率。路由器的另外一个明显优势就是可以自动过滤网络广播。从总体上说，在网络中添加路由器的整个安装过程要比即插即用的交换机复杂很多。

2. 选择信息传送的线路

有的路由器仅支持单一协议，但大部分路由器可以支持多种协议的传输，即多协议路由器。由于每一种协议都有自己的规则，要在一个路由器中完成多种协议的算法，势必会降低路由器的性能。路由器的主要工作就是为经过路由器的每个数据帧寻找一条最佳传输路径，并将该数据有效地传送到目的站点。由此可见，选择最佳路径的策略即路由算法是路由器的关键所在。为了完成这项工作，在路由器中保存着各种传输路径的相关数据——路径表（routing table），供路由选择时使用。路径表中保存着子网的标志信息、网上路由器的个数和下一个路由器的名字等内容。路径表可以是由系统管理员固定设置好的，也可以由系统动态修改；可以由路由器自动调整，也可以由主机控制。

静态（static）路由表是由系统管理员事先设置好的、固定的路径表，一般是在系统安装时就根据网络的配置情况预先设定，它不会随未来网络结构的改变而改变。

动态（dynamic）路由表是路由器根据网络系统的运行情况而自动调整的路径表。路由器根据路由选择协议（routing protocol）提供的功能，自动学习和记忆网络运行情况，在需要时自动计算数据传输的最佳路径。

三、路由器级别

路由器级别可以从使用和功能两个方面进行分类。

（一）从使用级别划分

1. 接入路由器

接入路由器连接家庭或 ISP（Internet Service Provider，互联网服务提供商）内的小型企业客户。它不只提供 SLIP（Serial Line Internet Protocol，串行线路网际协议）或 PPP（Point to Point Protocol，点到点协议）连接，还支持诸如 PPTP 和 IPSec 等虚拟私有网络协议。这些协议要能在每个端口上运行，如 ADSL 等技术可以提高各家庭的可用带宽，这将进一步增加接入路由器的负担。由于这些趋势，接入路由器需要支持多种异构和高速端口，并在各个端口运行多种协议，同时还要避开电话交换网。

2. 企业级路由器

企业或校园级路由器连接许多终端系统，其主要目标是以尽量便宜的方法实现尽可能多的端点互连，并且进一步支持不同的服务质量。许多现有的企业网络都是由 Hub 或网桥连接起来的以太网段。尽管这些设备价格便宜、易于安装、无须配置，但是它们不支持服务等级。相反，有路由器参与的网络能够将机器分成多个碰撞域，并因此能够控制一个网络的大小。此外，路由器还支持一定的服务等级，至少允许分成多个优先级别。但是路由器的每端口造价要贵些，并且在能够使用之前要进行大量的配置工作。因此，企业路由器的成败就在于是否提供大量端口，且每端口的造价很低，是否容易配置，是否支持 QoS。另外还要求企业级路由器有效地支持广播和组播。企业网络还要处理历史遗留的各种 LAN 技术，支持多种协议，包括 IP、IPX 和 Vine。它们还要支持防火墙、包过滤以及大量的管理和安全策略以及 VLAN。

3. 骨干级路由器

骨干级路由器实现企业级网络的互联。对它的要求是速度和可靠性，而代价则处于次要地位。硬件可靠性可以采用电话交换网中使用的技术，如热备份、双电源、双数据通路等来获得。这些技术对所有骨干路由器而言差不多是标准的。骨干 IP 路由器的主要性能瓶颈是在转发表中查找某个路由所耗的时间。当收到一个包时，输入端口在转发表中查找该包的目的地址以确定其目的端口，当包越短，或者当包要发往许多目的端口时，势必增加路由查找的代价。因此，将一些常访问的目的端口放到缓存中能够提高路由查找的效率。不管是输入缓冲还是输出缓冲路由器，都存在路由查找的瓶颈问题。除了性能瓶颈，路由器的稳定性也是一个常被忽视的问题。

4. 太比特路由器

在未来核心互联网使用的 3 种主要技术中，光纤和 DWDM 都已经是很成熟的并且是现成的。如果没有与现有的光纤技术和 DWDM 技术提供的原始带宽对应的路由器，新的网络基础设施将无法从根本上得到性能的改善，因此开发高性能的太比特路由器已经成为一项迫切的要求。太比特路由器技术现在还主要处于开发实验阶段。

5. 多 WAN 路由器

双 WAN 路由器具有物理上的 2 个 WAN 口作为外网接入，这样内网电脑就可以经过双 WAN 路由器的负载均衡功能同时使用 2 条外网接入线路，大幅提高了网络带宽。当前双 WAN 路由器主要有“带宽汇聚”和“一网双线”的应用优势，这是传统单 WAN 路由器做不到的。

（二）从功能级别划分

1. 宽带路由器

宽带路由器是近几年来新兴的一种网络产品，它伴随着宽带的普及应运而生。宽带路由器在一个紧凑的箱子中集成了路由器、防火墙、带宽控制和管理等功能，具备快速转发能力，灵活的网络管理和丰富的网络状态等特点。多数宽带路由器针对中国宽带应用优化设计，可满足不同的网络流量环境，具备良好的电网适应性和网络兼容性。多数宽带路由器采用高度集成设计，集成 10/100 Mb/s 宽带以太网 WAN 接口、并内置多口 10/100 Mb/s 自适应交换机，方便多台机器连接内部网络与 Internet，可以广泛应用于家庭、学校、办公室、网吧、小区接入、政府、企业等场合。

2. 模块化路由器

模块化路由器主要是指该路由器的接口类型及部分扩展功能是可以根据用户的实际需求来配置的路由器，这些路由器在出厂时一般只提供最基本的路由功能，用户可以根据所要连接的网络类型来选择相应的模块，不同的模块可以提供不同的连接和管理功能。例如，绝大多数模块化路由器可以允许用户选择网络接口类型，有些模块化路由器可以提供 VPN 等功能模块，有些模块化路由器还提供防火墙的功能，等等。目前的多数路由器都是模块化路由器。

3. 非模块化路由器

非模块化路由器都是低端路由器，平时家用的路由器即为这类非模块化路由器。该类路由器主要用于连接家庭或 ISP 内的小型企业客户。它不仅提供 SLIP 或 PPP 连接，还支持诸如 PPTP 和 IPSec 等虚拟私有网络协议。这些协议要能在每个端口上运行。如 ADSL 等技术可以提高各家庭的可用宽带，这将进一步增加接入路由器的负担。由于这些趋势，该类路由器需要支持多种异构和高速端口，并在各个端口能行多种协议，同时还要避开电话交换网。

4. 虚拟路由器

虚拟路由器以虚求实。最近，一些有关 IP 骨干网络设备的新技术突破，为将来因特网新服务的实现铺平了道路。虚拟路由器就是这样一种新技术，它使一些新型因特网服务成为可能。通过这些新型服务，用户将可以对网络的性能、因特网地址和路由，以及网络安全等进行控制。以色列 RND 网络公司是一家提供从局域网到广域网解决方案的厂商，该公司最早提出了虚拟路由的概念。

5. 核心路由器

核心路由器又称“骨干路由器”，是位于网络中心的路由器。位于网络边缘的路由器称为接入路由器。核心路由器和边缘路由器是相对概念。它们都属于路由器，但是有不同的大小和容量。某一层的核心路由器是另一层的边缘路由器。

6. 无线路由器

无线路由器就是带有无线覆盖功能的路由器，它主要应用于用户上网和无线覆盖。市场上流行的无线路由器一般都支持专线 XDSL/CABLE，动态 XDSL，PPTP 四种接入方式，它还具有其他一些网络管理的功能，如 DHCP 服务、NAT 防火墙、MAC 地址过滤等等功能。

7. 独臂路由器

独臂路由器的概念出现在三层交换机之前，网内各个 VLAN 之间的通信可以用 ISL 关联来实现，那样的话，路由器就成为一个“独臂路由器”。VLAN 之间的数据要先进入路由器处理，然后输出，VLAN 内的报文用不着通过路由器就能直接在交换设备间进行高速传输。这种路由方式的不足之处在于它仍然是一种集中式的路由策略，因此在主干网上一般均设置有多个冗余“独臂”路由器，来分担数据处理任务，从而可以减少因路由器引起的瓶颈问题，还可以增加冗余链路，但如果网络中 VLAN 之间的数据传输量比较大，那么在路由器处将形成瓶颈。独臂路由器现在基本被第三层交换机取代。

8. 无线网络路由器

无线网络路由器是一种用来连接有线和无线网络的通信设备，它可以通过 WiFi 技术收发无线信号来与个人数码产品和笔记本等设备通信。无线网络路由器可以在不设电缆的情况下，方便地建立一个计算机网络。

但是，一般在户外通过无线网络进行数据传输时，它的速度可能会受到天气的影响。其他的无线网络还包括红外线、蓝牙及卫星微波等。

9. 智能流控路由器

智能流控路由器能够自动地调整每个节点的带宽，这样每个节点的网速均能达到最快，不用限制每个节点的速度，这是其最大的特点。智能流控路由器经常用在电信的主干道上。

10. 动态限速路由器

动态限速路由器能实时计算用户所需带宽，精确分析用户上网类型，并合理分配带宽，达到按需分配，合理利用。它还具有优先通道的智能调配功能，这种功能主要应用于网吧、酒店、小区、学校等。

11. 软路由器

软路由器即利用台式机或服务器配合软件形成路由解决方案。它主要靠软件的设置达成路由器的功能，常见的有小草软路由、海蜘蛛等。

四、不同型号路由器的重要参数对比

家用无线宽带路由器的生产厂家很多，主要有 TP-Link、D-Link、FAST、TENDA、

MERCURY、Linksys、NETGEAR、Netcore 等。所采用的芯片主要有 Atheros、Realtek、Atheros 等，不同型号路由器的重要参数对比如表 2-1 所示。

表 2-1　不同型号路由器的重要参数对比

型号	芯片	处理器主频/MHz	内存/MB	无线标准	无线传输率/（Mb/s）	备注
TP-Link TL-WR841N	Atheros 9130	400	32	IEEE 802.11b/g/n	300	V7 版本
TP-Link TL-WR740N	Broadcom BCM5356	333	32	IEEE 802.11b/g/n	150	V1 版本
D-Link DIR-615L	Realtek 8196B	400	32	IEEE 802.11b/g/n	300	F2
FAST FW54R	Atheros 2317	180	8	IEEE 802.11b/g	54	V1
TP-Link WR541G+	Atheros 2317	180	8	IEEE 802.11b/g	54	V1.2
TP-Link TL-WR840N	Atheros 7241	400	32	IEEE 802.11b/g/n	300	V1
Netcore NW705 PLUS	Realtek 8196B	400	约 8	IEEE 802.11b/g/n	150	V1.3

1. 路由器处理器主频

除了处理器的主频外，还必须了解其 Cache 容量和结构、总线宽度、内部总线结构、是单 CPU 还是多 CPU 分布式处理、运算模式等，这些都会极大地影响处理器性能。

一般来说，处理器主频在 100 MHz 或以下的属于较低主频，100 ~ 200 MHz 为中等主频，200 MHz 以上属于较高主频。路由器的处理器同计算机主板、交换机等产品一样，是路由器最核心的器件。处理器的好坏直接影响路由器的性能，但处理器不是决定路由器的唯一因素。

2. 路由器内存容量

处理器内存是用于存放运算过程中的所有数据，其容量大小对处理器的处理能力有一定影响。根据使用内存的大小来绝对地评判路由器性能的高低是不合理的，水平高的软件设计能很好地规划和使用内存；水平低的软件没有好的设计，或是直接采用了处理器芯片厂家提供未经优化的参考软件，内存有可能不能得到有效的规划和使用。

一般 1 ~ 4 MB 属于较小内存、8 MB 属于中等内存、16 MB 或以上属于较大内存。内存可以用 Byte（字节）做单位，也可以用 bit（位）做单位，两者一音之差，容量差 8 倍（1 Byte=8 bit）。

3. 路由器无线传输率

无线路由器传输速度“150 M、300 M 或 450 M”的 M 是 Mb/s 的简称，比特率是用来描述数据传输速度快慢的一个单位，比特率越大，数据流速越快。理论上，150 Mb/s 的网速每秒钟的传输速度就是 18.75 Mb。300 Mb/s 的网速，每秒钟的传输速度就是 37.5 Mb。

第三部分　技能训练

一、无线路由器的基本配置

在家庭或办公室的环境中实现多个终端接入 Internet，其硬件连接如图 2-1 所示。

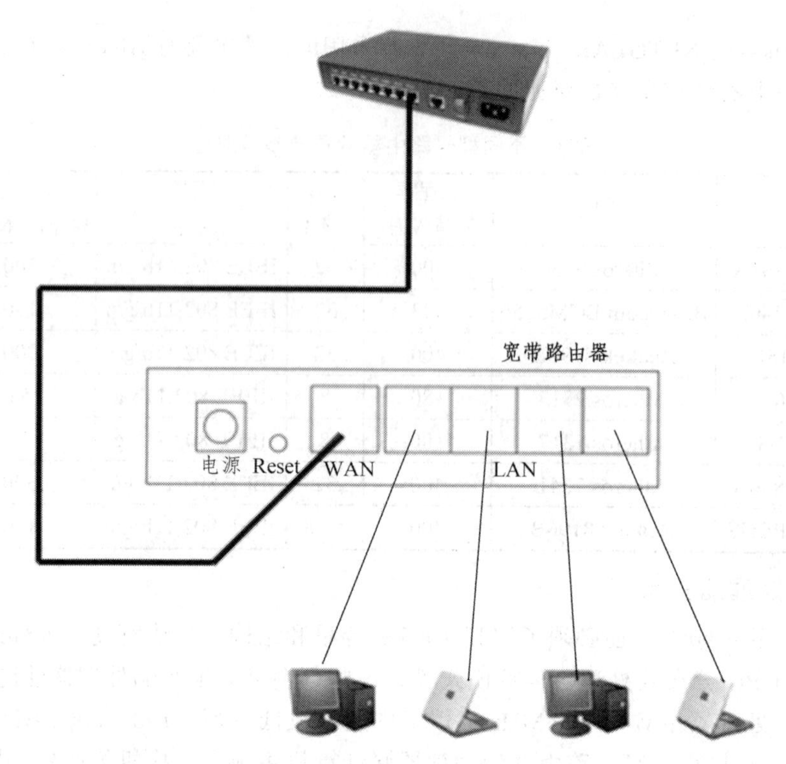

图 2-1　宽带路由器接入网络组建拓扑图

1. 设置配置用计算机

查看路由器底部标签上显示的 IP 地址和登录用的用户名和密码，通常恢复出厂设置后，其登录地址为：192.168.1.1/24。用一根双绞线连接一台 PC 机的网卡和路由器的 4 个 LAN 口中的任意一个。以静态 IP 地址的方式设置用户计算机的 IP 地址、子网掩码。PC 机的 IP 地址需要和路由器的 IP 地址设置在同一个网段，例如：192.168.1.2/24，构成一个双机直联的系统。

2. 登录路由器

打开浏览器，在地址栏里输入路由器的登录地址：192.168.1.1，按下回车键，随后将弹出如图 2-2 所示的界面。

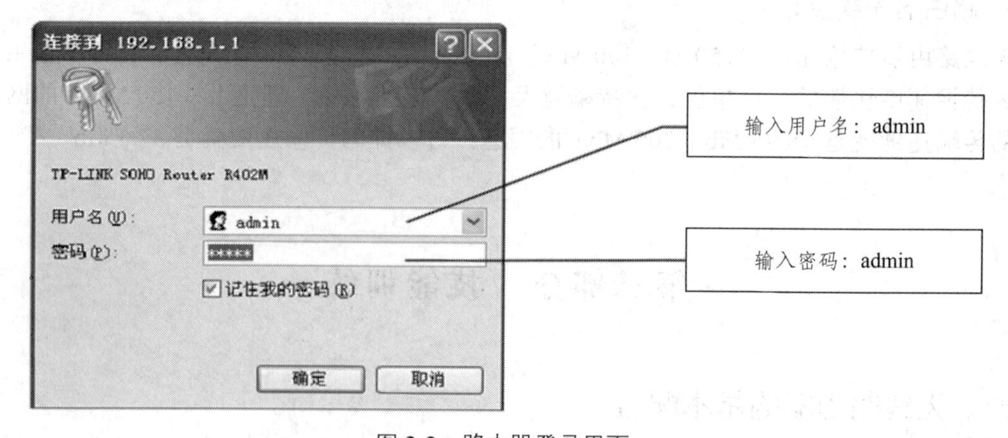

图 2-2　路由器登录界面

3. 设置路由器

此处我们可选择设置向导的方法来进行设置，其界面如图 2-3 所示。

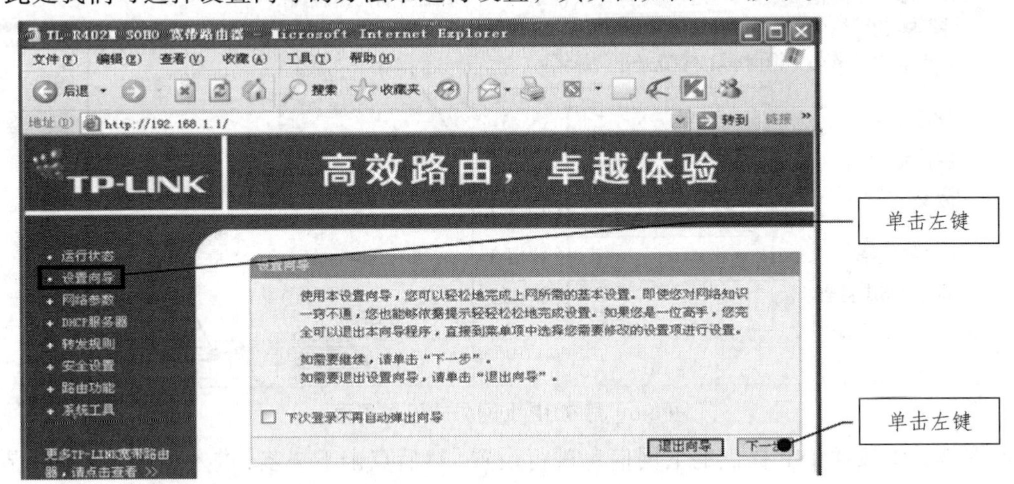

图 2-3　选择设置向导界面

选择使用设置向导设置后，进入路由器设置上网方式的界面，如图 2-4 所示，须根据实际情况进行选择。

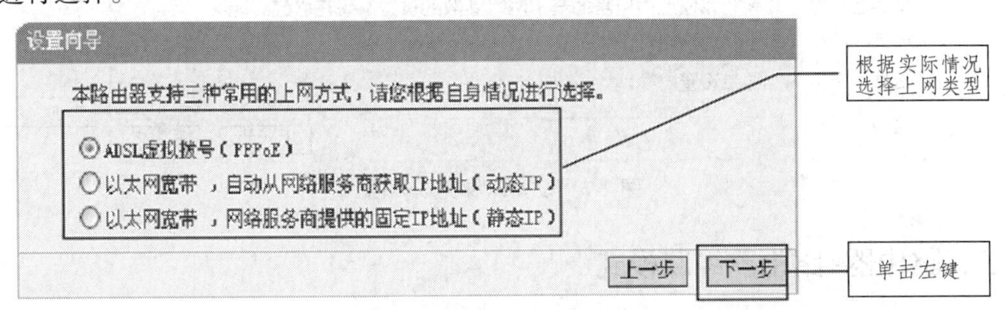

图 2-4　设置上网方式的界面

若选择的是 ADSL 虚拟拨号上网方式，将进入如图 2-5 所示的界面。

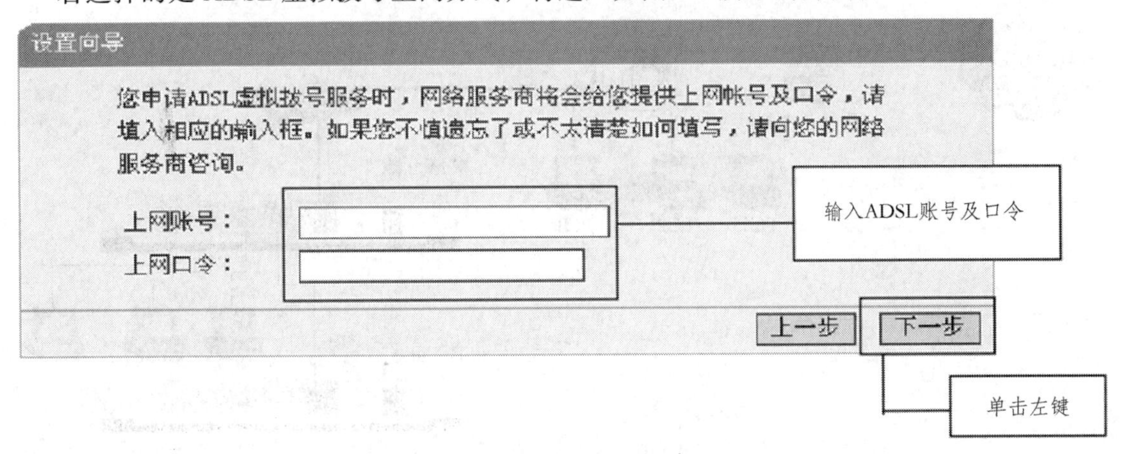

图 2-5　ADSL 虚拟拨号上网方式设置界面

若选择的是动态 IP，此处不需要进行任何设置，直接单击下一步。

如选择的是静态 IP，将进入如图 2-6 所示界面。

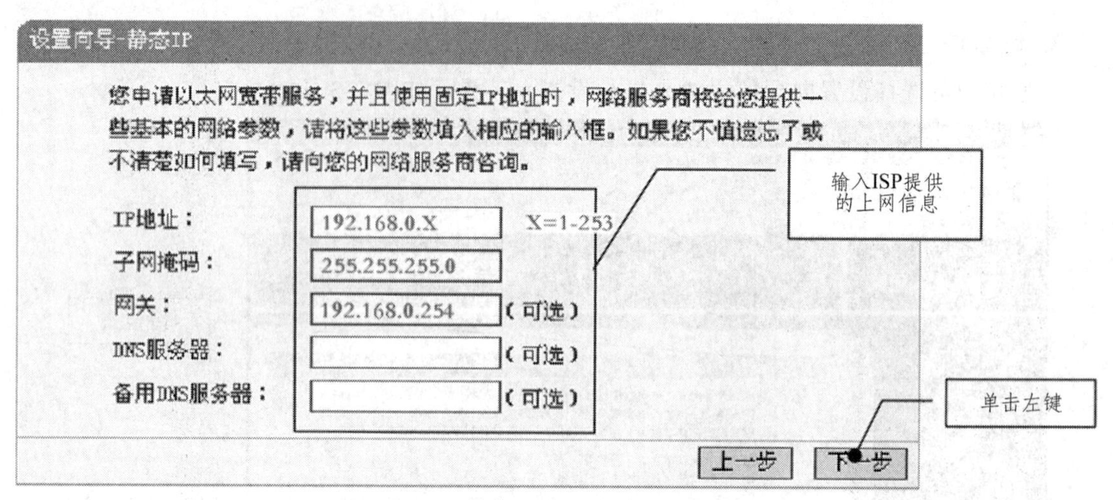

图 2-6　静态 IP 上网方式设置界面

左图 2-6 中按照 ISP 提供的上网信息进行设置，然后点击下一步，进入如图 2-7 所示界面，显示完成了所需上网的基本网络参数的设置，完成向导设置。

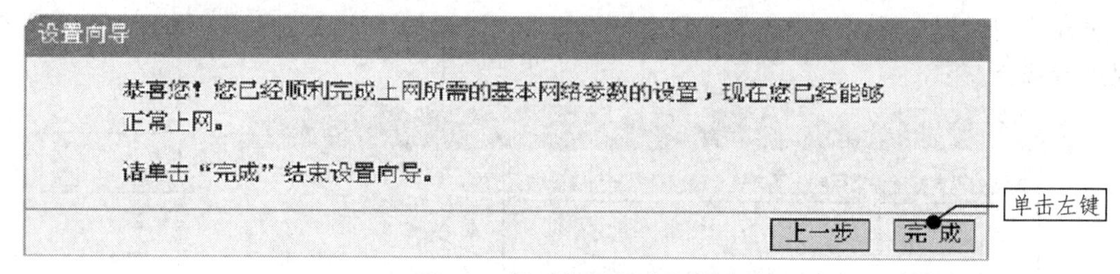

图 2-7　设置向导完成界面

二、路由器+路由器级联模式

按图 2-8 的拓扑图级联两个路由器，B 路由器的 WAN 口与 A 路由器 4 个 LAN 口中的一个相连。

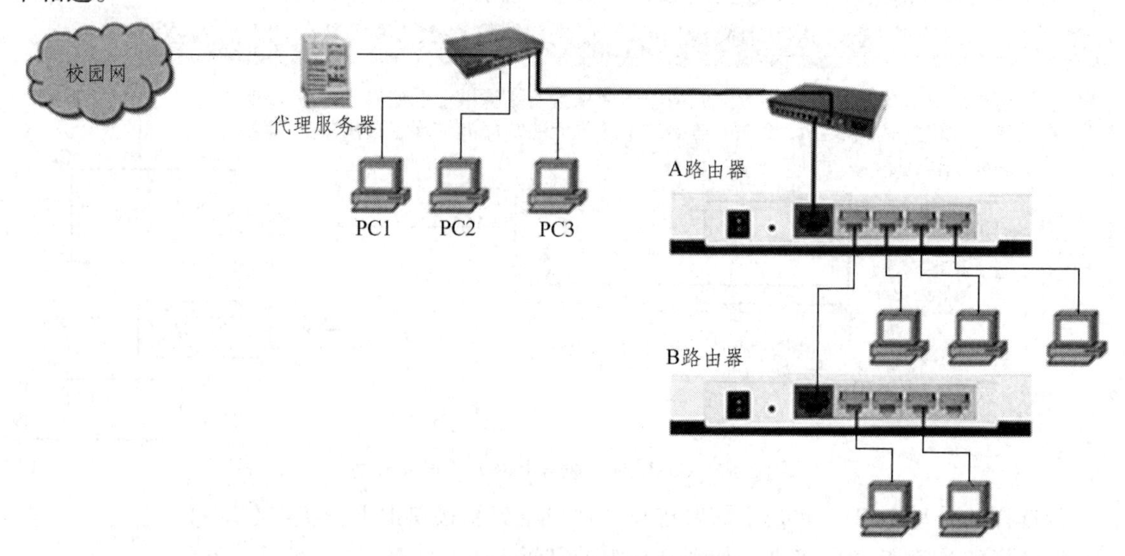

图 2-8　路由器+路由器级联拓扑图

其关键配置如下：

（1）确认 A 路由器可以正常上网后（一般默认网段为 192.168.1.0，IP 地址为登陆路由器的地址 192.168.1.1），确认路由 1 可以正常上网，确认无线已经启用，SSID 和无线连接密码已经设置，用网线连接 B 路由器的 WAN 口。

（2）把 B 路由器的 LAN 口设置为 192.168.2.1，重启，用 192.168.2.1 再次登录该路由器。

（3）设置路由器 WAN 口为 HDCP 自动分配或选静态手动输入 IP 地址，一般情况为 192.168.1.2 ~ 192.168.1.254 中任意一个（前提是没有被占用）；子网掩码为 255.255.255.0；默认网关为 192.168.1.1，DNS 可不填。

（4）确认无线已经启用，SSID 和无线连接密码已经设置。

（5）把 B 路由器的 DHCP 服务关闭（DHCP 服务就是自动分配 IP 地址的服务）。

本方案在 A 路由器下使用 192.168.1.0 网段 IP，网关也要改为 192.168.1.1；在 B 路由器下使用 192.168.2.0 网段的 IP，网关也要改为 192.168.2.1。

启用两无线路由器的无线功能并设置无线参数，信息记录于表 2-2 中。

表 2-2　两路由器的 IP 参数配置

参数	IP 参数配置				
	端口	IP 地址	子网掩码	网关	DNS
A 路由器	WAN 口				
	LAN 口				
B 路由器	WAN 口				
	LAN 口				

记录两路由器的无线参数于表 2-3 中。

表 2-3　两路由器的无线参数

参数	无线参数				
	工作模式	SSID	信道	模式	WPA2-PSK
A 路由器					
B 路由器					

三、路由器+AP 模式

按图 2-9 的拓扑图级联好两个路由器后，B 路由器的某个 LAN 口与 A 路由器 4 个 LAN 口中的一个相连。

启用无线 AP 的 DHCP 服务器地址池，PC 机使用自动获取 IP 地址，接入无线网络，支持 WiFi 的智能手机也能接入该无线网络，记录其 IP 地址属性于表 2.4 中。

（1）确认路由可以正常上网后（一般默认网段为 192.168.1.0，IP 地址为登陆路由器的地址 192.168.0.1），确认 A 路由可以正常上网，确认无线已经启用，SSID 和无线连接密码已经设置，用网线连接 B 路由的 WAN 口。

（2）在 A 路由器中添加以下路由表命令。目的网络：192.168.2.0/24，出口网关：0.0.0.0/0 或自动判断，出口设备：LAN。

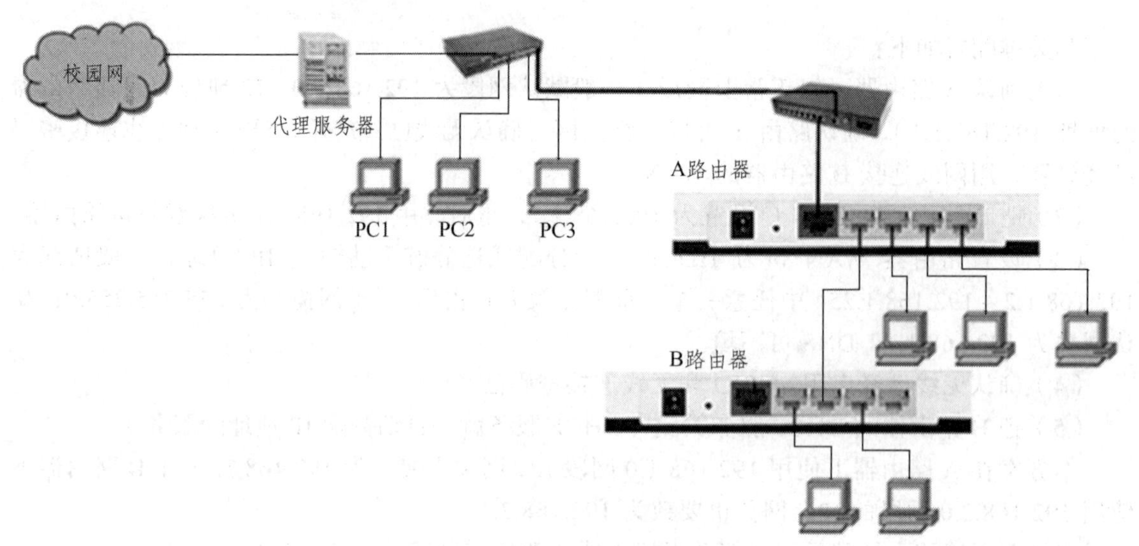

图 2-9　路由器+AP 级联拓扑图

（3）把 B 路由器 LAN 口设置为 192.168.2.1，重启，再用 192.168.2.1 再次登录该路由器。

（4）设置 B 路由 WAN 口为 HDCP 自动分配或选静态手动输入 IP 地址，一般情况为 192.168.1.2 ~ 192.168.1.254 中任意一个（前提是没有被占用）；子网掩码为 255.255.255.0；默认网关为 192.168.1.2；DNS 可不填。

（5）在 B 路由器中添加以下路由表命令。目的网络：192.168.1.0/24，出口网关：0.0.0.0/0 或自动判断，出口设备：LAN。

（6）确认 B 路由器无线已经启用，SSID 和无线连接密码已经设置。

（7）把 B 路由的 DHCP 服务关闭（DHCP 服务就是自动分配 IP 地址的服务）。

启用两无线路由器无线功能并设置无线参数，信息记录于表 2-4 中。

图 2-4　两路由器的 IP 参数配置

参数	IP 参数配置				
	端口	IP 地址	子网掩码	网关	DNS
A 路由器	WAN 口				
	LAN 口				
B 路由器	WAN 口				
	LAN 口				

记录两路由器的无线参数于表 2-5 中。

表 2-5　两路由器的无线参数

参数	无线参数				
	工作模式	SSID	信道	模式	WPA2-PSK
A 路由器					
B 路由器					

四、知识点考核

1. 无线路由器常见的三种接入方式：__________、__________、________________。

2. 无线路由器的常用两个无线工作频率有__________和__________。

3. 常见的无线路由器一般都有一个 RJ45 口为_________，也就是 UPLink 到外部网络的接口，其余 2 ~ 4 个口为_________，用来连接普通局域网。

4. 通常无线路由的 WAN 口和 LAN 之间的路由工作模式一般都采用_____________。

5. 一般无线路由器默认管理 IP 是___________或者 192.168.0.1（或其他），用户名和密码都是__________。

6. 常见的无线路由器的无线速率有 150 Mb/s、_______、450 Mb/s、750 Mb/s、__________。

7. 如何防范无线网络被盗用，即俗称的被蹭网。

8. 一单位用无线路由器组一局域网，其他 PC 均上网正常，仅一台 PC 上网异常，请简述三种故障原因并说明其排查过程及方法（假设路由器网关 IP 为 192.168.1.1）。

9. 简述两种无线路由器恢复出厂设置的方法。

项目三　认识 ZigBee 技术

第一部分　教学要求

<table>
<tr><td>一、目的要求</td><td colspan="3">1. 掌握 ZigBee 技术的定义和特点；
2. ZigBee 的节点类型和特点（协调器、路由器、终端节点）</td></tr>
<tr><td>二、教学要点</td><td colspan="3">ZigBee 技术的特点和节点类型，以及不同类型节点间功能上的区别</td></tr>
<tr><td>三、重难点分析</td><td colspan="3">1. FFD 和 RFD 的区别；
2. ZigBee 技术的特点</td></tr>
<tr><td colspan="4">四、教学过程</td></tr>
<tr><td>教学步骤/知识或单元结构</td><td>教学方式/方法/策略</td><td colspan="2">学生活动安排/过程</td></tr>
<tr><td>1. 引入（无线网络的快速发展）</td><td>提问：有哪些常见的短距离无线通信的传输标准？
板书关键词：WiFi™、Wireless USB、Bluetooth™、Cellular</td><td colspan="2">以小组为单位，互相讨论，推举学生回答，其他同学可补充</td></tr>
<tr><td>2. 无线网络传输协议对比</td><td>面授</td><td colspan="2">听讲，讨论，思考、做笔记</td></tr>
<tr><td>3. ZigBee 的特点</td><td>面授和对照学习</td><td colspan="2">讨论每节 5 号电池的电量，并估算终端节点的工作时长</td></tr>
<tr><td>4. ZigBee 网络的拓扑结构</td><td>引导法：基本的拓扑结构和在其上衍生的拓扑结构</td><td colspan="2">分析：簇状拓扑结构和 Mesh 拓扑结果各自的优缺点</td></tr>
<tr><td>5. ZigBee 网络的路由选择</td><td>对照 Internet 的路由工作原理和算法，预测此处的工作</td><td colspan="2">分析和讨论基本的路由流程</td></tr>
<tr><td>6. CSMA/CA 的冲突检测机制</td><td>对照以太网的 CSMA/CD 的冲突检测机制的异同</td><td colspan="2">分析和总结 CSMA/CA 的工作机理</td></tr>
<tr><td>7. AES 加密算法</td><td>简单介绍</td><td colspan="2"></td></tr>
<tr><td>8. 布置作业</td><td>练习</td><td colspan="2">强化课堂认知技能，完成知识点考核的 1～6</td></tr>
<tr><td>9. 讨论 ZigBee 的实例</td><td>网上查阅资料后进行交流</td><td colspan="2">课下查阅资料，撰写技能训练中要求的报告</td></tr>
<tr><td colspan="4">五、成绩评定</td></tr>
<tr><td>评定等级</td><td></td><td>教师签名</td><td></td></tr>
</table>

（注：评定等级为优，良，中，及格，不及格）

第二部分　教学内容

一、无线网络数据传输协议对比

现在比较流行的无线网络数据传输协议有 WiFi™、Wireless USB、Bluetooth™、Cellular 等，不同的协议有各自的应用领域，因此，选择网络协议时，要根据不同的应用来选择某一种特定的协议。各种无线数据传输协议对比如图 3-1 所示。

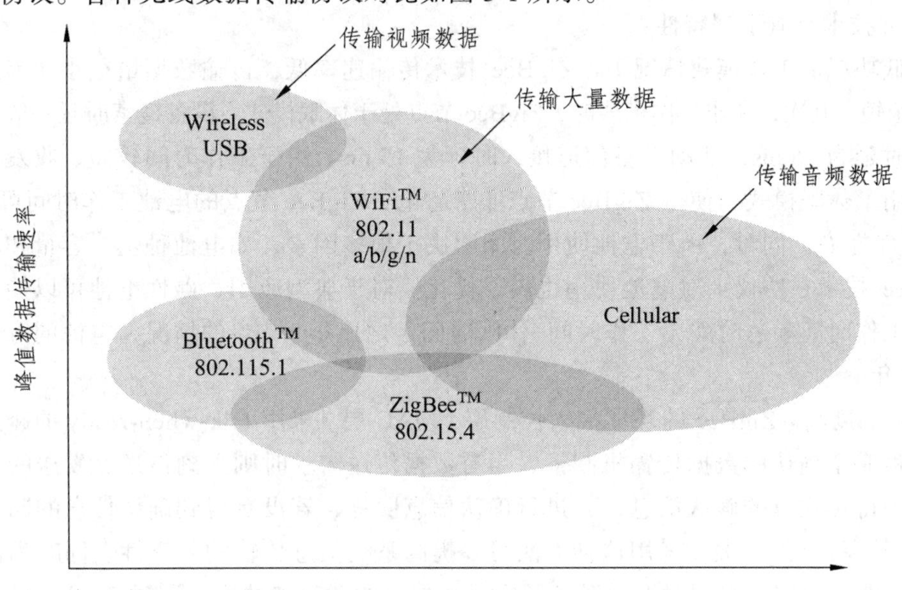

图 3-1　各种无线数据传输协议对比图

不同的协议标准对应不同的应用领域。例如，WiFi™主要用于大量数据的传输，Wireless USB 主要用于视频数据的传输等。ZigBee、蓝牙及 IEEE 802.11b 标准都是工作在 2.4 GHz 频段的无线通信标准，下面将 ZigBee 与蓝牙、IEEE 802.11b 标准进行简要的比较。

蓝牙数据传输速率小于 3 Mb/s，典型数据传输距离为 2 ~ 10 m，蓝牙技术的典型应用是在两部手机之间进行小量数据的传输。

IEEE 802.11b 最高数据传输速率可达 11 Mb/s，典型数据传输距离为 30 ~ 100 m，IEEE 802.11b 技术提供了一种 Internet 的无线接入技术，如很多笔记本计算机可以使用自带的 WiFi 功能实现上网。

ZigBee 协议可以理解为一种短距离无线传感器网络与控制协议，主要用于传输控制信息，数据量相对来说比较小，特别适用于电池供电的系统。此外，相对于上述两种标准，ZigBee 协议更容易实现，或者说实现成本较低。

二、ZigBee 技术的定义及特点

1. 定义

ZigBee 技术是一种应用于短距离范围内，低传输数据速率下的各种电子设备之间的无线

通信技术。ZigBee 名字来源于蜂群使用的赖以生存和发展的通信方式，蜜蜂通过跳 Zigzag 形状的舞蹈来通知发现的新食物源的位置、距离和方向等信息，所以以此作为新一代无线通信技术的名称。ZigBee 过去又称为“HomeRF Lite”“RF-EasyLink”或“FireFly”无线电技术，目前统一称为 ZigBee 技术。

2. 特点

低功耗是 ZigBee 技术最具优势的地方。在通信状态，ZigBee 终端耗电在几十毫瓦左右，在省电模式下，耗电仅仅几十微瓦，一节干电池可以工作几个月到 1 年。

ZigBee 技术具有下列特性：

（1）低功耗。工作模式情况下，ZigBee 技术传输速率低，传输数据量很小，因此信号的收发时间很短。其次，在非工作模式时，ZigBee 节点处于休眠模式。设备搜索时延一般为 30 ms，休眠激活时延为 15 ms，活动设备信道接入时延为 15 ms。由于工作时间较短、收发信息功耗较低且采用了休眠模式，使得 ZigBee 节点非常省电，ZigBee 节点的电池工作时间可以长达 6 个月到 2 年左右。同时，由于电池使用时间取决于很多因素，如电池种类、容量和应用场合等，ZigBee 技术在协议上对电池使用也做了优化。对于典型应用，碱性电池可以使用数年，对于某些工作时间和总时间（工作时间+休眠时间）之比小于 1%的情况，电池的寿命甚至可以超过 10 年。

（2）可靠度高。ZigBee 的媒体接入控制层（MAC 层）采用 talk-when-ready 的碰撞避免机制。在这种完全确认的数据传输机制下，当有数据传送需求时则立刻传送，发送的每个数据包都必须等待接收方的确认信息，并进行确认信息回复，若没有得到确认信息的回复就表示发生了碰撞，将再传一次。采用这种方法可以提高系统信息传输的可靠性。同时为需要固定带宽的通信业务预留了专用时隙，避免了发送数据时的竞争和冲突。同时 ZigBee 针对时延敏感的应用做了优化，通信时延和休眠状态激活的时延都非常短。

（3）高度扩充性。一个 ZigBee 的网络最多包括 255 个 ZigBee 网络节点，其中一个是 Master 设备，其余则是 Slave 设备。若是透过 Network Coordinator 则整体网络最多可达到 65 536 个 ZigBee 网络节点，再加上各个 Network Coordinator 可互相连接，整体 ZigBee 网络节点数目将十分可观。

三、ZigBee 设备类型

ZigBee 规范定义了 3 种类型的设备，每种都有自己的功能要求。

（1）ZigBee 协调器（coordinator）是启动和配置网络的一种设备，其可以保持间接寻址用的绑定表格，支持关联，同时还能设计信任中心和执行其他活动。协调器还要负责网络正常工作，以及保持同网络其他设备的通信。一个 ZigBee 网络只允许有一个 ZigBee 协调器。

（2）ZigBee 路由器（router）是一种支持关联的设备，能够将消息转发到其他设备。

（3）ZigBee 终端设备（enddevices）可以执行它的相关功能，并使用 ZigBee 网络到达其他需要与其通信的设备。它的存储器容量要求最少。

根据节点的不同角色，可分为全功能设备（Full-Function Device，FFD）与半（精简）功能设备（Reduced-Function Device，RFD）。其中全功能设备可作为协调器、路由器和终端设备，而半功能设备只能用于终端设备。或者说，一个全功能设备可与多个 RFD 设备或多个其他 FFD 设备通信，而一个半功能设备只能与一个 FFD 通信。相较于 FFD，RFD 的电路较为简单且存储体容量较小。FFD 的节点具备控制器（controller）的功能，能够提供数据交换，而 RFD 则只能传送数据给 FFD 或从 FFD 接收数据。

每个网络中都有唯一的一个协调器，它相当于现在有线局域网中的服务器，具有对本网络的管理能力。

四、ZigBee 网络的拓扑结构和路由

1. 拓扑结构

ZigBee 是以一个个独立的工作节点为依托，通过无线通信组成星状、串（树）状或网状网络，因此，每个节点的功能并非都相同。为降低成本，系统中大部分的节点为子节点，从组网通信上，它只是其功能的一个子集，称为半功能设备（RFD）；而另外还有一些节点，负责与所控制的子节点通信、汇集数据和发布控制，或起到通信路由的作用，称之为全功能设备（FFD），如图 3-2 ~ 图 3-4 所示。

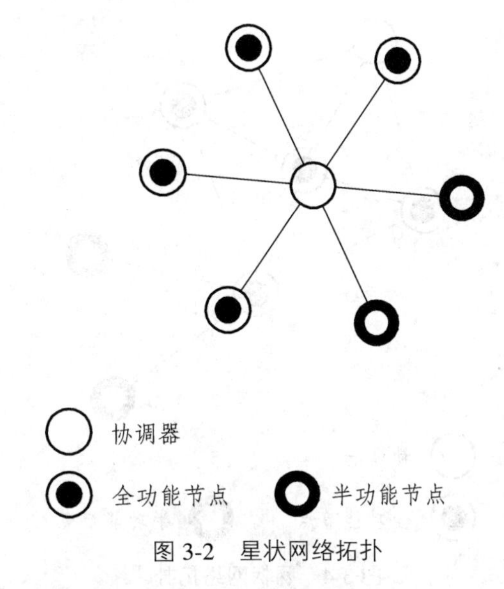

图 3-2　星状网络拓扑

在星状网络中，所有的节点只能与协调器进行通信，相互之间的通信是禁止的。而在网状网络中，全功能节点之间是可以相互通信的，每个全功能节点都具有路由功能，半功能节点只与就近的全功能节点进行通信。

ZigBee 网格或树型网络可以有多个 ZigBee 路由器。ZigBee 星型网络不支持 ZigBee 路由器。

ZigBee 联盟制订可以采用星形和网状拓扑，也允许两者的组合，称为丛集树状。

2. 路由

在路由选择和路由维护时，ZigBee 的路由算法使用了路由成本的度量方法来比较路由的好坏。成本，即众所周知的链路成本，与路由中的每一个链路相关。组成路由的链路成本之和为路由成本。

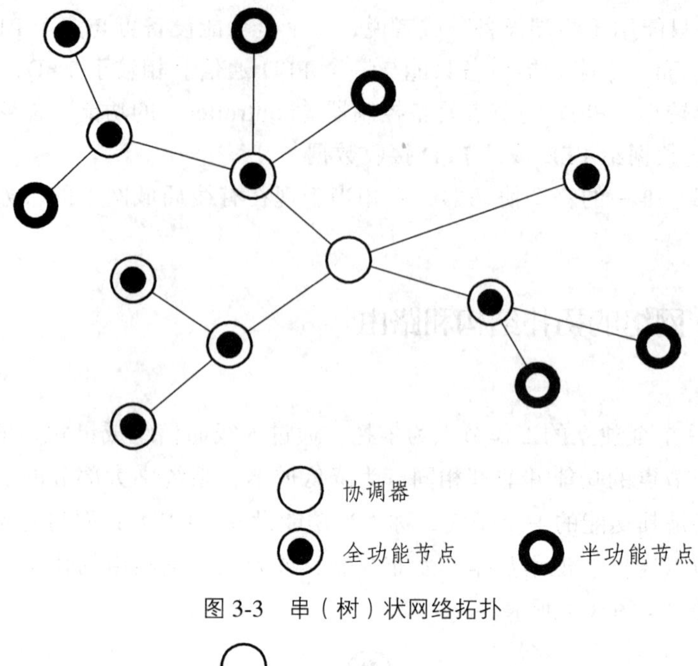

图 3-3　串（树）状网络拓扑

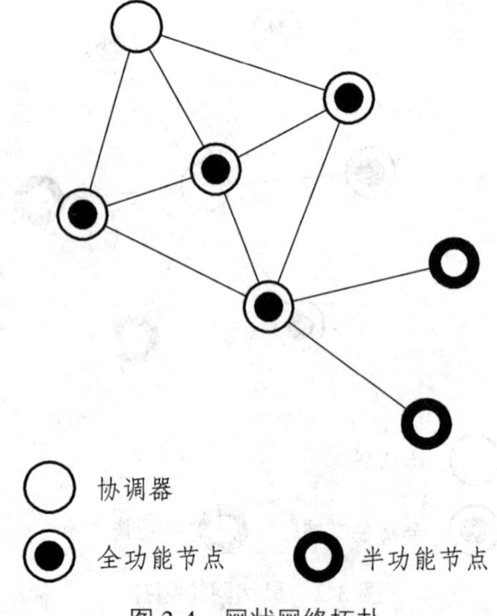

图 3-4　网状网络拓扑

ZigBee 路由和协调器需要对路由表进行维护。ZigBee 路由和协调器也可保存一定数量的入口，仅仅在路由维护时使用这些入口，或者在耗尽所有其他的路由容量的情况下使用这些入口。

路由选择是在网络中的设备相互合作的条件下选择，并建立路由的一个流程，该流程通常与特定的源地址和目的地址相对应。路由选择包括如下流程：

（1）路由搜索的初始化。

（2）接收路由请求命令帧。

（3）接收路由应答命令帧。

ZigBee 基本的路由算法如图 3-5 所示。

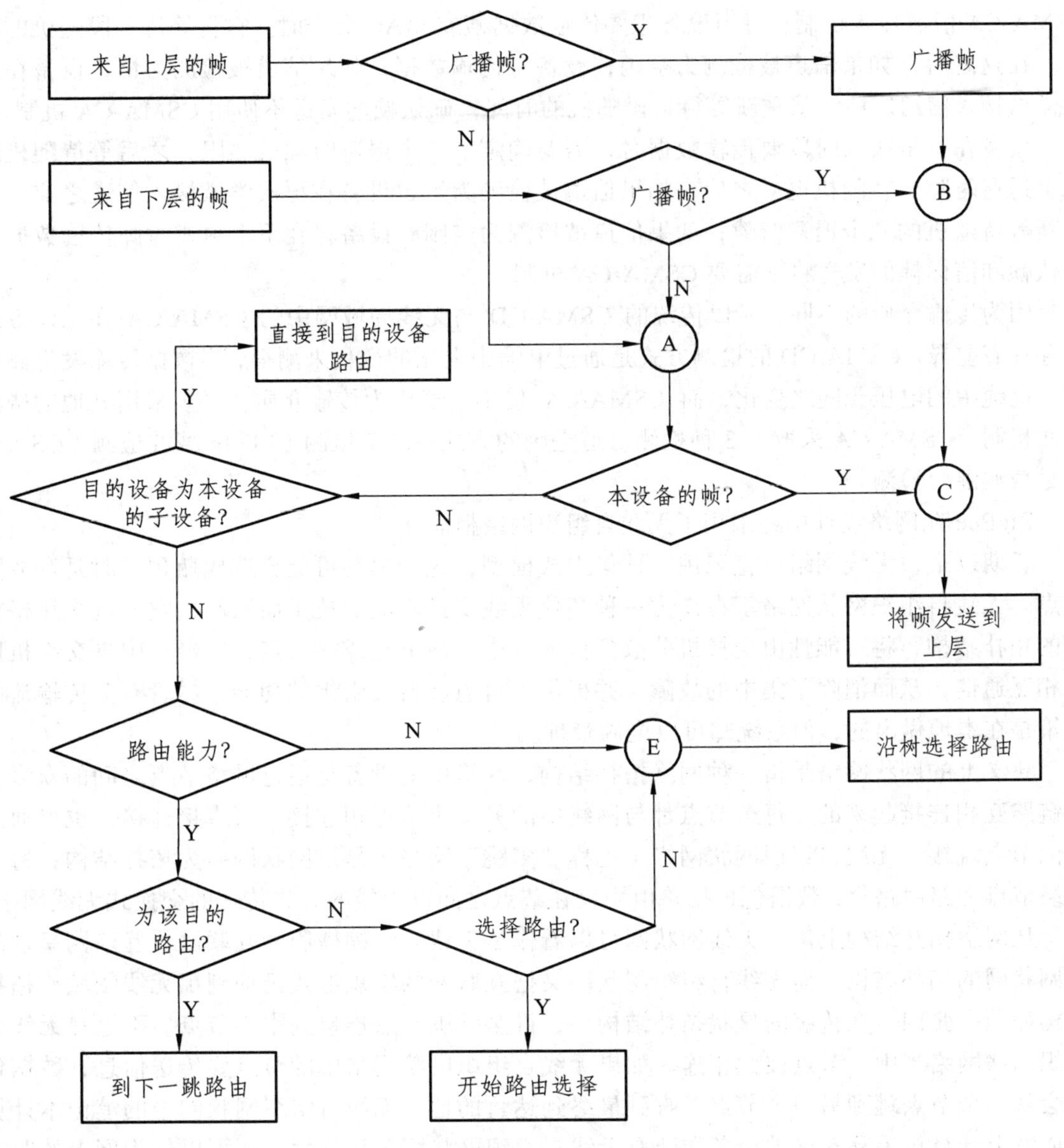

图 3-5　ZigBee 基本路由算法

五、高可靠性的无线网络

以太网属于广播形式的网络，当一个站点发送信息时，网络中的所有站点都能接收到，容易形成数据堵塞，导致网络速度变慢，甚至发生系统瘫痪。为了尽量减少数据的传输碰撞和重试发送，以太网中使用了 CSMA/CD（载波监听多路访问/冲突检测）工作机制。以防止各站点无序地争用信道。ZigBee 中采用了与 CSMA/CD 相类似的 CSMA/CA（载波监听多路访问/冲突防止）协议，当其中一个站点要发送信息时。首先监听系统信道空闲是否大于某一帧的间隔。若是，立即发送，否则暂不发送，继续监听。CSMA/CA 通信方式将时间域的划分与帧格式紧密联系起来，保证某一时刻只有一个站点发送，实现了网络系统的集中控制。

ZigBee 网络依据网络的结构不同，使用两种信道接入机制。无信标网络使用无时隙的

CSMA-CA 信道接入机制。每当设备想要传输数据帧或 MAC 命令时，它将等待一段随机的时间。在这之后，如果信道被检测为空闲，设备将传输数据；如果信道被检测为忙，设备在再次尝试接入信道之前，要重新等待一段随机的时间，确认帧的发送不使用 CSMA-CA 机制。

设备在竞争接入时段要传输数据时，需要确定下一个退避时隙的界限，之后等待随机的几个退避时隙。在随机退避之后，如果信道被检测为忙，设备在再次尝试接入信道之前，要重新等待随机的几个退避时隙；如果信道被检测为空闲，设备将在下个退避时隙传输数据。确认帧和信标帧的发送将不需要 CSMA-CA 机制。

因为传输介质的不同，所以传统的 CSMA/CD 与无线局域网中的 CSMA/CA 在工作方式上存在着差异。CSMA/CD 的检测方式是通过电缆中电压的变化来测得，当数据传输发生碰撞时，电缆中的电压会随之变化，而 CSMA/CA 使用空气作为传输介质，必须采用其他的碰撞检测机制。CSMA/CA 采取了 3 种检测信道空闲的方式：能量检测（ED）、载波检测（CS）和能量载波混台检测。

ZigBee 在网络设计中还采用了无线自组织网络概念。

长期以来，无线网络一直采用一种集中式模型，这种模型可能会造成瓶颈、时延和故障断点。无线自组织网状网络正在作为一种替代无线交换功能的技术而兴起，它通过采用格栅状的拓扑结构，将智能性由交换机分散到接入点中。使节点或接入点无须经过中央交换机即可相互通信，从而消除了集中的故障，并提供了自愈和自我组织的功能。尽管有关传输流的决策是在本地做出的，但系统却可以全局管理。

狭义上的网状网络是指一种网络拓扑结构，网络中的设备是通过网络节点之间的众多冗余链路互相连接起来的。每个节点都与网络中的另一个节点相连接，可直接连接，也可通过中间节点跳接。无线自组织网状网络（也称“多跳”网络）是以网状网络为拓扑结构，每个网络节点为路由路径，数据包根据路由协议在节点之间以无线的方式传送的交换式无线网络。

从网络拓扑结构上讲，无线网状网可以看作是无线版、缩微版的互联网。互联网呈现的是网状网的拓扑结构，而无线自组织网状网又把互联网的实现形式延伸到了无线领域，拓扑结构如同一张网。在传统的星状拓扑结构中，许多外围节点连接到中心节点。不过在无线自组织网状网络当中，节点彼此相连。如果无线自组织网状网络中的节点要传送信息，数据包就会从一个节点跳到另一个节点，直到最终到达目的地。无线自组织网状网中的笔记本计算机或掌上计算机等移动终端设备在装有无线自组织网状网芯片集后，还可以作为网上的路由器或中继器。

无线网状基础设施实际上就是去掉了节点之间布线的路由器网络，它仍具有此类网络所提供的内在容错重新路由功能。它是由对等射频设备构成的，每一台设备都不需要像传统 WLAN 接入点（AP）那样布线至一个有线端口。相反，每一台设备只是简单打开电源就可以自动地进行自我配置，并透过空气与其他节点进行通信，以确定最有效的多跳传输路径。而且每个节点只和其临近节点通信，从一个节点发出的数据包将根据相关协议的配置逐跳（hop）传递到目的节点。

具体传输步骤：

（1）一个新节点利用简单的发现协议向网络广播自已的存在，加入无线网络。

（2）已有的节点认知这个新节点，并透明地重新配置和重新调整网络来容纳这个新节点。

（3）在通信过程中，每个节点根据收到的信号强度、吞吐量、错误和时延，频繁重新计算最佳路径。

路由技术是移动节点通信的基础，也是移动自组织网络的关键技术之一。与一般的蜂窝无线网络不同，移动自组织网络各节点间通过多跳数据转发机制进行数据交换，需要专门的路由协议进行分组转发操作。无线信道变化的不规则性、节点的移动、加入、退出等都会引起网络拓扑结构的动态变化。

无线自组织网状网络与传统无线网络相比，其主要优势表现如下。

（1）稳定性好。单跳网络中，如果一个接入点瘫痪会导致整个网络无法运行。而无线自组织网络具有自我调节和自愈特性，不依赖于单一节点。如果某个接入点或节点发生故障，无线自组织网状网络系统可绕过这些故障，数据也将通过另外路径实现轻松传递，网络仍可继续运行。

（2）节能性强。与传统的点到点网络相比，无线自组织网状网络技术的主要优势之一是每个节点所需的功率大大降低。在无线自组织网状网络中，各个节点可以靠得很近，也正是多跳技术大大延长了无线自组织网状网络节点的电池寿命。

（3）高带宽。根据无线通信的物理特性，路程越长，可能导致数据丢失的干扰和其他因素出现的几率越高。在任何固定功率级别射频发射中，噪声导致的接收错误会随着发射器和接收器之间距离的增加而增加。因此多数联网协议使用若干可变纠错方案，牺牲带宽以便在较高的噪声级连续运行。而无线自组织网状网络通过多次“短跳”来传递数据，路程越短，带宽程度也就越高，从而获得更高带宽。

（4）空间再利用。空间再利用也是无线自组织网状网络相对于单跳网络的显著优势之一。单跳网络设备必须共享同一个接入点，几种设备同时接入网络，会发生严重的交通堵塞，系统速度也会随之降低。而在无线自组织网状网络中，许多设备可以通过不同节点同时接入网络，更短的传送路程在减少干扰的同时，也实现了空间上数据的同时传输。

（5）冲突减轻。自组织网络可以较大程度地减轻业务执行的冲突。这是因为链路为网状结构，使得每个节点可使用的链路数大大增加，且每个网络节点都具有选路功能。如果其中的某一条链路出现了故障，节点便可以自动转向其他可选链路进行接入，因而减轻了业务执行时发生冲突的可能性。

（6）维护方便。无线自组织网状网络简化了网络的维护与升级。如前所述，每个节点有多条可选路由，其中某一链路或路由被切断时并不会影响到业务的正常执行，因而局部地区的升级与扩容将不会影响整个网络的运行，方便了网络的维护与操作。同时，该网络系统可以在任何地点，不依靠任何其他的移动和固定通信网络设备，迅速地被建立。例如，可以在建筑物内、隧道中，以及在偏远地区建立该网络系统。

（7）具有可伸缩性。无线自组织网状网络系统比其他网络系统具有更好的可伸缩性。如果需要增加覆盖区域，或在已有区域增加覆盖密度，只需向已有网络添加接入点或节点，接通节点的电源，然后进行网络配置，无线自组织网状网即可开始运行。

（8）自我构建。在给某节点上电后，它就能收听邻近节点。如果它找到了一个或若干个邻近节点，就会要求加入网络，并获得准入，前提是要满足准入标准，如满足安全需求。一旦无线自组织网状网络里面有了为数不少的节点，一个新节点几乎总是能够找到邻近节点进行通信。

六、安全和加密

在 ZigBee 技术中，采用对称密钥的安全机制，密钥由网络层和应用层根据实际应用需要生成，并对其进行管理、存储、传送和更新等。

安全机制由安全服务提供层提供。然而值得注意的是，系统的整体安全性是在模板级定义的，这意味着模板应该定义某一特定网络中应该实现何种类型的安全。

每一层（MAC、网络或应用层）都能被保护，为了降低存储要求，它们可以分享安全钥匙。SSP（Security Service Provider，安全服务提供）是通过 ZDO（ZigBee Device Object）进行初始化和配置的，要求实现高级加密标准（AES）。ZigBee 规范定义了信任中心的用途。信任中心是在网络中分配安全钥匙的一种令人信任的设备。

大部分 ZigBee 解决方案都需要某种级别的安全性。ZigBee 提供了一套基于 128 位 AES 算法的安全类和软件，并集成了 802.15.4 的安全元素。ZigBee 协议栈类为 MAC、网络和应用层定义了安全性。它的安全服务包括针对关键进程建立设备管理和框架保护的方法。

如果开发人员选择使用一个公共的 ZigBee 类，那么就已经为其应用做出了安全决策，因为在该类中已经对安全性进行了预定义。即使开发人员打算创建一个专有类的应用，他仍可以在若干个 ZigBee 预定义的栈类中挑选一种安全模式。

在这个层上，开发人员需要决定这样一些问题：是否需要对数据帧的载荷进行加密，以及附着在数据帧末尾的认证码长度（8 bit、16 bit 或 64 bit）。基本的应用也许不需要认证，因而可以受益于一个较小的数据包载荷。这些数据完整性方面的选项使得开发人员可以在消息保护和额外开销之间进行权衡。

开发人员还必须决定在哪个层上施加安全机制，即是在 MAC 层、网络层还是应用层。如果应用需要尽可能强大的安全保护，那么就在应用层保护它。此处实施的安全措施采用了一个会话密钥，它只能被另一个拥有该钥匙的设备所认证和解密。这种方法既能防止内部攻击也能防止外部攻击，但需要更多的存储器来实现它。

在 MAC 层和网络层的安全性实质上服务于相同的目的：确保单跳传输的安全。MAC 层仲裁对共享媒介的访问并控制相邻设备之间的单跳传输。ZigBee 联盟添加了一个网络层安全选项以便加入在 MAC 层无法实现的功能，包括拒绝不能被验证的数据帧的能力。这两个安全层采用的是该网络上所有 ZigBee 设备都共享的全局密钥。MAC 层和网络层的安全性适合需要防止对特定基础设施攻击的应用，如防止一个非法设备恶意侵入网络。如果开发人员需要在两个设备之间建立路由，而该网络层的框架又是不安全的，那么非法设备可能会截取数据包。

设备在 ZigBee 安全模式下工作时，可能使用安全方案。安全方案由一组在 MAC 层的帧上所执行的操作组成，以提供安全服务。安全方案的名称表明对称加密算法、模式和完整性码的长度。对于 ZigBee 技术标准中的所有安全方案，使用的都是高级加密标准（AES）算法。每一个实现安全的设备都支持 AES-CCM-64 安全方案，并且可选择附加或者不附加其他安全方案。

ZigBee 技术规定的安全方案将使用以下几种方法：位顺序、串接、整数编码和计时器增加、计数模式（CTR）加密、密码链块-信息鉴权码（CBC-MAC）验证、计数模式和密码链块-信息鉴权码（CCM）的加密和验证、高级加密标准（AES）加密、个域网信息库（PIB）的安全要素。

下面我们来看看什么是 AES 高级加密标准。

AES 的全称是 Advanced Encryption Standard，即高级加密标准。该项目由美国国家标准技术研究所（NIST）于 1997 年开始启动并征集算法，在 2000 年确定采用 Rijndael 作为其最终算法，并于 2001 年被美国商务部批准为新的联邦信息加密标准（FIPS PUB 197）。

FIPS PUB 197 中说明该标准的正式生效日期是 2002 年 5 月 26 日。NIST 每 5 年对该标准重新评估一次。

AES 采用的 Rijndael 算法的设计者是 Joan Daemen（Proton World Int.l）和 Vincent Rijmen（Katholieke Universiteit Leuven，ESAT-COSIC），算法的名字来自两人名字中字母的组合。Rijndael 是一个对称的分组加密算法，分组长度和密钥长度都可变，可分别单独指定为 128 bit、192 bit 和 256 bit。但 AES 中的数据分组长度只采用了 Rijndael 中的 128 bit，而不使用 192 bit 和 256 bit，密钥长度和 Rijndael 的一致，也分别为 128 bit、192 bit 和 256 bit，并分别被称为 AES-128，AES-192，AES-256。

AES 和传统的分组密码算法不同的是它不采用 Feistel 结构（DES 中采用），而是采用了 3 个不同的可逆一致变换层：线性混合层、非线性层、密钥加层。

70 年代的数据加密标准为 DES。在安全领域，一个协议的生命周期比较长一般来说是件好事。但是，在数据加密标准的案例中，这样长的生命期并不是件好事。DES 的瑕疵是各种类型的攻击利用的安全漏洞，其较短的密码长度意味着蛮力攻击可以在很短的时间内奏效。

高级加密标准算法从很多方面解决了这些令人担忧的问题。实际上，攻击数据加密标准的那些手段对于高级加密标准算法本身并没有效果。如果采用真正的 128 bit 加密技术甚至 256 bit 加密技术，蛮力攻击要取得成功需要耗费相当长的时间。

虽然高级加密标准也有不足的一面，但是，它仍是一个相对新的协议。因此，安全研究人员还没有那么多的时间对这种加密方法进行破解试验。我们可能会随时发现一种全新的攻击手段攻破了这种高级加密标准。至少在理论上存在这种可能性。

当你考虑性能需求的时候，高级加密标准具有理论上的优势，因为这种算法效率更高，特别是与 3DES 加密标准相比更是如此。然而，需要指出的是，在这种协议应用的早期阶段，在硬件中对这种加密算法的支持还没有像硬件支持老式的 3DES 算法那样成熟。因此，你可能会发现在某些平台上，3DES 在数据吞吐量方面仍比 AES-256 速度快。在有些平台上，AES-256 的速度快一些。正如你怀疑的那样，AES-128 总是比 AES-256 速度快一些。在对各类厂商的市场营销材料进行了快速调查之后发现，数据吞吐量的差别通常在 10%至 30%之间。

所以，同以往一样，各个机构采用这个新标准的合适的时间是不同的。一些机构认为，额外的安全功能值得牺牲一点性能。有些机构需要做好预算才能购买新的支持高级加密标准的硬件产品。

第三部分　技能训练

一、ZigBee 容量计算与网络结构规划

根据应用环境的需求和对 ZigBee 产品特性的深入了解，可设计一个实用的网络。在规划

设计时，必须考虑网络容量和时延。ZigBee 标准的网络容量虽然可以支持最多 6.5 万个网络节点，但在实际应用中需要考虑网络覆盖范围和响应时间每两相邻节点完成一次通信需要 15 ms 时间。这就需要根据应用环境的不同，设计有效的网络拓扑组合来满足各种不同应用。以下分别以理想状态下，不同拓扑形式的网络容量计算进行分析。

1. 线性网络

线性网络属于比较简单的网络形式，整个网络只有唯一的一条路径，这就决定了网络中的节点数等于网络的层数，也即跳数（hop）。在线性网络中，网络的扫描周期（中心节点采集网络中所有骨干节点数据所需的时间）直接取决于网络的跳数，也即骨干网节点数。以每次通信周期为 15 ms 计算，则整个网络的扫描周期 T 可表示为

$$T = 15（1+ 2 + 3 + \cdots + n）（\mathrm{ms}）$$

式中，T 为整个网络的扫描周期，n 为网络层数，也即网络节点数。

当 $T = 20$ s 时，计算可得 $n = 51$，也即线性网络在满足最长 20 s 的扫描周期时的网络最大容量为 51 节点。以每个节点的通信距离为 100 m（0.1 km）计算，那么整个网络的覆盖范围为 51×0.1=5.1（km）长的线状区域。

根据上述公式，当 $n = 20$ 时，$T = 3$ s，也即在满足 20 s 扫描周期的前提下可将网络分成 6 条有 20 点的支路，这样可使覆盖范围（近似 πr^2=12.56）上升到 12 km，整个网络容量也增加到 120 点。

分析结论：线性网络的单一支路 20 s 轮询周期的最大节点数为 51，尽量减少跳数有助于提高网络容量。

2. 网状网络

网状网的结构比较复杂，由于网络的多路径性，网络的扫描时间分析起来也比较复杂，以下以正方形区域代替圆形作简要的分析。

如图 3-6 所示为 ZigBee 网状网络示意图。

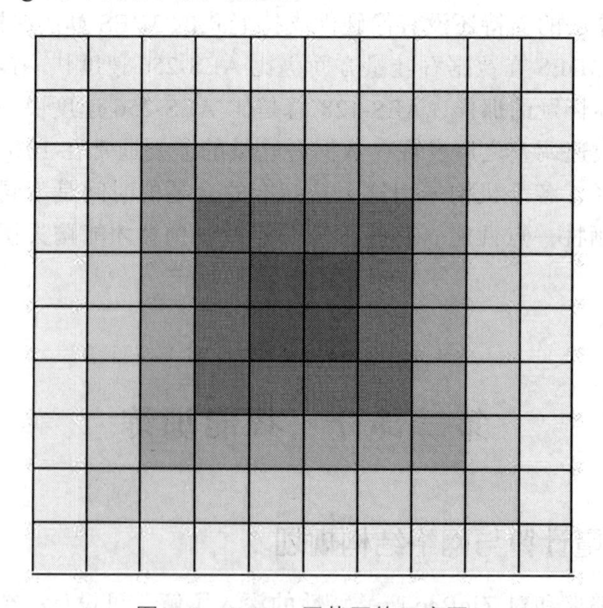

图 3-6　ZigBee 网状网络示意图

假设在任意两条直线的交叉点处放置一个节点，并且中心节点位于整个网络拓扑的中心位置，那么能和中心点直接通信（1 跳）的节点有 8 个（围绕在中心点周围的 8 个节点），而中心节点需要用两跳的消耗才能到达的节点有 16 个，三跳的有 24 个……，则整个网络的扫描时间可以用下述公式表式：

$$T = 15\times8\times(1 + 4 + 9 + \cdots + n^2)\ (\mathrm{ms})$$

$$N = 8(1 + 2 + 3 + \cdots + n)$$

式中，n 为网络层数，N 为网容节点数。

当 $T = 20$ s 时，计算可得 $n = 7$，$N = 224$，也即网状网络在满足最长 20 s 的扫描周期时的网络最大容量为 224 节点。以每个节点的通信距离为 100 m 计算，那么整个网络的覆盖范围为 $1.4\times1.4=1.96\ (\mathrm{km}^2)$ 的区域。

而如果中心节点位于整个网络拓扑边缘的话，很明显会增加网络的层数，从而延长了系统的扫描时间，也即减小了整个网络的容量。

分析结论：网状网络的中心节点尽量布置在网络拓扑的中心位置，越靠近边缘，系统的扫描时间会越长，在扫描时间的限定下，整个网络的容量也会变得更小。

3. 空间网状网络

空间的网状网络较之网状网络（平面）更为复杂，可以想象在 10 层高每层分布 20 个房间的楼宇内，每个房间装一个通信节点所组成的网络结构。在这种拓扑结构下，整个网络的扫描时间计算为

$$T = N\times t + n\times15\ (1 + 2 + 3 + \cdots + N - 1)\ (\mathrm{ms})$$

式中，T 为整个网络的扫描周期，t 为单层扫描周期，n 为每层平面的节点数，N 为空间层数。

根据上述公式，若把每一平面层可以看成是一个平面网状结构网络，整个网络由若干垂直分布的平面网状网络组成。以每层 25 个节点计算，则空间最多不能超过 9 层。

若把每一平面层可以看成是一个二分支线性结构网络，整个网络由若干垂直分布的二分支线性网络组成。以每层 24 个节点计算，则空间最多不能超过 6 层。

分析结论：空间网状网络的系统性能和每平面层的节点个数有直接的关系，为增加网络容量，应尽量减少每平面层的节点数。

4. 混合网络

在实际应用中，现场环境肯定比理想状况复杂得多，一个网络可能需要综合采用以上几种拓扑结构。为了取得更大的覆盖面积，更是需要将各个子网连接起来，以形成一个以各个子网为单元的大的网络结构，如图 3-7 所示。

5. 撰写报告

请查阅当前市场上 ZigBee 技术应用的实例，如工业控制、智能家居和商业楼宇自动化、医学应用领域等。分析 ZigBee 技术的应用前景。需要进行数据采集的对象是什么；控制的节点大约为多少；应用对数据传输速率和成本要求高不高；设备需要电池供电多长时间；设备体积如何；如何布置网络节点等。

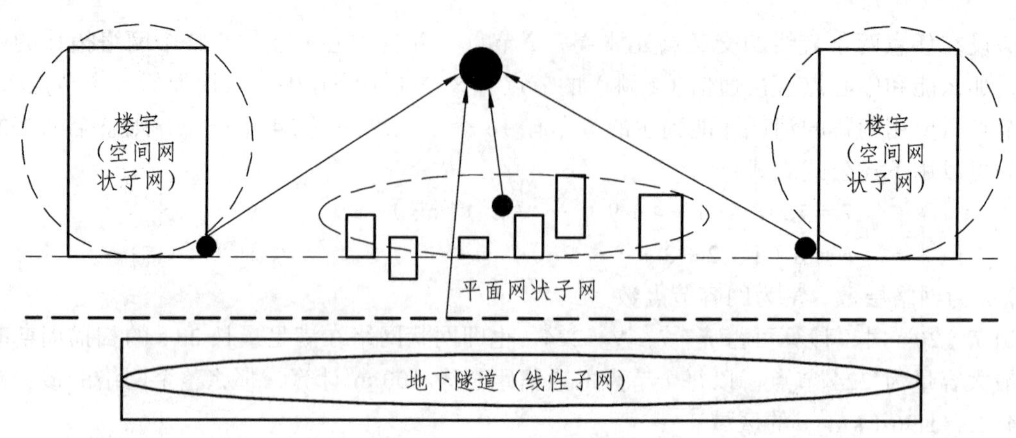

图 3-7　ZigBee 混合网络示意图

二、知识点考核

1. 支持 ZigBee 短距离无线通信技术的是（　　）。

A. IrDA　　B. ZigBee 联盟　　C. IEEE 802.11b　　D. IEEE 802.11a

2. 下面不是 ZigBee 技术的优点的是（　　）。

A. 近距离　　B. 高功耗　　C. 低复杂度　　D. 低数据速率

3. ZigBee 中每个协调点最多可连接（　　）个节点，一个 ZigBee 网络最多可容纳（　　）个节点 。

A. 255，65 533　　B. 254，65 534　　C. 255，65 536　　D. 254，65 535

4. 下列不是 FFD 通常有的工作状态的是（　　）。

A. 主协调器　　B. 协调器　　C. 终端设备　　D. 从设备

5. 通常 ZigBee 的发射功率范围为（　　）。

A. 0 ~ 15 dBm　　B. 10 ~ 20 dBm　　C. 0 ~ 10 dBm　　D. 15 ~ 20 dBm

6. 填写 ZigBee、蓝牙以及 IEEE 802.11b 标准对比情况表。

项目	数据速率	数据传输距离/m	典型应用领域
ZigBee			
蓝牙			
IEEE 802.11b			

7. 什么是 ZigBee？ZigBee 有什么特点？

8. 画出 ZigBee 网络的拓扑结构图。

9. 列出 ZigBee 技术的主要应用领域。

10. ZigBee 无线传感网中有哪些设备类型？这些设备类型的功能分别是什么？

项目四　ZigBee 无线传感网入门

第一部分　教学要求

<table>
<tr><td>一、目的要求</td><td colspan="3">熟知 ZigBee 无线传感网络的通信信道、PAN ID、IEEE 地址、网络地址的特点和区别</td></tr>
<tr><td>二、教学要点</td><td colspan="3">1. ZigBee 无线信道；
2. 网络 PAN ID；
3. IEEE 物理地址；
4. 网络地址；
5. ZigBee 无线传感器网络</td></tr>
<tr><td>三、重难点分析</td><td colspan="3">1. PAN ID 地址和 IEEE 物理地址应用的区别；
2. ZigBee 无线网络组网时，如何规划网络、规划地址、布置节点等</td></tr>
<tr><td colspan="4">四、教学过程</td></tr>
<tr><td>教学步骤/知识或单元结构</td><td>教学方式/方法/策略</td><td colspan="2">学生活动安排/过程</td></tr>
<tr><td>1. ZigBee 无线信道</td><td>讲授和计算</td><td colspan="2">听完讲解后，完成课后第 1 题</td></tr>
<tr><td>2. 网络 PAN ID</td><td>讲授 PAN ID 的定义和作用，打开样例工程，查看或修改 PAN ID</td><td colspan="2">听完讲解后，打开样例工程查阅，并完成课后第 3 题</td></tr>
<tr><td>3. IEEE 物理地址</td><td>讲授 IEEE 物理地址的含义和作用，对比和 PAN ID 的区别</td><td colspan="2">指导学生用 TI 的物理地址烧写工具 ChipconFlashProgrammer 改写地址</td></tr>
<tr><td>4. 网络地址</td><td>讲授网络地址的作用和相对 IEEE 地址的优点</td><td colspan="2">思考如何查看各节点的两种地址</td></tr>
<tr><td>5. ZigBee 无线传感器网络</td><td>讲授无线传感网络的概念和特点</td><td colspan="2">说明生活中不同路由器的应用场景的特点，如何联网</td></tr>
<tr><td>6. 指导学生进行物理地址烧写的实验</td><td>演示连接硬件，安装软件和软件的使用</td><td colspan="2">动手按要求连接硬件，并进行实验</td></tr>
<tr><td>7. 布置作业</td><td>练习</td><td colspan="2">强化课堂认知技能</td></tr>
<tr><td colspan="4">五、成绩评定</td></tr>
<tr><td>评定等级</td><td></td><td>教师签名</td><td></td></tr>
</table>

第二部分　教学内容

一、ZigBee 信道

天线对于无线通信系统来说至关重要，在日常生活中可以看到各式各样的天线，如手机天线、电视接收天线等，天线的主要功能可以概括为：完成无线电波的发射与接收。发射时，把高频电流转换为电磁波发射出去；接收时，将电磁波转换为高频电流。

一般情况下，不同的电波具有不用的频谱，无线通信系统的频谱有几十兆赫兹到几千兆赫兹，包括了收音机、手机、卫星电视等使用的波段，这些电波都使用空气作为传输介质，为了防止不同的应用之间相互干扰，就需要对无线通信系统的通信信道进行必要的管理。各个国家都有自己的无线电管理结构，如美国的联邦通信委员会（FCC）、欧洲的典型标准委员会（ETSI），我国的无线电管理机构称为中国无线电管理委员会，其主要职责是负责无线电频率的划分、分配与指配，负责卫星轨道位置的协调和管理，负责无线电监测、检测、干扰查处，协调处理电磁干扰事宜和维护空中电波秩序等。

通常，使用某一特定的频段需要得到无线电管理部门的许可，当然，各国的无线电管理部门也规定了一部分频段是对公众开放的，不需要许可即可使用，以满足不同的应用需求，这些频段包括 ISM（Industrial、Scientific and Medical——工业、科学和医疗）频带。

除了 ISM 频带外，在我国，低于 135 kHz 的频带为免费频段。，在北美、日本等地则为低于 400 kHz。各国对无线频谱的管理不仅规定了 ISM 频带的频率，同时也规定了在这些频带上所使用的发射功率，在项目开发过程中，需要查阅相关的手册，如我国信息产业部发布的《微功率（短距离）无线电设备管理规定》。

ZigBee 兼容的产品工作在免费开放的 ISM 频段，分别为 2.4 GHz（全球）、915 MHz（美国）和 868 MHz（欧洲）。

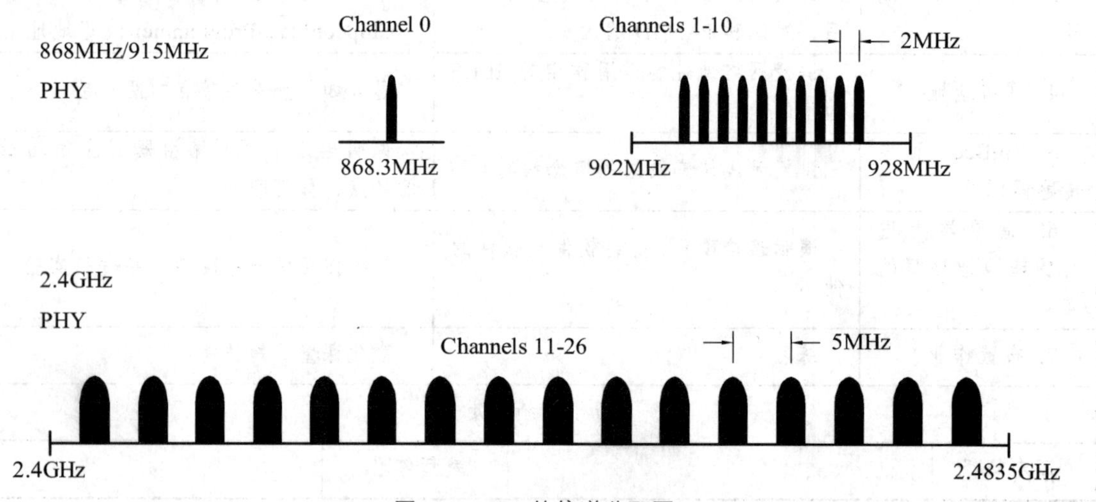

图 4-1　ISM 的信道分配图

采用 ZigBee 技术的产品可以在 2.4 GHz 上提供 250 kb/s（16 个信道）、在 915 MHz 提供 40 kb/s（10 个信道）和在 868 MHz 上提供 20 kb/s（1 个信道）的传输速率。传输范围依赖于输出功率和信道环境，为 10 ~ 100 m，一般是 30 m 左右。具体分配见图 4-1。

这些信道的中心频率按如下定义（k 为信道数）：

F_c=868.3 MHz，（k=0）

F_c=906 MHz+2（k-1）MHz，（k=1，2……10）

F_c=2405 MHz+5（k-11）MHz，（k=11，12……26）

由于 ZigBee 使用的是开放频段，已有多种无线通信技术使用。因此为避免被干扰，各个频段均采用直接序列扩频技术。

其中在 2.4 GHz 的物理层，数据传输速率为 250 kb/s；在 915 MHz 的物理层，数据传输速率为 40 kb/s；在 868 MHz 的物理层，数据传输速率为 20 kb/s。在这 3 个不同频段，都采用相位调制技术，2.4 GHz 频段采用较高阶的 QPSK 调制技术以达到 250 kb/s 的速率，并降低工作时间，以减少功率消耗。而在 915 MHz 频段和 868 MHz 频段，则采用 BPSK 的调制技术。相比较 2.4 GHz 频段，900 MHz 频段为低频频段，无线传播的损失较少，传输距离较长，其次此频段过去主要是室内无绳电话使用的频段，现在因室内无绳电话转到 2.4 GHz 频段，干扰反而比较少。

一个 IEEE 802.15.4 可以根据 ISM 频段、可用性、拥挤状况和数据速率在 27 个信道中选择一个工作信道。从能量和成本效率来看，不同的数据速率能为不同的应用提供较好的选择。例如，对于有些计算机外围设备与互动式玩具，可能需要 250 kb/s 速率，而对于其他许多应用，如各种传感器、智能标记和家用电器等，20 kb/s 这样的低速率就能满足要求。

二、网络 PAN ID

PAN ID 的出现一般是伴随在确定信道以后的。PAN ID 全称是 Personal Area Network ID，网络的 ID（即网络标识符），是针对一个或多个应用的网络，用于区分不同的 ZigBee 网络，一般为 mesh 或者 cluster tree 两种拓扑结构中的一个。

所有节点的 PAN ID 唯一，一个网络只有一个 PAN ID，它是由 pan 协调器生成的，PAN ID 是可选配置项，用来控制 ZigBee 路由器和终端节点要加入哪个网络。

ZigBee 协议使用一个 16 位的个域网标志符（PAN ID）来标识一个网络。ZStack 允许用两种方式配置 PAN ID，当 ZDAPP_CONFIG_PAN_ID 值不为 0xFFFF 时，设备建立或加入网络的 PAN ID 由 ZDAPP_CONFIG_PAN_ID 指定；当 ZDAPP_CONFIG_PAN_ID 设置为 0xFFFF，设备就将建立或加入一个“最优”的网络。文件 f8wConfg.cfg 中的 ZDO_CONFIG_PAN_ID 参数可以设置为 0 ~ 0x3FFF 的一个值。协调器以这个值为它要启动的网络的 PAN ID。而对于路由器节点和终端节点来说，只需加入一个已经用这个参数配置了 PAN ID 的网络。如果要关闭这个功能，只需将这个参数设置为 0xFFFF。要更进一步控制加入过程，需要修改 ZDApp.c 文件中的 ZDO_NetworkDiscovery ConfirmCB 函数。

当然了，如果 ZDAPP_CONFIG_PAN_ID 被定义为 0xFFFF，那么协调器将根据自身的 IEEE 地址建立一个随机的 PAN ID（0 ~ 0x3FFF）。

三、IEEE 物理地址

每个 ZigBee 设备都有一个 64 位的 IEEE 长地址，即 MAC 地址。物理地址是在出厂时候初始化的。它是全球唯一的。

当一个 ZigBee 节点加入网络时,它的 IEEE 地址不能与网络中现有节点的 IEEE 地址冲突，且不能为 0xFFFFFFFFFFFFFFFF。

我们刚买到的设备上的 IEEE 地址应该全为 F，我们可以通过 TI 的软件 SmartRF Flash Programmer 重新写入一个 IEEE 地址，这与 PC 上的物理地址类似，在全球范围内物理地址是唯一的。其实在 ZigBee 设备中，我们也可以更改这个地址，但这就不确保地址全球唯一了。当然，在 PC 上也可以通过软件更改物理地址。只要在一个局域网中没有两个相同的物理地址，一样可以连接互联网。很多学校里的上网帐号就是和物理地址进行绑定的，分配给一台 PC 上的 IP 地址，是不可能在另一台 PC 上使用的，除非修改 PC 的物理地址。总结起来，就是应该保证在组成的网络中，没有相同的 IEEE 地址。

四、网络地址

网络地址也称短地址，通常用 16 位的短地址来标识自身和识别对方，对于协调器来说，短地址始终为 0x0000，对于路由器和节点来说，短地址由其所在网络中的协调器分配。

一般发送消息即可使用物理地址也可使用网络地址，但最好使用网络地址，使用物理地址可能会出现问题。

采用 16 bit 网络地址可以降低功耗。如果采用 64 bit 的 IEEE 地址发送数据，首先其数据发送的最佳路径难以求得，势必会增加多次发送的功耗。其次，如果该数据接收设备离开网络（当机），发送之时也就不知道如何发送。

五、ZigBee 无线传感器网络

无线传感器网络是基于 IEEE 802.15.4 技术标准和 ZigBee 网络协议而设计的无线数据传输网络。

无线传感器适合用于钢铁炼钢温度监控，蔬菜大棚温度、湿度和土壤酸碱度监控，煤气抄表等领域。中短距离、低速率无线传感器网络采用射频传输，各节点只需要很少的能量，功耗小、成本低，适于电池长期供电，可实现一点对多点、两点间对等通信、快速组网自动配置、自动恢复和高级电源管理，任意传感器之间可相互协调实现数据通信。

无线传感器网络主要用于中短距离无线系统连接，提供传感器或仪表无线网络接入，能够满足对各种传感器的数据输出和输入控制命令和信息的需求使现有系统网络化、无线化。系统设计可允许使用第三方的传感器、执行器件或低带宽数据源。

无线传感器网络主要应用了温度/湿度监控、压力过程控制数据采集、流量过程控制数据采集、工业监控、楼宇自动化、数据中心、制冷监控、设备监控、社区安防、环境检测、仓库货物监控。

ZigBee 无线传感器网络的特点如下。

1. 支持 ZigBee 网络协议

无线传感器网络支持 ZigBee 网络协议，数据传输中采用多层次握手方式，保证数据传输的准确可靠。采用 2.4 GHz 频段，功率小、灵活度高，符合环保要求，符合国际通用无需批准的规范。

2. 组网灵活配置快捷

无线传感器网络系统配置容易，组网接入灵活、方便，几台、几十台或几百台均可，最多可达 6 万台。可以在需要安放传感器地方任意布置，无须电源和数据线，增加和减少数据点也非常容易。由于没有数据线，省去了综合布线的成本，传感器无线网络更容易应用，安装成本非常低。

3. 节点耗电低

系统节点耗电低，电池使用时间长，支持各种类型的传感器和执行器件。

4. 双向传送数据和控制命令

不但可以从网络节点传出数据，而且通过双向通信功能可以将控制命令传给与无线终端相连的传感器、无线路由器，也可将数据送入网络显示或控制远程设备。

5. 迅速简单的自动配置

无线传感器网络终端可自动配置，当终端设备上的 LED 变绿色时，说明该终端连接到了网络系统中。

6. 全系统可靠性自动恢复功能

内置冗余保证万一一个节点不在网络系统中，节点数据将自动路由到一个替换节点以保证系统的可靠稳定。

7. 系统产品服务

为了用户的实际构建无线数据网络系统的需要，可以提供完整的解决方案，包括现有数据系统的接口转换，数据集中管理平台。

第三部分　技能训练

一、物理地址烧写工具的使用

（1）安装 Chipcon Flash Programmer。

（2）打开 FLASH 烧写工具，连接上 C51RF-3 型仿真器，把模块接到仿真器。此时可以看到 FLASH 烧写工具已经检测到 CC2430 模块，如果此时没有检测到模块可以按下仿真器的复位按键，再次检测，结果如图 4-2 所示。注意：在运用 Chipcon Flash Programmer 烧写程序时请关闭 IAR 的开发环境。

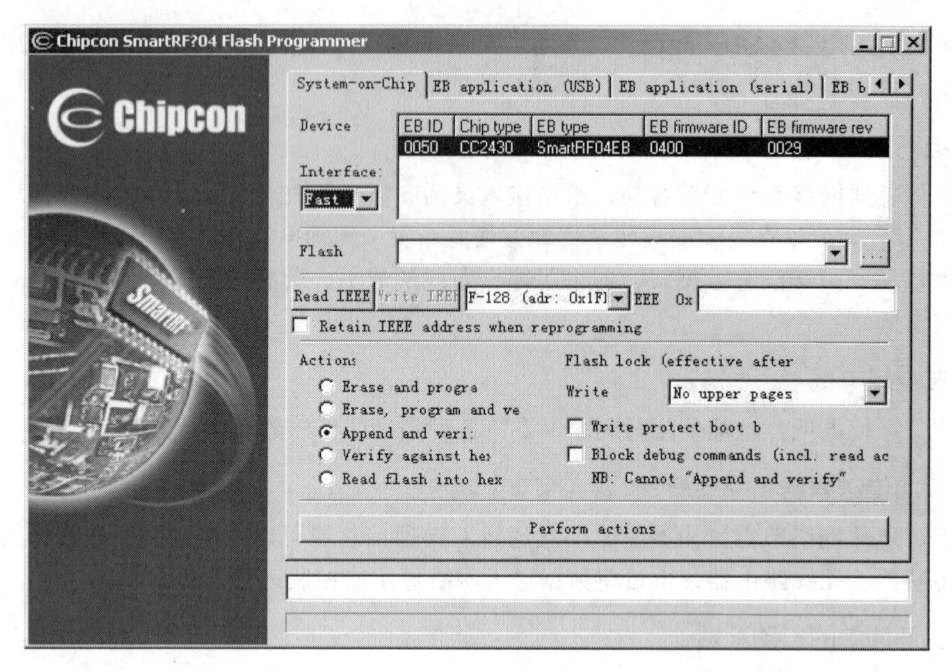

图 4-2　Chipcon Flash Programmer 检测到模块显示图

（3）点击“Read IEEE”按键，可以读出模块的 64 位物理地址。

（4）把物理地址修改为需要的地址。

（5）点击“Write IEEE”按钮，写入 64 位物理地址，此时工具提示“IEEE successfully written to chip”，表示地址写入成功，如图 4-3 所示。

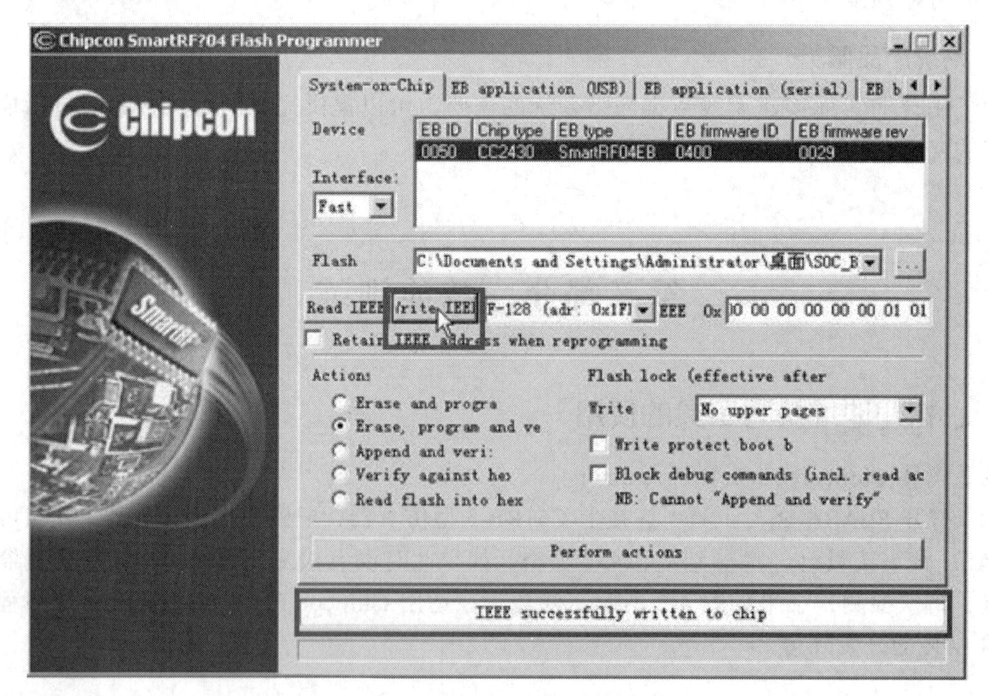

图 4-3　地址写入成功显示图

二、知识点考核

1. 完成 ISM 信道分配表（见表 4-1）。

表 4-1　ISM 信道分配表

信道编号	中心频率/MHz	信道间隔/MHz	频率上限/MHz	频率下限/MHz
K=0				
K=1，2，3，....，10				
K=11，12，13，....，26				

2. 在 IEEE 802.15.4 标准协议中，规定了 2.4 GHz 物理层的数据传输速率为（　　）。

A. 250 kb/s　　B. 300 kb/s　　C. 350 kb/s　　D. 400 kb/s

3. 2.4 GHz 物理层的传送精度为（　　）。

A. ±40 dBm　　B. 50 dBm　　C. 60 dBm　　D. 70 dBm

4. 每一个设备都有一个 DEFAULT_CHANLIST 的________信道集。协调器扫描自己的默认信道集并选择一个信道上噪声____________的信道作为自己所建网络的信道。终端节点和路由节点也要扫描默认信道集，并选择一个信道上已经存在的网络加入。

5. PAN ID 的出现一般是伴随在确定_____以后的，其全称是____，是一个____位的地址，用于区分不同的 ZigBee 网络。所有节点的 PAN ID 是唯一的，一个网络只有一个 PAN ID，它是由_____________生成的，文件 f8wConfg.cfg 中的 ZDO_CONFIG_PAN_ID 参数可以设置为_________的一个值。__________使用这个值，作为它要启动的网络的 PAN ID，而对于_________节点和_________节点来说只要加入一个已经用这个参数配置了 PAN ID 的网络。如果要关闭这个功能，只要将这个参数设置为________，此时协调器将根据自身的_________地址建立一个随机的 PAN ID。

项目五　ZigBee 协议和协议栈

第一部分　教学要求

一、目的要求	理解 ZigBee 的协议体系、协议栈的软件层次结构，程序开发的基本思路等	
二、工具、器材	1. 实验箱及仿真器； 2. 安装了 IAR 的计算机； 3. ZStack 的协议栈	
三、重难点分析	1. ZigBee 的体系结构和协议栈的层次结构； 2. ZigBee 开发的基本思路	
四、教学过程		
教学步骤/知识或单元结构	教学方式/方法/策略	学生活动安排/过程
1. ZigBee 的协议体系	提问：进行 ZigBee 无线传感器网络的开发，首先面临的问题是什么？	讨论 ZigBee 协议和 ZigBee 协议是什么关系
2. ZigBee 协议栈软件层次	讲授协议栈的层次结构和主要层次的功能	听讲、思考、做笔记
3. ZigBee2007/PRO 协议栈	ZigBee 协议栈的发展概况，不同版本的协议栈之间的差异	了解 ZigBee 芯片的型号，及在协议版本、内核、发射功率等方面的特性
4. ZigBee 协议栈开发基本思路	阐述在协议栈的基础上应用开发的基本思路	理解 ZigBee 协议栈开发的基本思路
5. 如何使用 ZigBee 协议栈	举例：当用户应用程序需要进行数据通信时，程序开发的步骤	阅读代码，熟悉关键字段
6. ZigBee 协议栈的安装和目录结构	演示 ZigBee 协议栈的安装和讲解协议栈的目录结构	安装协议栈，熟悉目录结构，重要目录以及子目录的作用
7. 考核	考核学生对目录的认知	强化课堂认知技能
五、成绩评定		
评定等级		教师签名

第二部分　教学内容

一、ZigBee 体系结构

进行 ZigBee 无线传感器网络的开发，首先面临的问题是 ZigBee 协议栈，以及由此引发的问题：ZigBee 协议栈和 ZigBee 协议是什么关系；如何使用 ZigBee 协议栈进行应用程序的开发。

协议定义了一系列通信标准，通信双方需要共同按照这一标准进行正常的数据收发。协议栈是协议的具体实现形式，可通俗地理解为用代码实现的函数库，以便于开发人员调用。

ZigBee 的协议分为两部分：IEEE 802.15.4 定义了物理层和 MAC 层技术规范；ZigBee 联盟定义了网络层、安全层和应用层技术规范。ZigBee 协议栈就是将各个层定义的协议都集合在一起，以函数的形式实现，并给用户提供一些应用层 API，供用户调用。

ZigBee 协议栈由一组子层构成。每层为其上层提供一组特定的服务：一个数据实体提供数据传输服务，一个管理实体提供其他服务。每个服务实体通过一个服务接入点（SAP）为其上层提供服务接口，并且每个 SAP 提供了一系列的基本服务指令来完成相应的功能。

ZigBee 协议栈的体系结构如图 5-1 所示。它虽然是基于标准的七层开放式系统互联（OSI）模型，但仅对那些涉及 ZigBee 的层予以定义。IEEE 802.15.4-2003 标准定义了最下面的两层：物理层（PHY）和介质接入控制子层（MAC）。ZigBee 联盟提供了网络层和应用层（APL）框架的设计。其中应用层的框架包括了应用支持子层（APS）、ZigBee 设备对象（ZDO）和由制造商制订的应用对象。

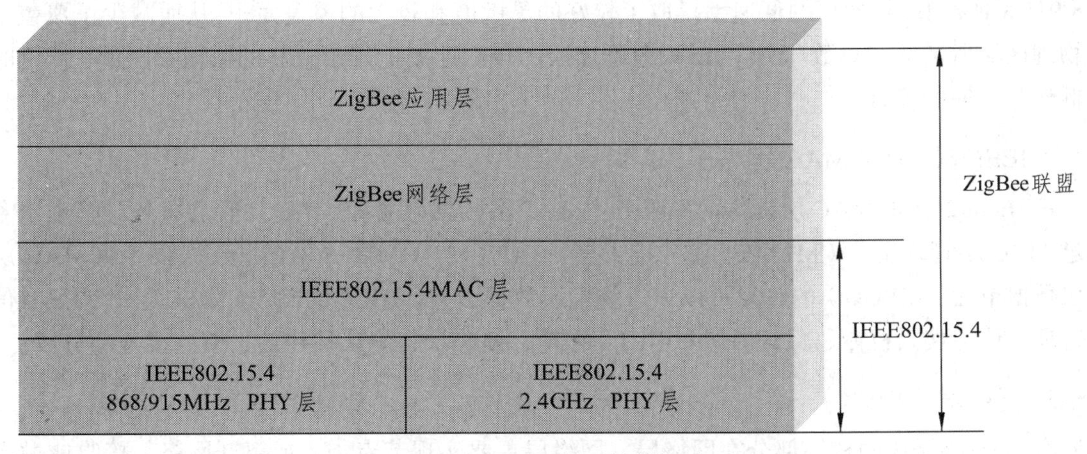

图 5-1　ZigBee 体系结构模型

ZigBee 建立在 802.15.4 标准之上，它确定了可以在不同制造商之间共享的应用纲要。IEEE 802.15.4 是 IEEE 确定的低速率无线个域网（personal area network）标准。这个标准定义了“PHY 层”和“MAC 层”。PHY 层规范确定了在 2.4 GHz 频段以 250 kb/s 的基准传输速率工作的低功耗展频无线电，以及以更低数据传输速率工作在 915 MHz 和 868 MHz 频段的实体层规范。

介质访问层（MAC）规范定义了在同一区域工作的多个 802.15.4 无线电信号如何共享空

中通道。介质存取层支持几种架构，包括星状拓扑结构（一个节点作为网络协调点，类似于802.11的接入点），树状拓扑结构（一些节点依次经过另一些节点才到达网络协调点）和网状拓扑结构（无须主协调器，各个节点之间分担路由职责）。

但是仅仅定义PHY（物理）层和MAC（介质访问）层并不足以保证不同设备之间可以对话，于是便有了ZigBee联盟。ZigBee联盟从802.15.4标准开始，定义了允许不同厂商制造的设备相互对话的应用纲要。例如，ZigBee“灯纲要”会确定相关的所有协议，保证从A公司买的ZigBee灯开关能配合B公司的灯正常工作。

因为IEEE仅处理低级MAC层和物理层协议，所以ZigBee联盟对其网络层协议和API进行了标准化。ZigBee完整协议栈用于一次可直接连接到一个设备的基本节点的4K字节或者作为Hub或路由器的协调器的32K字节。每个协调器可连接多达255个节点，而几个协调器则可形成一个网络，对路由传输的数目则没有限制。ZigBee联盟还开发了安全层，以保证这种便携设备不会意外泄漏其标识，而且这种利用网络的远距离传输不会被其他节点获取。

1. IEEE 802.15.4物理层（PHY）

来自IEEE 802.15.4物理层协议数据单元（PPDU）的二进制数据被依次（按字节从低到高）组成4位二进制数据符号，每种数据符号（对应16个状态组中的1组）被映射成32位伪噪声码片（chip），以便传输。然后这个连续的伪噪音码片（chip）序列被调制（采用最小键控方式）到载波上，即采用半正弦脉冲波形的偏移正交相移键控（OQPSK）调制方式。

868/915 MHz频段物理层使用简单的直接序列扩频（DSSS）方法，每个PPDU数据传输位被最大长为15的chip序列所扩展（即被多组+1、-1构成的m-序列编码），然后使用二进制相移键控技术调制这个扩展的位元序列。不同的数据传输速率适用于不同的场合。例如：868/915 MHz频段物理层的低速率换取了较好的灵敏度和较大的覆盖面积，从而减少了覆盖给定物理区域所需的节点数。2.4 GHz频段物理层的较高速率适用于较高的数据吞吐量、低延时或低作业周期的场合。

2. IEEE 802.15.4 MAC层

IEEE 802.15.4 MAC层提供两种服务：MAC层数据服务和MAC层管理服务。管理服务通过MAC层管理实体（MLME）服务接入点（SAP）访问高层。MAC层数据服务使MAC层协议数据单元（MPDU）的收发可以通过物理层数据服务。IEEE 802.15.4 MAC层的特征有信标管理、信道接入机制、保证时隙（GTS）管理、帧确认、确认帧传输、节点接入和分离。

3. 网络层（NWK）

ZigBee协议栈的核心部分在网络层。网络层主要实现节点加入或离开网络、接收或抛弃其他节点、路由查找，以及传送数据等功能，支持星形（star）、树形（cluster-tree）、网格（mesh）等多种拓扑结构 。

4. 应用层（APP）

应用层由用户开发提供功能服务函数。

二、ZigBee 协议栈软件层次

ZigBee 协议栈由一组子层构成。每层为其上层提供一组特定的服务：一个数据实体提供数据传输服务，一个管理实体提供其他服务。每个服务实体通过一个服务接入点（SAP）为其上层提供服务接口，并且每个 SAP 提供了一系列的基本服务指令来完成相应的功能。图 5-2 所示为 ZigBee 协议栈的软件层次结构。

ZigBee 协议栈对那些涉及 ZigBee 的层予以定义。IEEE 802.15.4—2003 标准定义了最下面的两层：物理层（PHY）和介质接入控制子层（MAC）。ZigBee 联盟提供了网络层和应用层（APL）框架的设计。其中应用层的框架包括了应用支持子层（APS）、ZigBee 设备对象（ZDO）和由制造商制订的应用对象。

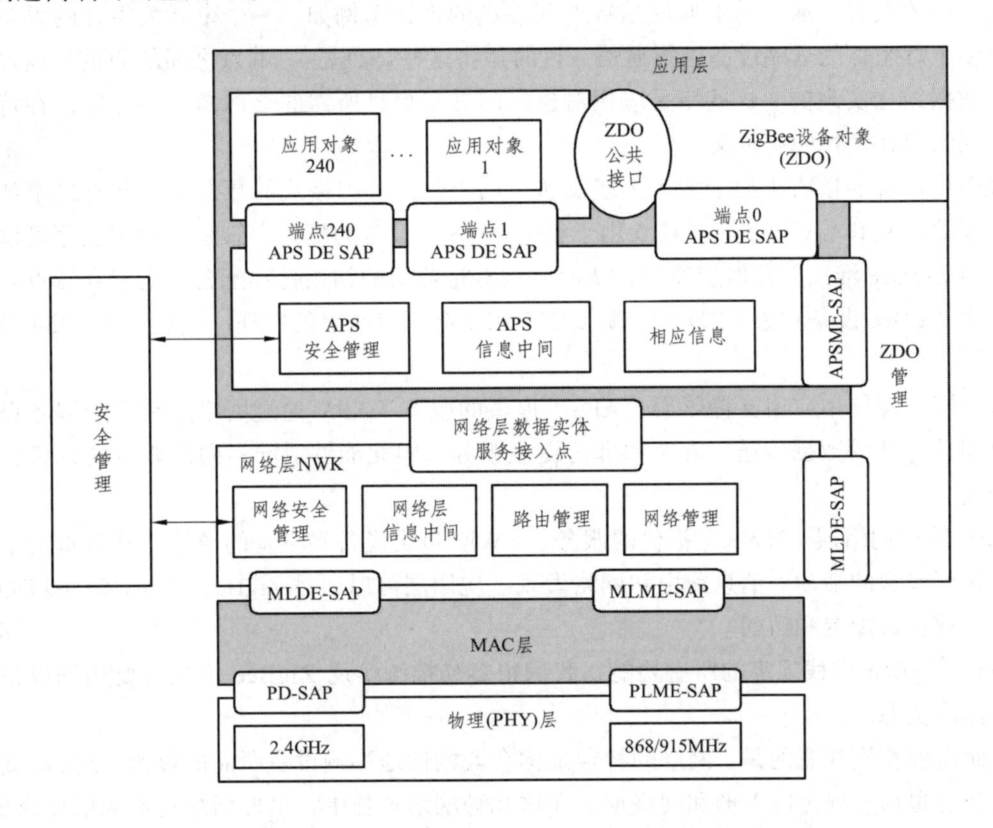

图 5-2　ZigBee 协议栈软件层次

相比于常见的无线通信标准，ZigBee 协议套件紧凑而简单，具体实现的要求很低。以下是 ZigBee 协议套件的需求估计：硬件需要 8 位处理器，如 80C51；软件需要 32 KB 的 ROM，最小软件需要 4 KB 的 ROM，如 CC2430 芯片（具有 8051 内核的 ZigBee 无线单片机）的内存为 32 ~ 128 KB；网络主节点需要更多的 RAM 以容纳网络内所有节点的设备信息、数据包转发表、设备关联表、与安全有关的密钥存储等。

ZigBee 联盟希望建立一种可连接每个电子设备的无线网。它预言 ZigBee 将很快成为全球高端的无线技术，到 2007 年 ZigBee 节点将达到 30 亿个。具有几十亿个节点的网络将很快耗尽 IPv4 的地址空间。因此，IPv6 与 IEEE 802.15.4 的结合是传感器网络的发展趋势。IPv6 采用 128 位地址长度，几乎可以不受限制地提供地址。按保守方法估算，IPv6 实际可为全球每平方米的面积分配 1000 多个 IP 地址。IPv6 在设计过程中，除了一劳永逸地解决了地址短缺问题以外，还考虑了在 IPv4 中难以解决的其他问题，如端到端 IP 连接、服务质量（QoS）、安全性、多播、移动性、即插即用等。

每个 ZigBee 设备都与一个特定模板有关，可能是公共模板或私有模板。这些模板定义了设备的应用环境、设备类型，以及用于设备间通信的串（也称簇，cluster）。公共模板可以确保不同供应商的设备在相同应用领域中的互操作性。

设备是由模板定义的，并以应用对象（Application Objects）的形式实现。每个应用对象通过一个端点连接到 ZigBee 堆栈的余下部分，它们都是器件中可寻址的组件。

从应用角度看，通信的本质就是端点到端点的连接（例如，一个带开关组件的设备与带一个或多个灯组件的远端设备进行通信，目的是将这些灯点亮）。端点之间的通信是通过称之为串的数据结构实现的。这些串是应用对象之间共享信息所需的全部属性的容器，在特殊应用中使用的串在模板中有定义。

每个接口都能接收（用于输入）或发送（用于输出）串格式的数据。一共有二个特殊的端点，即端点 0 和端点 255。端点 0 用于整个 ZigBee 设备的配置和管理。应用程序可以通过端点 0 与 ZigBee 堆栈的其他层通信，从而实现对这些层的初始化和配置。附属在端点 0 的对象被称为 ZigBee 设备对象（ZDO）。端点 255 用于向所有端点的广播。端点 241 ~ 254 是保留端点。

所有端点都使用应用支持子层（APS）提供的服务。APS 通过网络层和安全服务提供层与端点相接，并为数据传送、安全和绑定提供服务，因此能够适配不同但兼容的设备，如带灯的开关。

APS 使用网络层（NWK）提供的服务。NWK 负责设备到设备的通信，并负责网络中设备初始化所包含的活动、消息路由和网络发现。应用层可以通过 ZigBee 设备对象（ZDO）对网络层参数进行配置和访问。

根据 ZigBee 堆栈规定的所有功能，我们很容易推测实现 ZigBee 堆栈需要用到设备中的大量存储器资源。

然而需要特别注意的是，网络的特定架构会戏剧性地影响设备所需的资源。NWK 支持的网络拓扑有星形、树（串）形和网格形。在这几种网络拓扑中，星形网络对资源的要求最低。

ZigBee 网络层的主要功能就是提供一些必要的函数，确保 ZigBee 的 MAC 层正常工作，并且为应用层提供合适的服务接口。为了向应用层提供接口，网络层提供了两个必须的功能服务实体，分别是数据实体和管理实体，如图 5-3 所示。

网络层数据实体通过网络层数据实体服务接入点（NLDE-SAP）提供数据传输服务，网络层管理实体通过网络层管理实体服务接入点（NLME-SAP）提供网络管理服务。网络层管理实体利用网络层数据实体完成一些网络的管理工作，并且完成对网络信息库（NIB）的维护和管理。

网络层通过 MCPS-SAP 和 MLME-SAP 接口为 MAC 层提供接口。通过 NLDE-SAP 与 NLME-SAP 接口为应用层提供接口服务。

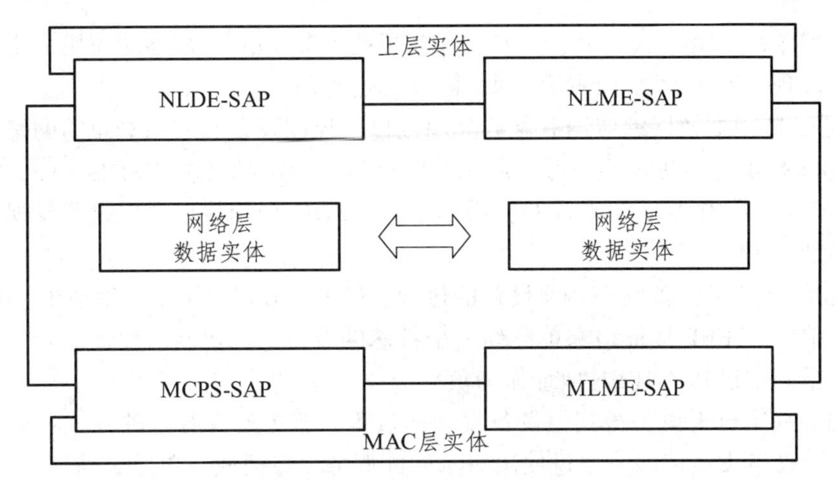

图 5-3　网络层参考模型

网络层管理实体提供网络管理服务，允许应用与堆栈相互作用。网络层管理实体提供如下服务：① 配置一个新的设备；② 初始化一个网络；③ 连接、复位和断开网络；④ 路由发现；⑤ 邻居设备发现；⑥接收控制。

网络层数据实体为数据提供服务，在两个或多个设备之间传送数据时，将按照应用协议数据单元（APDU）的格式进行传送，这些设备必须在同一个网络中，即在同一个内部个域网中。网络层数据实体提供如下服务：① 生成网络层协议数据单元（NPDU）；② 指定拓扑传输路由；③ 确保通信的真实性和机密性。

ZigBee 栈体系包含一系列的层元件，如 IEEE 802.15.4—2003 标准 MAC 层和 PHY 层，当然也包括 ZigBee 的 NWK 层。每个层的元件提供相关的服务功能。

首先我们来了解 ZigBee 栈的 APL/应用层（Application Layer Specification）。

APS 提供了这样的接口：在 NWK 层和 APL 层之间，从 ZDO 到供应商的应用对象的通用服务集。这种服务由两个实体实现：APS 数据实体（APSDE）和 APS 管理实体（APSME）。APSDE 通过 APSDE 服务接入点（APSDE-SAP）提供数据传输服务；APSME 通过 APSME 服务接入点（APSME-SAP）提供网络管理服务。

APSDE 提供在同一网络中的两个或者更多的应用实体之间的数据通信。

APSME 提供多种服务给应用对象，这些服务包含安全服务和绑定设备，并维护管理对象的数据库，也就是我们常说的 AIB。

ZigBee 中的应用框架是为驻扎在 ZigBee 设备中的应用对象提供活动的环境。

最多可以定义 240 个相对独立的应用程序对象，任何一个对象的端点编号为 1 ~ 240。还有两个附加的终端节点供 APSDE-SAP 使用：端点号 0 固定用于 ZDO 数据接口；另外一个端点 255 固定用于所有应用对象广播数据的数据接口功能。端点 241 ~ 254 保留（供扩展使用）。

应用模式（也称剖面，profiles）是一组统一的消息，消息格式和处理方法允许开发者建立一个可以共同使用的、分布式应用程序，这些应用是使用驻扎在独立设备中的应用实体。这些应用 profiles 允许应用程序发送命令、请求数据、处理命令和请求。

ZigBee 设备对象（ZDO），描述了一个基本的功能函数，这个功能在应用对象、设备模式（也称剖面，profiles）和 APS 之间的提供了一个接口。ZDO 位于应用框架和应用支持子层之间。它满足所有在 ZigBee 协议栈中应用操作的一般需要。ZDO 还有以下作用：① 初始化应用支持子层（APS）、网络层（NWK）、安全服务规范（SSS）；② 从终端应用中集合配置信息来确定和执行发现、安全管理、网络管理，以及绑定管理。

ZDO 描述了应用框架层的应用对象的公用接口以控制设备和应用对象的网络功能。在终端节点 0，ZDO 提供了与协议栈中低一层相接的接口。（数据通过 APSDE-SAP，控制信息通过 APSME-SAP）。在 ZigBee 协议栈的应用框架中，ZDO 公用接口提供设备发现、绑定及安全等功能的地址管理。

设备发现是 ZigBee 设备发现其他设备的过程。有两种形式的设备发现请求：IEEE 地址请求和网络地址请求。IEEE 地址请求单播到一个特殊的设备且假定网络地址已知。网络地址请求是广播且携带一个已知的 IEEE 地址作为负载。

服务发现是一个已有设备被其他设备发现的过程。服务发现有两种方式：通过在一个已有设备的每一个端点发送询问或通过使用一个匹配服务（广播或者单播）。服务发现通过定义和使用各种描述来概述一个设备的能力。

服务发现信息在网络中也许被隐藏，在这种情况下，在发现操作发生的时候设备提供的特殊服务可能不好到达。

三、ZigBee 2007/PRO 协议栈

ZigBee 2007 规范定义了 ZigBee 和 ZigBee Pro 两个特性集。全新的 ZigBee 2007 规范建立在 ZigBee 2006 之上，它不但提供了增强型的功能而且在某些网络条件下还具有向后兼容性。

ZigBee 特性集提供了树寻址、按需距离矢量路由协议（AODV）、网状路由、单播、广播和群组通信以及安全等特性。相比之下，ZigBee Pro 用随机寻址取代了树寻址，虽然包括了 ZigBee 2006 和 2007 规范中所使用的 AODV 路由，但是却提供了多对一源路由备选方案。ZigBee Pro 还增加了有限的广播寻址功能，并增加了对“高级”安全性的支持功能。ZigBee 和 ZigBee Pro 特性集均对可选频率捷变和拆分提供了更多的支持。

ZigBee 树寻址功能按照等级分配地址。ZigBee Pro 采用随机寻址法随机地为设备分配地址，并通过不断监控和“管理”流量将冲突挑选出来。ZigBee 不仅受益于可靠、独特的寻址方法，而且不存在经常性的监控通信与处理地址冲突的开销。但 ZigBee Pro 必须要一定的时间以解决地址冲突问题。

ZigBee 和 ZigBee Pro 均支持集群寻址，但是 ZigBee Pro 增加了对有限广播集群寻址的支持，可在所有集群成员相对紧密临近时防止整个网络出现不必要的溢流（flooding）。该特性在降低大型网络的网络宽通信开销方面极其有用，但随之而来的是占用更多宝贵的节点空间。

ZigBee 和 ZigBee Pro 路由均使用 Ad-Hoc 方式的按需距离矢量路由协议（AODV），但是只有 ZigBee Pro 可支持多对、路由选项。在牺牲一个交大协议栈的前提下，多对一源路由实现了快速路由建立，此时多个设备（如传感器）均向一个接收器（sink）报告（如网关设备）。

虽然存在一些细微的差异，但 ZigBee 和 ZigBee Pro 之间最主要的特性差异是对高级别安全性的支持。高级别安全性提供了一个点对点连接建立链路密钥的机制，并且当网络设备在应用层无法得到信任时增加了更多的安全性。高级安全特性对于某些应用而言非常有用，但在有效利用宝贵节点空间方面却要付出很大代价。

尽管 ZigBee 和 ZigBee Pro 在大部分特性上相同，但只有在有限条件下二者的设备才能在

同一网络中同时使用。如果所建立的网络（由协调器建立）为一个 ZigBee 网络，那么 ZigBee Pro 设备将只能以有限的终端设备的角色连接和参与到该网络中，即该设备将通过一个父级设备（路由器或协调器）与网络保持通信，且不参与路由也不能允许更多设备连接到网络中。同样，如果网络最初建立为一个 ZigBee Pro 网络，那么 ZigBee 设备也只能以有限的终端设备的角色参与到该网络中来。表 5-1 是不同信号的 ZigBee 芯片的参数的简要对比。

表 5-1　ZigBee 芯片选择

参数	CC2420	CC2430	CC2530	MC13224
ZigBee 版本	ZigBee 2004	ZigBee 2004/06	ZigBee 2007	ZigBee 2007
内核	无	C51	C51	ARM
发射功率/dBm	0	0	4.5（最大 10）	−30 至 4
接收灵敏度/dBm	−90	−90	−97	−96（DCD 模式） −100（NCD 模式）
Flash/ KB	无	32/64/128（8 位）	32/64/128/256（8 位）	128（32 位）
抗干扰	CSMA/CA	CSMA/CA	CSMA/CA	CSMA/CA
RSSI/LQI	支持	支持	支持	支持
AES 处理器	有	有	有	有
功耗/mA	RX：27	RX：27	RX：24	RX：22
	TX：25	TX：25	TX：29	TX：29
低功耗/μA	掉电：0.9	掉电：0.9	掉电：1	掉电：0.8
	挂起：0.6	挂起：0.6	挂起：0.4	挂起：0.3

第三部分　技能训练

一、熟悉 ZigBee 协议栈开发基本思路

使用 ZigBee 协议栈进行开发的基本思路可以概括为如下 3 点。

（1）用户对 ZigBee 无线网络的开发简化为应用层的 C 语言开发，用户不需要深入研究复杂的 ZigBee 协议栈。

（2）实现 ZigBee 无线传感网络中数据采集，只需用户在应用层中加入传感器的读取函数即可。

（3）如果考虑到节能，可以根据数据采集周期进行定时，定时时间到就唤醒 ZigBee 的终端节点，终端节点醒来后，自动采集传感器数据，然后将数据发送给路由器或者直接发送给协调器。

注意：虽然协议是统一的，但是协议的具体实现形式是变化的，即不同厂商提供的协议栈是有区别的。例如：函数名称和参数列表可能是有区别的，用户在选择协议栈以后，需要

学习具体的例子，查看厂商提供的 Demo 演示程序、说明文档（通常，实现协议的厂商会提供一些 API 手册供用户查询）来学习各个函数的使用方式，进而快速地使用协议栈进行应用程序的开发工作。

二、如何使用 ZigBee 协议栈

既然 ZigBee 协议栈已经实现了 ZigBee 协议，那么用户就可以使用协议栈提供的 API 进行应用程序的开发，在开发过程中完全不必关心 ZigBee 协议的具体实现细节，只需要关心一个核心的问题：应用程序数据从哪里来，到哪里去。

下面举例说明，当用户应用程序需要进行数据通信时，需要按照如下步骤操作。

（1）调用协议栈提供的组网函数，加入网络函数，实现网络的建立与节点的加入。

（2）发送设备调用协议栈提供的无线数据发送函数，实现数据的发送。

（3）接收端调用协议栈提供的无线数据接收函数，实现数据的正确接收。

因此，使用协议栈进行应用程序开发时，开发者不需要关心协议栈具体是怎么实现的（例如：每个函数是怎么实现的，每条函数代码是什么意思等），只需要知道协议栈提供的函数实现什么样的功能，会调用相应的函数来实现自己的应用需求即可。

技巧提示：在 TI 推出的 ZigBee 2007 协议栈（又称作 Z-Stack）中，提供的数据发送函数如下：

```
afStatus_t   AF_DataRequestSrcRtg( afAddrType_t *dstAddr,
                                   endPointDesc_t *srcEP,
                                   uint16 cID,
                                   uint16 len,
                                   uint8 *buf,
                                   uint8 *transID,
                                   uint8 options,
                                   uint8 radius,
                                   uint8 relayCnt,
                                   uint16* pRelayList );
```

用户调用该函数即可实现数据的无线发送。当然，在次函数中有 8 个参数，用户需要将每个参数的含义理解以后，才能达到熟练应用该函数进行无线数据通信的目的。

AF_DataRequestSrcRtg( )函数中最核心的两个参数：

（1）**uint16 len**——发送数据的长度。

（2）**uint8 *buf**——指向存放发送数据的缓冲区的指针。

至于调用该函数后，如何初始化硬件进行数据发送等工作，用户不需要关心，ZigBee 协议栈已经将所需要的初始化工作完成了，这就类似于学习 TCP/IP 网络编程时，用户只需要调用相应的数据发送即可，而不必关心网卡驱动（如 DM9000、CS8900 网卡是如何接收数据的）的具体实现细节。

三、ZigBee 协议栈的安装和目录结构

ZigBee 协议栈具有很多版本，不同厂商提供的 ZigBee 协议栈有一定的区别，本书选用 TI 公司推出的 ZigBee 2007 协议栈进行讲解。

ZigBee 2007 协议栈 ZStack-CC2530-2.3.0-1.4.0（可以在 TI 的官方网站进行下载）需要安装以后才能使用，下面讲解安装步骤。

从 TI 官方网站下载 ZigBee 2007 协议栈 ZStack-CC2530-2.3.0-1.4.0.exe，双击 ZStack-CC2530-2.3.0-1.4.0.exe 即可进行协议栈的安装，默认是安装到 C 盘根目录下。安装界面如图 5-4 所示。

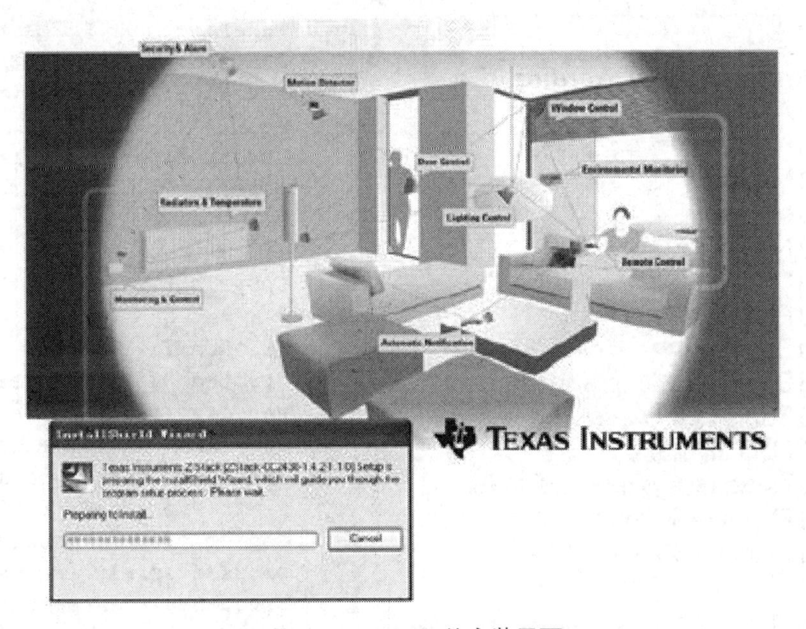

图 5-4　Z-Stack 的安装界面

注意：目前 Z-Stack 安装文件只能在 32 位的 Window 操作系统上安装。装文件需要用到 Microsoft.NET Framework 工具

在路径 C：\Texas Instruments\ZStack-CC2530-2.3.0-1.4.0\Projects\zstack\Samples\GenericApp\CC2530DB 下找到 GenericApp.eww，打开该工程即可。

打开该工程后，可以看到 GenericApp 工程文件布局，如图 5-5 所示。在图 5-5 所示的文件布局中，左侧有很多文件夹，如 App、HAL、MAC 等，这些文件夹对应了 ZigBee 协议中的不同的层，使用 ZigBee 协议栈进行应用程序的开发，一般只需要修改 App 目录下的文件即可。

四、Z-Stack 在项目中的目录结构

在 Z-Stack 项目中大约有 14 个目录文件，目录文件下面又有很多的子目录和文件。下面就来看看这 14 个根目录具体是有什么作用。

（1）App：应用层目录。创建一个新项目时需要在这个目录下添加新文件。

（2）HAL：硬件层目录。Common 目录下的文件是公用文件，基本上与硬件无关。其中 hal_assert.c 是声明文件，用于调用；hal_drivers.c 是驱动文件，抽象出与硬件无关的驱动函数，

包含有与硬件相关的配置和驱动及操作函数。Include 目录下主要包含各个硬件模块的头文件。Target 目录下的文件是跟硬件平台相关的，可以看到有两个平台，分别是 CC2430DB 平台和 CC2430EB 平台。后面的 DB 和 EB 表示的是 TI 公司开发板的型号（还有一种类型为 BB）。

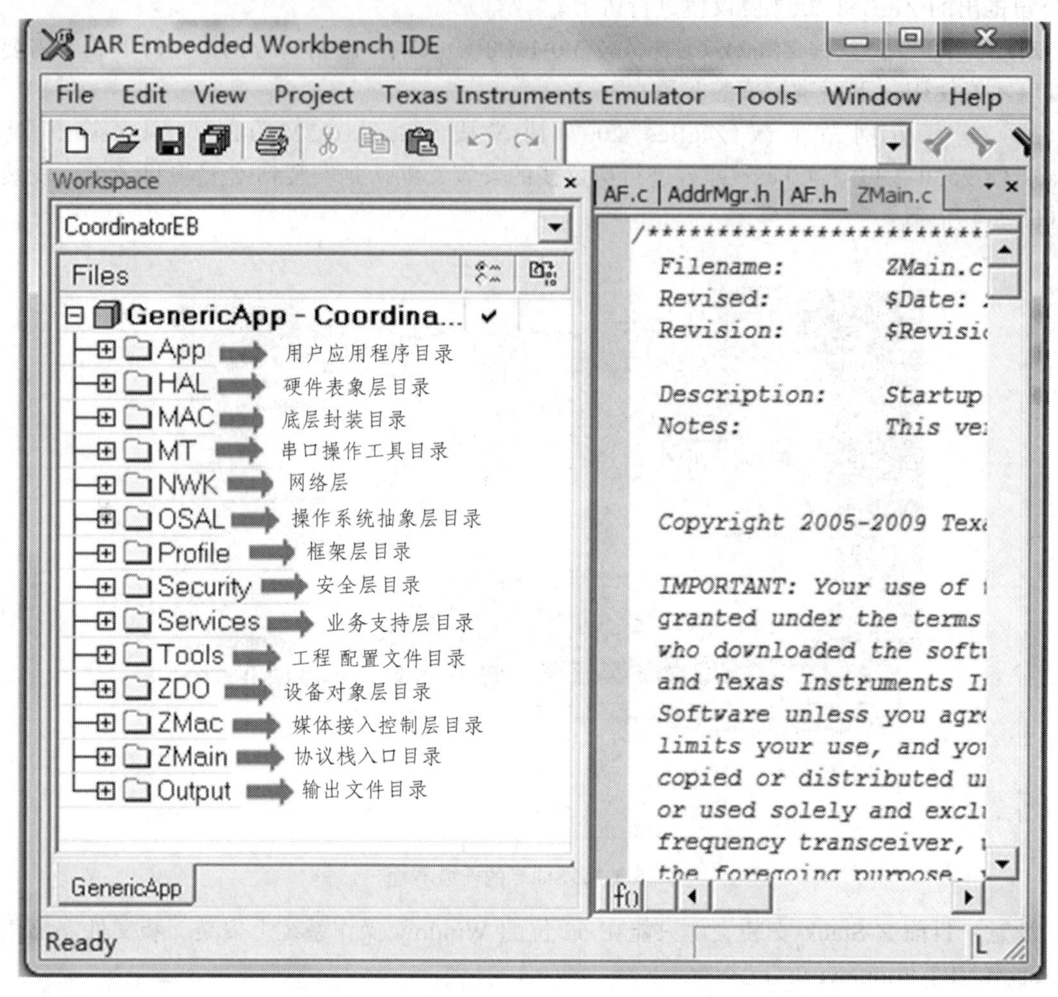

图 5-5 GenericApp 工程文件布局图

- DB：Development Board，开发板。
- EB：Evaluation Board，评估板。
- BB：Battery Board，电池板。

DB、EB、BB 分别对应 TI 公司开发的 3 种板型，其功能按顺序依次变强，主要是区分 TI/Chipcon 不同的硬件而设。由于硬件不一样，在程序中与硬件相关的设置就不一样。可以参看“Z-Stack User’s Guide for CC2430”，获得更直观的认识。

（3）MAC：MAC 层目录。High Level 和 Low Level 两个目录表示 MAC 层分为高层和底层，Include 目录下则包含了 MAC 层的参数配置文件及基 MAC 的 LIB 库函数接口文件，这里的 MAC 层的协议是不开源的，以库的形式给出。

（4）MT：监制调试层目录。该目录下的文件主要用于调试，即通过串口调试，与各层进行直接交互。

（5）NWK：网络层目录。该目录含有网络层配置参数文件及网络层库的函数接口文件，以及 APS 层库的函数接口。

（6）OSAL：协议栈的操作系统抽象层目录。

（7）Profile：AF 层目录，Application Framework 应用框架，包含 AF 层处理函数接口文件。

（8）Security：安全层目录，包含安全层处理函数接口文件。

（9）Services：ZigBee 和 802.15.4 设备地址处理函数目录，包括地址模式的定义及地址处理函数。

（10）Tools：工作配置目录，包括空间划分及 Z-Stack 相关配置信息。

（11）ZDO：ZigBee 设备对象，可认为是一种公共的功能集，文件用户用自定义的对象调用 APS 子层的服务和 NWK 层的服务。

（12）ZMac：其中 Zmac.c 是 Z-StackMAC 导出层接口文件，zmac_cb.c 是 ZMAC 需要调用的网络层函数。

（13）ZMain：Zmain.c 主要包含了整个项目的入口函数 main（ ），OnBoard.c 包含硬件开始平台类外设进行控制的接口函数。

（14）Output：输出文件目录，由 EW8051 IDE 自动生成。

五、知识点考核

1. 根据 IEEE 802.15.4 标准协议，ZigBee 的工作频段分为（　　　）。

A. 868 MHz、918 MHz、2.3 GHz　　B. 848 MHz、915 MHz、2.4 GHz

C. 868 MHz、915 MHz、2.4 GHz　　D. 868 MHz、960 MHz、2.4 GHz

2. 在 ZigBee 技术的体系结构中，具有信标管理、信道接入、时隙管理、发送确认帧、发送连接及断开连接请求的特征的（　　　）层。

A. 物理（PHY）　B. 网络/安全　C. MAC　D. 应用框架

3. IEEE 802.15.4 协议用于（　　　）层。

A. 网络　B. 物理　C. 数据链路　D. 应用

4. 网络层通过两种服务接入点提供相应的两种服务是（　　　）。

A. 网络层数据服务和网络层管理服务　　B. 网络层实体服务和管理服务

C. 网络层实体服务和数据服务　　D. 数据服务和地址服务

5. ZigBee 应用层由（　　　）组成。

A. 应用支持层

B. 应用支持层、ZigBee 设备对象

C.应用支持层、ZigBee 设备对象和制造商所定义的应用对象

D. ZigBee 设备对象

6. ZigBee 网络层支持（　　　）拓扑结构。

A. 星形、树形和网状　B. 星形　C. 树形　D. 网状

7. 网络层数据实体为（　　　）提供服务。

A.数据　B. 实体　C. 网络　D. 地址

8. MAC 层处理所有物理层无线信道的接入，其主要功能不包括（　　　）。

A. 网络协议器产生网络信标　　B. 与信道同步

C. 支持个域网链路的建立和断开　　D. 为设备的安全性提供支持

9. ZigBee 不支持的网络拓扑结构式（　　）。

A. 星形　　B. 树形　　C. 环形　　D. 网状

10. 由 ZigBee 组织来定义的是（　　）层。

A. 物理　　B. 网络　　C. 介质读取控制　　D. 应用

11. ZigBee 无线网络分为哪几层？它与 802.15.4 的联系是什么。

12. 什么是 ZigBee 协议栈？

13. 使用 ZigBee 协议栈进行开发的基本思路是什么？

项目六　实验系统硬件介绍

第一部分　教学要求

<table>
<tr><td>一、目的要求</td><td colspan="3">了解 CC2530，熟悉实验箱的系统结构和硬件组成</td></tr>
<tr><td>二、工具、器材</td><td colspan="3">感知 RF2 实验箱、C51RF-3 仿真器、计算机</td></tr>
<tr><td>三、重难点分析</td><td colspan="3">1. 网关节点、传感器节点、节点底板、ZigBee 的功能；
2. 感知 RF2 实验箱-WSN 系统结构；
3. 感知 RF2 实验箱-WSN 系统工作流程</td></tr>
<tr><td colspan="4">四、教学过程</td></tr>
<tr><td>教学步骤/知识或单元结构</td><td>教学方式/方法/策略</td><td colspan="2">学生活动安排/过程</td></tr>
<tr><td>1. ZigBee 芯片方案</td><td>讲授目前 ZigBee 的实现方案主要有哪几种</td><td colspan="2">学生讨论 3 种芯片方案主要性能的对比</td></tr>
<tr><td>2. CC2530 性能简介</td><td>面授 CC2530 的性能</td><td colspan="2">收集 CC2530 的图片和资料</td></tr>
<tr><td>3. 感知 RF2 实验箱-WSN 系统结构</td><td>举例说明典型的 WSN 组网的系统结构</td><td colspan="2">分别说明在 WSN 网络里 PC 机、网关、路由器和传感器节点的作用</td></tr>
<tr><td>4. 感知 RF2 实验箱-WSN 系统工作流程</td><td>讲解基于 ZigBee 2007/PRO 协议栈无线网络的工作流程</td><td colspan="2">无线 ZigBee 传感器网络实验平台三大部分：无线数据传输、ZigBee 无线网络、传感器三大基础部分</td></tr>
<tr><td>5. 感知 RF2 实验箱-WSN 硬件介绍</td><td>指导学生识别各硬件节点，且了解各节点的大致功能</td><td colspan="2">认知各节点</td></tr>
<tr><td>6. 考核</td><td>对照技能训练考核学生，并给出成绩</td><td colspan="2"></td></tr>
<tr><td>7. 布置作业</td><td>练习</td><td colspan="2">强化课堂认知技能</td></tr>
<tr><td colspan="4">五、成绩评定</td></tr>
<tr><td>评定等级</td><td></td><td>教师签名</td><td></td></tr>
</table>

第二部分　教学内容

一、ZigBee 芯片方案

目前 ZigBee 的实现方案主要有 3 种：

1. MCU 和 RF 收发器分离的双芯片方案

例如：TI CC2420+MSP430、FREESCLAE MC13XX+GT60、MICROCHIP、MJ2440+PIC MCU 等。

2. 集成 RF 和 MCU 的单芯片 SOC 方案

例如：TI CC2430/CC2431、ST STM32W108、FREESCALE MC1321X、EM250 等。

3. ZigBee 协处理器和 MCU 的双芯片方案

例如：JENNIC SOC+EEPROM、EMBER 260+MCU 等。

在主要的 ZigBee 芯片提供商中，德州仪器（TI）的 ZigBee 产品线覆盖了以上 3 种方案，飞思卡尔、ST、Ember、Jennic 可以提供单芯片方案，Atmel、Microchip 等其他厂商大都提供 MCU 和 RF 收发器分离的双芯片方案。

二、CC2530 简介

CC2530 是用于 2.4 GHz IEEE 802.15.4、ZigBee 和 RF4CE 应用的一个真正的片上系统（SOC）解决方案。这种解决方案能够提高性能并满足以 ZigBee 为基础的 2.4 GHz ISM 波段应用，及对低成本，低功耗的要求。它结合一个高性能 2.4 GHz DSSS（直接序列扩频）射频收发器核心和一颗工业级小巧高效的 8051 控制器。CC2530F256 结合了德州仪器的业界领先的黄金单元 ZigBee 协议栈（Z-Stack™），提供了一个强大和完整的 ZigBee 解决方案。CC2530 芯片的外观和功能引脚图分别如图 6-1、6-2 所示。

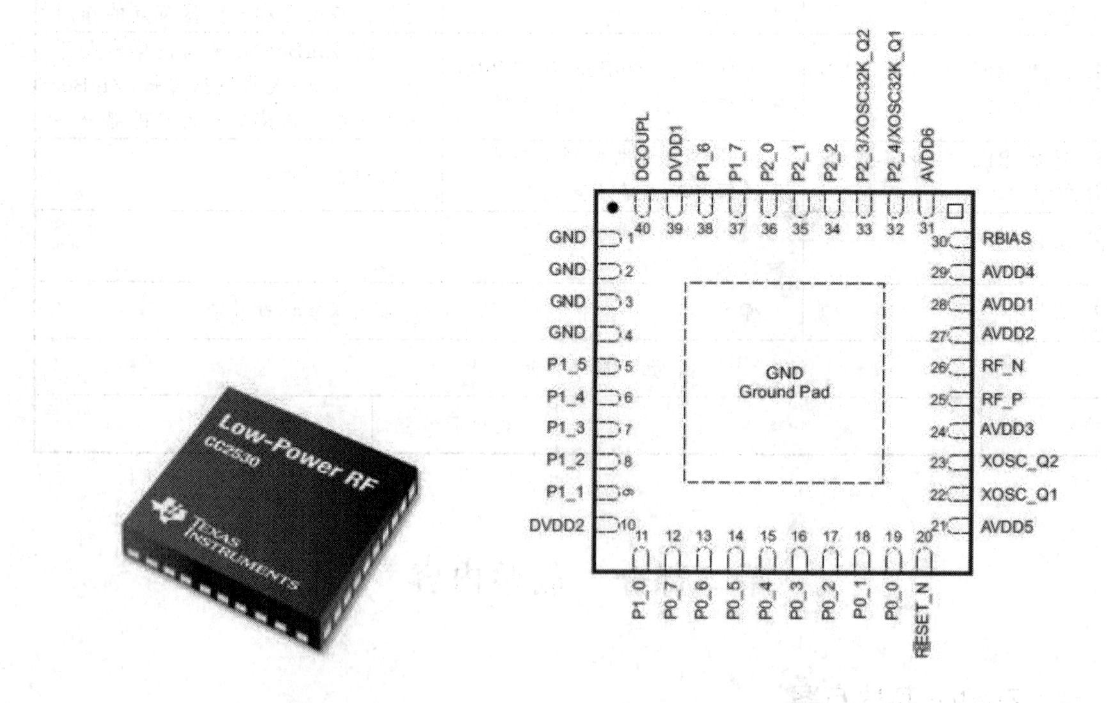

图 6-1　CC2530 芯片外观图

图 6-2　CC2530 功能引脚图

1. 微控制器

（1）高性能和低功耗的增强型 8051 微控制器内核。

（2）32/64/128/256KB 系统可编程闪存、支持硬件调试。

（3）8 KB RAM。

2. 外设接口

（1）21 个可配置通用 IO 引脚。

（2）2 个同步串口。

（3）1 个看门狗定时器。

（4）5 通道 DMA 传输。

（5）1 个 IEEE 802.15.4 标准 MAC 定时器和 3 个通用定时器。

（6）1 个 32 MHz 睡眠定时器。

（7）1 数字接收信号强度指示 RSSI/LQI 支持。

（8）通道 12 位 AD 转换器，可配置分辨率，内置电压、温度传感器检测。

（9）1 个 AES 安全加密协处理器。

三、感知 RF2 实验箱——WSN 系统结构

本套系统根据不同的情况可以由一台计算机，一套网关，一个或多个网络节点组成。系统大小只受 PC 软件观测数量、路由深度、网络最大负载量限制。

感知 RF2 实验箱无线传感器实验平台内配置 ZigBee 2007/PRO 协议栈在没有进行网络拓扑修改之前支持 5 级路由，31 101 个网络节点。传感器网络系统结构如图 6-3 所示。

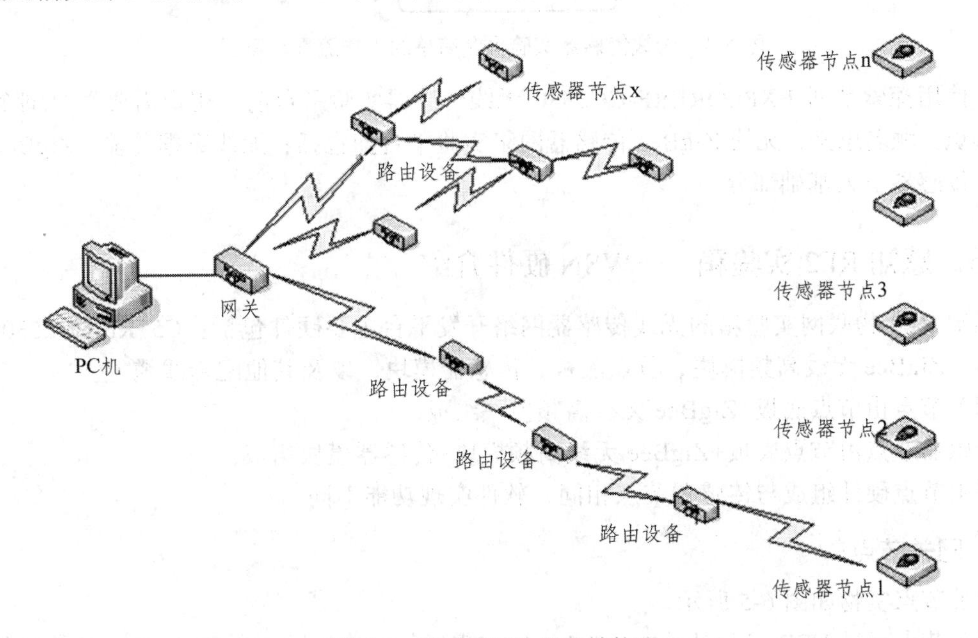

图 6-3　传感器网络系统结构图

四、感知 RF2 实验箱——WSN 系统工作流程

基于 ZigBee 2007/PRO 协议栈的无线网络，可自动完成网络设备的安装、架设过程。完成网络的架设后，用户便可以由 PC 机发出命令读取网络中任何设备上挂接的传感器的数据，并测试其电压，简单的工作流程如图 6-4 所示。

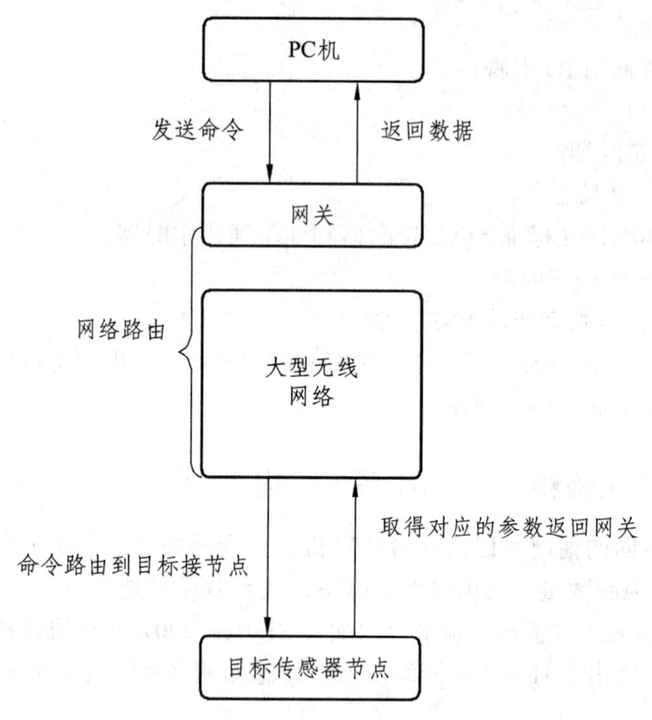

图 6-4　无线传感器实验平台简单的工作流程示意图

在使用探索系列 EXPLORERF-CC2530 无线传感器实验平台前，用户需要学习/理解一些基础知识。顾名思义，无线 ZigBee 传感器网络实验平台即包括：无线数据传输，ZigBee 无线网络，传感器三大基础部分。

五、感知 RF2 实验箱——WSN 硬件介绍

感知 RF2 物联网实验箱的无线传感器网络开发平台主要硬件包括：C51RF-CC2530-WSN 仿真器、ZigBee 无线高频模块、节点底板、传感器模块，以及其他配套线缆等。

网关节点由节点底板+ZigBee 无线高频模块组成。

传感器节点由节点底板+ZigBee 无线高频模块+传感器模块组成。

路由节点硬件组成与传感器节点相同，软件实现功能不同。

1. 网关节点

网关节点实物如图 6-5 所示。

网关节点通过 USB 口和计算机（PC 机）实现通信；通过网关内置 ZigBee 模块和各无线传感器网络节点实现通信。网关节点是将所有节点数据汇总、分析、存储和发送的机构。

图 6-5　网关节点实物图

它的工作流程是：当计算机发送命令以后，网关接收命令，首先判断是不是可用的命令，如果可用，根据命令判断计算机需要哪个节点的信息，并向该节点发送命令要求将对应数据传回网关，然后再将接收到的指定节点的信息按既定格式发送给 PC 机，并通过传感器网络软件显示出来。

2. 传感器节点

传感器节点硬件电路板如图 6-6 所示，主要包括 1 块节点底板、1 块传感器模块与 1 块 ZigBee 模块。可根据需要更换传感器模块。

图 6-6　传感器节点

节点底板型号为 SMBD。传感器模块型号为 SENSOR-XX-VX.XX（X 为任意数字）。

传感器节点在无线 ZigBee 传感器网络系统既可用作普通传感节点，也可用作无线 ZigBee 网络中的路由节点。

传感器节点主要功能包括温度采集、光照度采集、BEEP（蜂鸣器）、LED 测试小灯、数据发送等。

传感器在采集到温度值或者光照度值后，通过 ZigBee 模块内 CC2530 单片机的 AD 将其转换为数字电压，通过 ZigBee 无线模块射频部分将其发送给路由节点或者网关。可以通过 PC 机软件对它进行直接访问，例如，可以通过 PC 机控制传感器节点完成 LED 小灯的测试。

3. 节点底板

节点底板如图 6-7 所示，因版本不同，实物外观可能有所不同。其主要包括 ZigBee 仿真下载接口，ZigBee 模块接口、传感器模块接口、液晶屏、功能开关、外接电源接口、电源开关、复位开关及电池盒。

图 6-7 传感器节点

节点底板采用 2 种电源供电方式，分别是外接电源接口和电池供电。

4. 传感器模块

节点传感器由模块构成，主要传感器模块如表 6-1 所示。

表 6-1 节点传感器模块的类型及采用的主要芯片和元器件

传感器模块	主要采用的芯片或元器件
继电器模块	HK4100F-DC5V-SHG
LED 模块	4 位数码管，共阴，SM420391K
光敏/温度传感器模块	TC77
8×8 点阵屏模块	SZ411588K，共阳
振动传感器模块	SW-18015P
3 维加速度传感器模块	MMA7360L

续表

传感器模块	主要采用的芯片或元器件
红外感应传感器模块	SS101
雨滴传感器模块	SSM-002
压力传感器模块	MPXV5010G
可燃气体传感器模块	MQ-5
高精度温湿度模块	SHT10
霍尔传感器模块	A3144
超声波传感器模块	SSD-ME007
DA 输出模块	0～2 mA 输出，0～2 V 输出
高亮 LED 模块	1 W 发光 LED
步进/直流电机模块	24BYJ48-N06U/RF-300CA-8000

5. ZigBee 模块

在网关中配套的 ZigBee 模块采用 TI 的 ZigBee 芯片 CC2530。ZigBee 模块主要由 ZigBee 芯片、晶振、天线、扩展引脚及 LED 灯等组成，其实物如图 6-8 所示。ZigBee 无线模块 CC2530 工作于 2.4 GHz 的 ISM 频段。

图 6-8　ZigBee 模块实物图

ZigBee 新一代 SOC 芯片 CC2530 是真正的片上系统解决方案，支持 IEEE 802.15.4 标准/ZigBee/ZigBee RF4CE 和能源的应用。拥有 256 字节的快闪记忆体，支持新 RemoTI 的 ZigBee RF4CE，这是业界首款 ZigBee RF4CE 兼容的协议栈，允许芯片无线下载，支持系统编程。此外，CC2530 结合了一个完全集成的、高性能的 RF 收发器与一个 8051 微处理器，8 KB 的 RAM，32/64/128/256 KB 闪存，以及其他强大的支持功能和外设。

CC2530 提供了 101dB 的链路质量，优秀的接收器灵敏度和健壮的抗干扰性，4 种供电模式，多种闪存尺寸，以及一套广泛的外设集——包括 2 个 USART、12 位 ADC 和 21 个通用 GPIO。它拥有优秀的 RF 性能、选择性和业界标准增强 8051MCU 内核，支持一般的低功耗无线通信，CC2530 还可以配置 TI 的标准兼容或专有的网络协议栈（RemoTI、Z-Stack、或 SimpliciTI）来简化开发。CC2530 可以用于的应用包括远程控制、消费型电子、家庭控制、计量和智能能源、楼宇自动化、医疗及更多领域。

CC2530 模块采用统一 20 针扩展接口，引脚排列如图 6-9 所示。

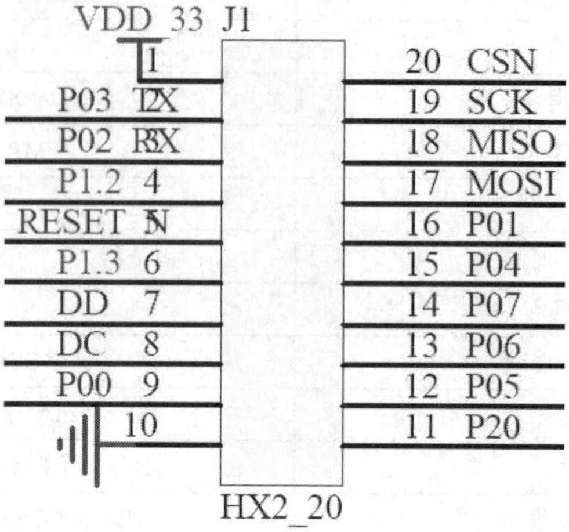

VDD_33 J1
1
P03 TX 2
P02 RX 3
P1.2 4
RESET_N 5
P1.3 6
DD 7
DC 8
P00 9
10
20 CSN
19 SCK
18 MISO
17 MOSI
16 P01
15 P04
14 P07
13 P06
12 P05
11 P20
HX2_20

图 6-9　CC2530 模块所采用的 20 针扩展接口引脚排列图

6. 仿真器介绍

C51RF-3 仿真器是 C51RF 无线 ZigBee 开发技术的核心，如图 6-10 所示。C51RF-3 仿真器具有在线下载、调试、仿真等功能。从图可以看出，C51RF-3 仿真器外形非常简洁，具有一个 USB 接口、一个复位按键及一根仿真线。

成都无线龙通讯科技有限公司
WWW.C51RF.COM
C51RF-3
IN CIRCUIT EMULATOR

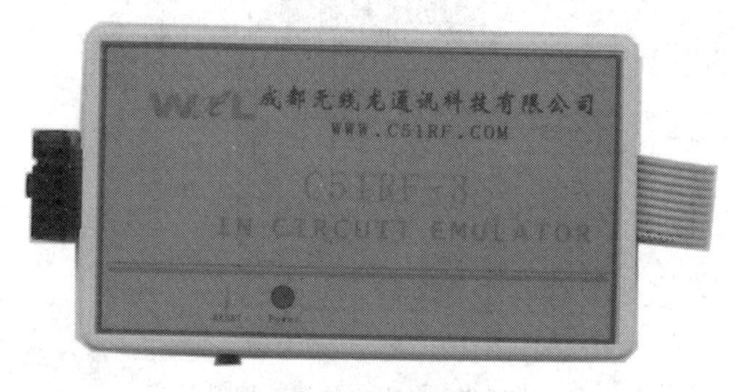

图 6-10　C51RF-3 仿真器

USB 接口：将 C51RF-3 仿真器与计算机有机的连接起来。C51RF-3 仿真器通过此接口与计算机进行通信，CC2430/CC2431/CC2530 等 ZigBee 模块的开发下载、调试（DEBUG）、仿真等功能都由此接口来实现。

复位按键：实现 C51RF-3 仿真器的复位，在需要重新下载、调试（DEBUG）、仿真时，可通过此按键来实现硬复位。

仿真线：这是一根 10 芯的下载、调试（DEBUG）、仿真线，通过它与 CC2530 的 ZigBee 模块进行连接。

C51RF-3 仿真器具有以下特点：

（1）USB 接口使 C51RF-3 开发与计算机连接更加简单快捷。

（2）高速代码下载。C51RF-3 仿真器提供高达 129 kb/s 的下载速度，把程序下载到 CC2530 的 ZigBee 模块只需几秒就能完成。

（3）在线下载、调试、仿真。

（4）硬件断点调试。类似 JTAG 的硬件断点调试，可实现单步、变量（寄存器）观察等全部 C51 源代码水平的在线调试（DEBUG）功能。

（5）支持 IAR 的 C51 编译/调试图形 IDE 开发平台。

（6）专业设计，系统稳定可靠，噪声干扰小。

第三部分　技能训练

一、仿真调试与下载

源程序编译后，就需要进行源程序的下载、仿真与调试，在此之间需要安装相应的仿真器驱动程序。

1. 仿真调试器驱动的安装

将 USB Debug Adapter 仿真器通过 USB 电缆连接到 PC 机，在 Windows XP 操作系统下，系统会自动检测到新硬件，弹出新硬件更新向导对话框，如图 6-11 所示。

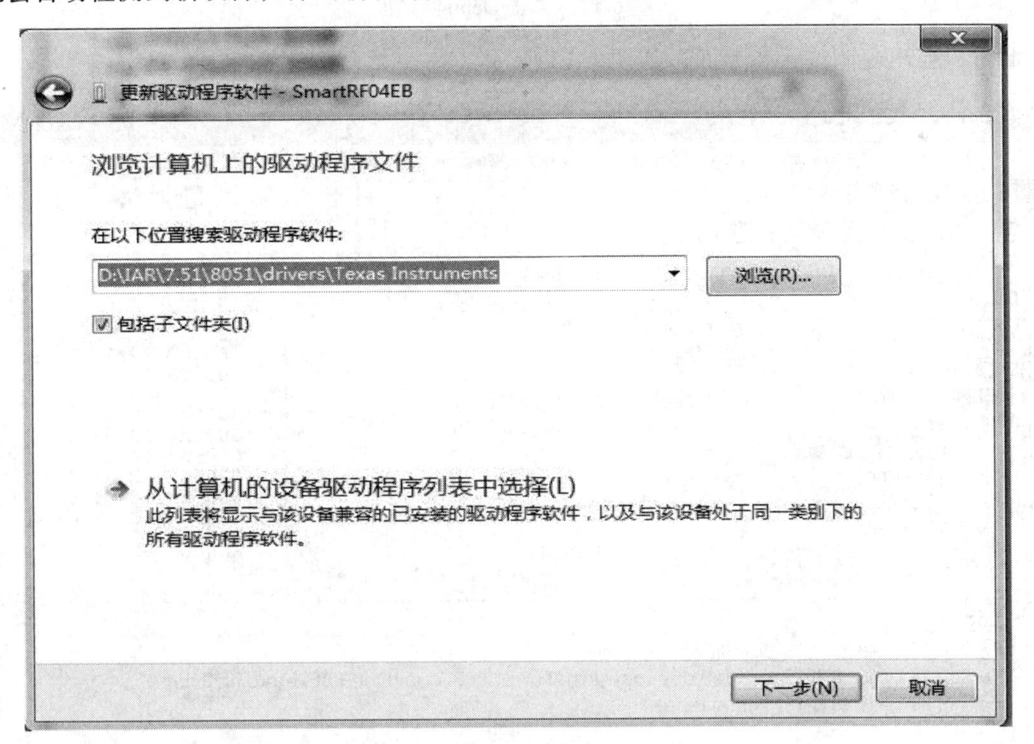

图 6-11　新硬件更新向导对话框

选择“自动安装软件（推荐）”选项，然后单击“下一步”，该向导会自动搜索驱动程序并进行安装，驱动程序安装完成后，即可进行仿真、调试和程序下载等功能了。

2. 程序仿真调试

单击“Debug”按钮，如图 6-12 所示。

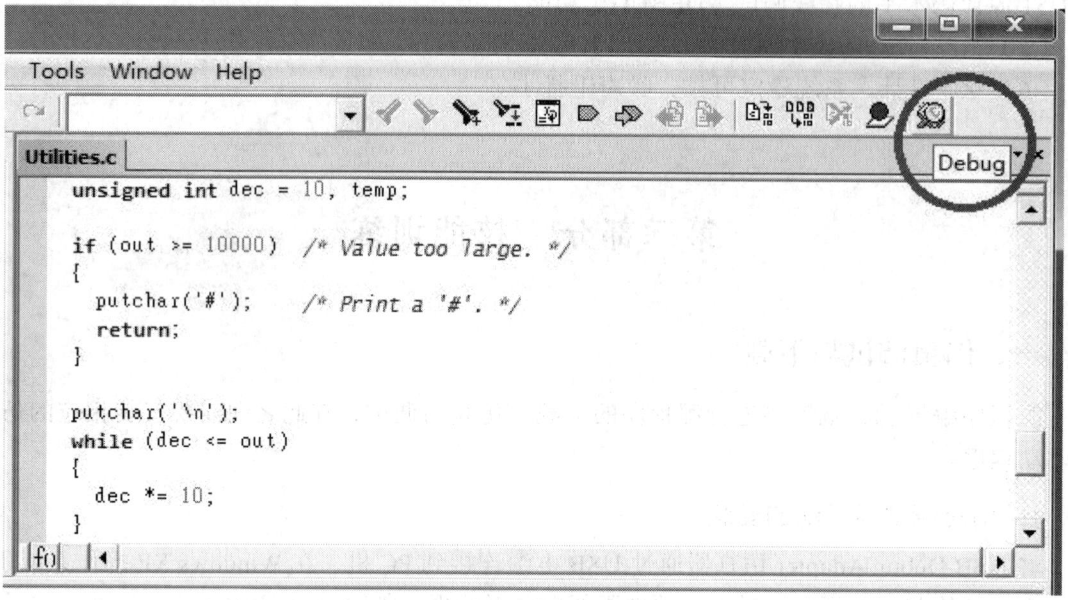

```
Tools  Window  Help
Utilities.c                                              Debug
  unsigned int dec = 10, temp;

  if (out >= 10000)  /* Value too large. */
  {
    putchar('#');     /* Print a '#'. */
    return;
  }

  putchar('\n');
  while (dec <= out)
  {
    dec *= 10;
  }
```

图 6-12　单击 Debug 按钮

此时，会出现调试状态界面，如图 6-13 所示。

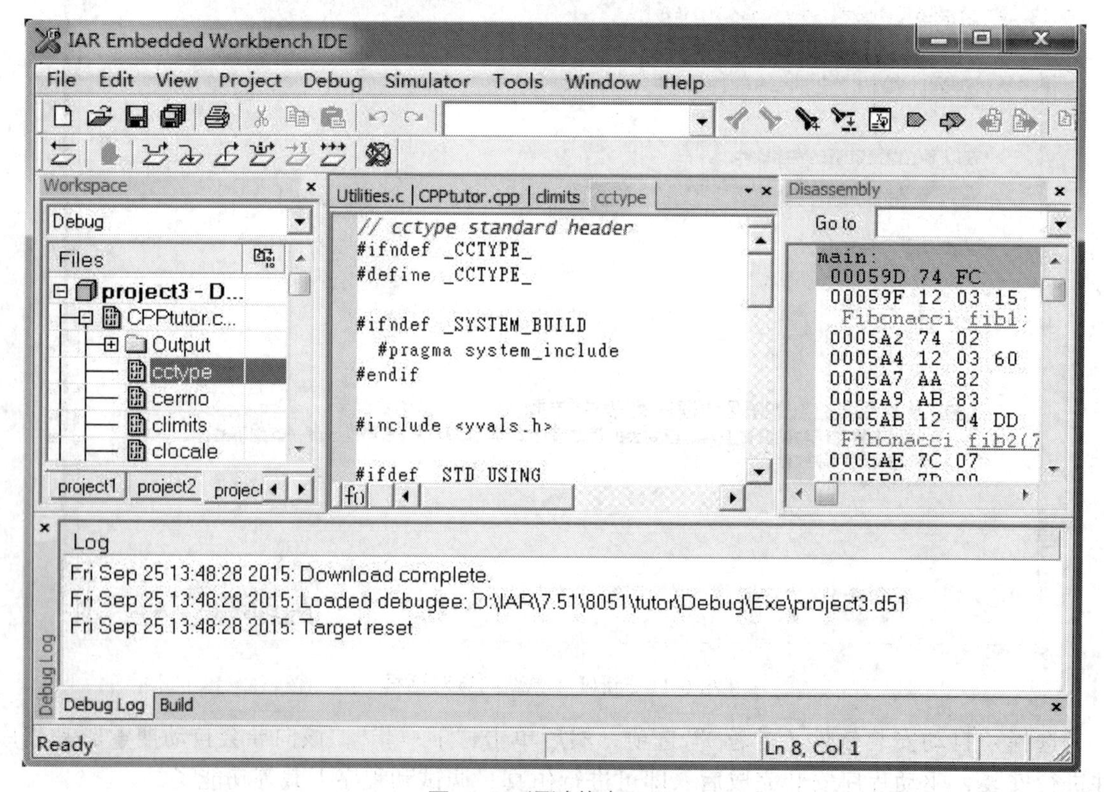

图 6-13　调试状态界面

其中，绿色的小箭头指示了当前程序的运行位置，此时单击键盘上的 F11 可实现程序的单步调试。

如果想退出调试状态，则只需要单击“Stop Debugging”按钮，如图 6-14 所示。

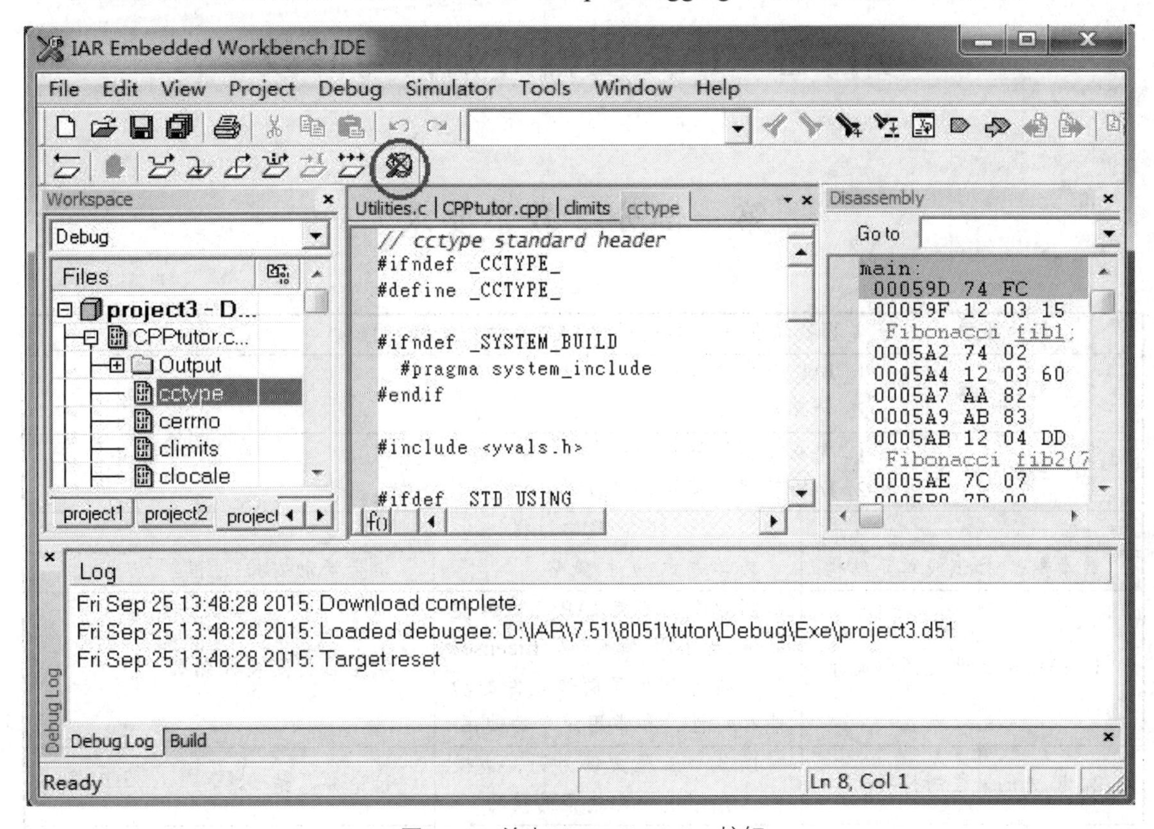

图 6-14　单击 Stop Debugging 按钮

二、知识点考核

1. 找到实验箱上所有的 ZigBee 模块可用的节点底板，共____________块。

2. 找到实验箱上所有的 ZigBee 模块，共____________块。

3. 找到实验箱上 10 种以上的传感器节点，并说出他们的名字和主芯片或元器件。

4. 识别实验箱上 ZigBee 节点的电源开关、复位开关、ZigBee 仿真下载接口、ZigBee 模块接口、传感器模块接口、液晶屏等。

5. 识别实验箱上 ZigBee 模块上的 CC2530 芯片、晶振、天线、扩展引脚、LED 等。

6. 找出 C51RF 下载器，正确连接，并正确安装驱动。

项目七　IAR 工程的编辑与修改

第一部分　教学要求

<table>
<tr><td>一、目的要求</td><td colspan="3">掌握模块化编程的技巧和 IAR 工程的编辑与修改</td></tr>
<tr><td>二、工具、器材</td><td colspan="3">1. IAR 开发环境；
2. 计算机</td></tr>
<tr><td>三、重难点分析</td><td colspan="3">1. 模块化编程的技巧；
2. IAR 工程的编辑与修改</td></tr>
<tr><td colspan="4">四、教学过程</td></tr>
<tr><td>教学步骤/知识或单元结构</td><td>教学方式/方法/策略</td><td colspan="2">学生活动安排/过程</td></tr>
<tr><td>1. IAR 集成开发环境简介</td><td>指导学生安装 IAR 集成开发环境,尤其是如何产生 License,然后指导学生了解该软件的功能和特性，和常用菜单的使用</td><td colspan="2">学生自行安装并熟悉</td></tr>
<tr><td>2. 模块化编程的技巧</td><td>以某个工程文件为例，边操作边介绍模块化编程的技巧</td><td colspan="2">讨论并总结</td></tr>
<tr><td>3. 新建工程文件</td><td>边演示边讲解如何新建一个工程文件，如何配置一个新的工程文件</td><td colspan="2">听讲，思考、做笔记，然后自己操作</td></tr>
<tr><td>4. 建立一个源文件</td><td>讲解如何建立一个源文件</td><td colspan="2">听讲，思考、做笔记，然后自己操作</td></tr>
<tr><td>5. 添加源文件到工程</td><td>边演示边讲解如何添加源文件到工程</td><td colspan="2">听讲，思考、做笔记，然后自己操作</td></tr>
<tr><td>6. 工程设置</td><td>边演示边讲解如何进行工程设置</td><td colspan="2">听讲，思考、做笔记，然后自己操作</td></tr>
<tr><td>7. 源文件的编辑</td><td>边演示边讲解源文件的编译</td><td colspan="2">听讲，思考、做笔记，然后自己操作</td></tr>
<tr><td>8. 布置作业</td><td>练习</td><td colspan="2">强化课堂认知技能</td></tr>
<tr><td colspan="4">五、成绩评定</td></tr>
<tr><td>评定等级</td><td></td><td>教师签名</td><td></td></tr>
</table>

第二部分　教学内容

一、IAR 集成开发环境简介

IAR Embedded Workbench（EW）的 C 交叉编译器是一款完整、稳定且很容易使用的专业嵌入式应用开发工具。EW 对不同的微处理器提供统一的用户界面，目前可以支持至少 35 种 8 位、16 位、32 位 ARM 微处理器结构。

IAR Embedded Workbench 集成的编译器有以下特点：

（1）完全兼容标准 C 语言。

（2）内建相应芯片的程序速度和内部优化器。

（3）高效浮点支持。

（4）内存模式选择。

（5）高效的 PRO Mable 代码。

IAR Embedded Workbench 软件界面如图 7-1 所示。

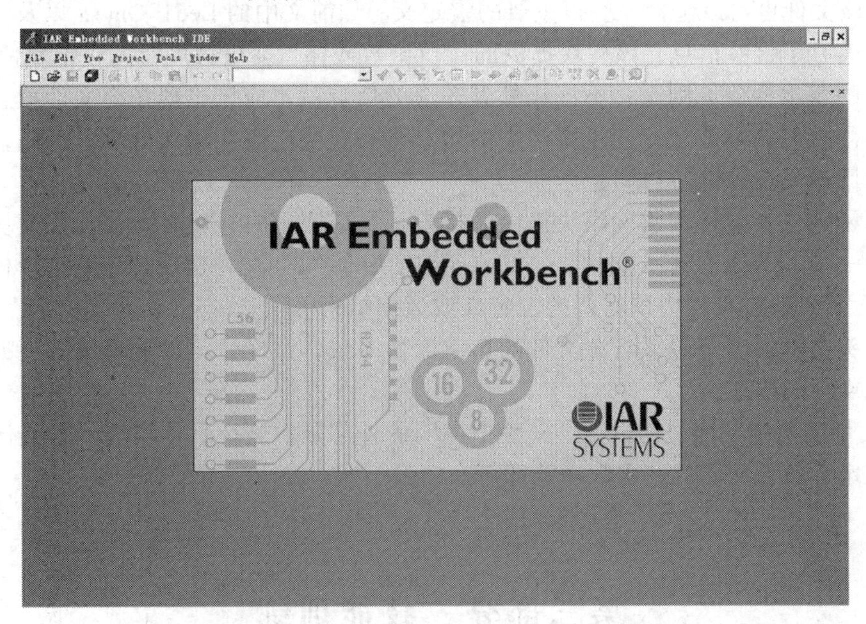

图 7-1　IAR Embedded Workbench 软件界面

安装 IAR Embedded Workbench 软件的方法，跟其他 Windows 程序安装方法一致，在此不做赘述，下面着重讲解 IAR 集成开发环境中工程的相关操作。

二、模块化编程技巧

在单片机开发过程中，经常遇到模块化复用问题，这时模块化编程将大大加快产品的开发进度，此外，TI 公司推出的 ZigBee 协议栈也是以模块化编程为基础进行的设计，学好模块化编程对于产品的开发及 ZigBee 协议栈的学习都有较大的帮助作用，下面对模块化编程进行简要的讲解。

模块化编程分析与设计的基本理论如下。

在理想的模块下编程中，各个模块可以看成是一个个的黑盒子，只需要注意模块提供的功能，不需要关心具体实现该功能的策略和方法，即提供的是机制而不是策略，机制即功能，策略即方法。好比用户买了一部 iPhone 手机，只需要会用它提供的各种功能即可，至于各种功能是如何实现的，用户不需要关心。

在大型程序开发中，一个程序由不同的模块组成，可能不同的模块会由不同的人员负责。在编写某个模块的时候，很可能需要调用别人写好的模块的接口。这个时候关心的是：其他模块提供了什么样的接口，应该如何去调用。至于模块内部是如何实现的，对于调用者而言，无须过多关注。模块对外提供的只是接口，把不需要的细节尽可能对外屏蔽起来，正是采用模块化程序设计所需要注意的地方。

一个模块包含两个文件：一个是“.h”文件（又称为头文件）；另一个是“.c”文件。

“.h”文件可以理解为一份接口描述文件，其文件内部一般不包含任何实质性的函数代码，可以把这个头文件理解为一份书面说明书，其内容就是这个模块对外提供的接口函数或接口变量。

此外，该文件也可以包含一些很重要的宏定义，如前文中的 Led1_On()，以及一些数据结构的信息，离开了这些信息，该模块提供的接口函数或接口变量很可能无法正常使用。

头文件的基本构成原则是：不该让外界知道的信息就不应该出现在头文件里，而供外界调用的模块内接口函数或接口变量所必需的信息则一定要出现在头文件里，否则，外界就无法正确地调用该模块提供的功能。

当外部函数或者文件调用该模块提供的接口函数或变量时，就必须包含该模块提供的接口描述文件——“.h”文件（头文件）。同时，该模块的“.c”文件也需要包含这个模块头文件（因为它包含了模块源文件中所需要的宏定义或数据结构等信息）。

通常，头文件的名字应该与源文件的名字保持一致，这样便可以清晰地知道哪个头文件是对哪个源文件的描述。

“.c”文件的主要功能是对“.h”文件中声明的外部函数进行具体实现，对具体实现方式没有特殊规定，只要能实现其函数功能即可。

第三部分　技能训练

一、工程的编辑与修改

IAR 集成开发环境中，对应工程的编辑操作主要涉及以下几方面的内容：如何建立、保存一个工程；如何向工程中添加源文件；如何编译源文件。下面进行详细讲解。

1. 建立一个新工程

打开 IAR 集成开发环境，单击菜单栏的“Project”，在弹出的下拉菜单中选择“Create New Project”，如图 7-2 所示。

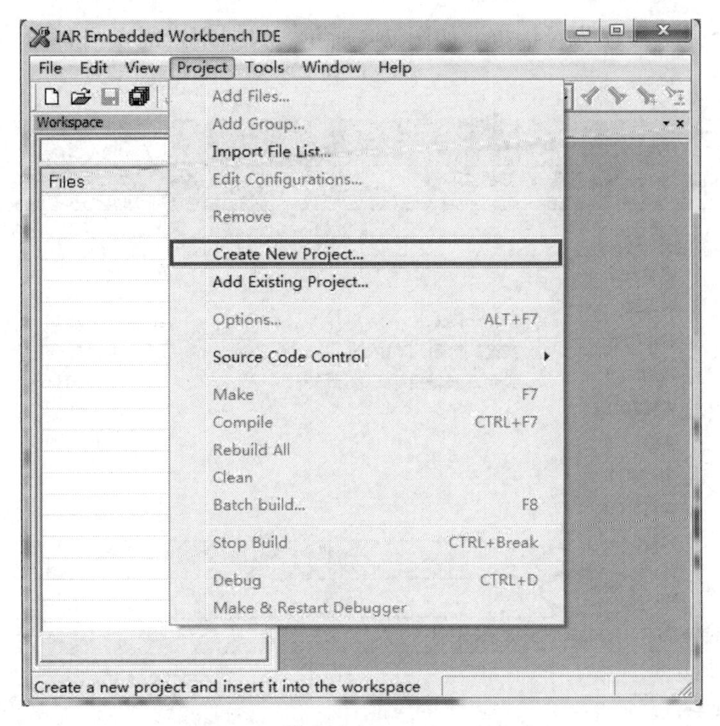

图 7-2　选择 Create New Project

此时，系统会弹出“Create New Project”对话框，Create New Project 对话框设置如图 7-3 所示。在“Tool Chain”后面的下拉列表框中选择“8051”，然后在“Project templates”列表框中选择“Empty project”，最后单击“OK”按钮即可。

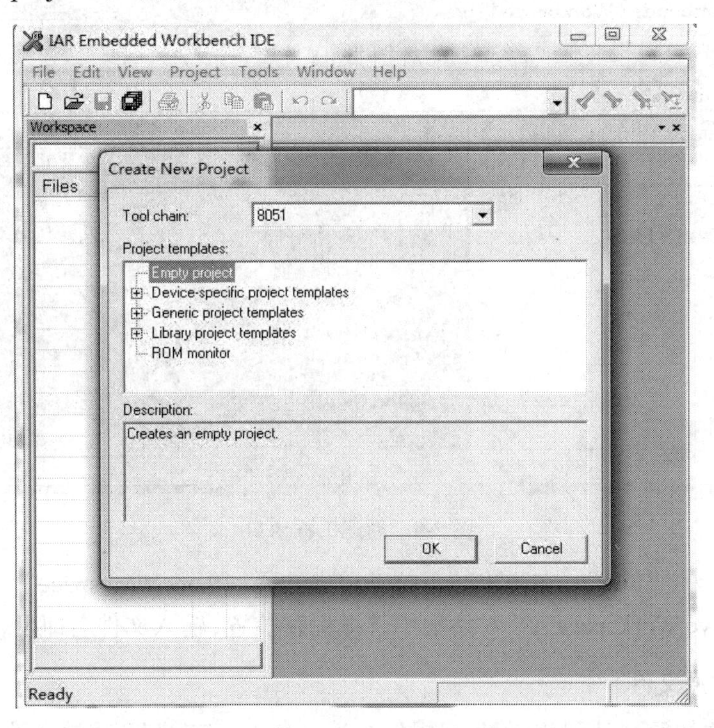

图 7-3　Create New Project 对话框设置

此时，系统会弹出另存为对话框，如图 7-4 所示，根据用户需要可以自行更改工程名和保存位置。

图 7-4　另存为对话框

此时，新建工程窗口如图 7-5 所示。

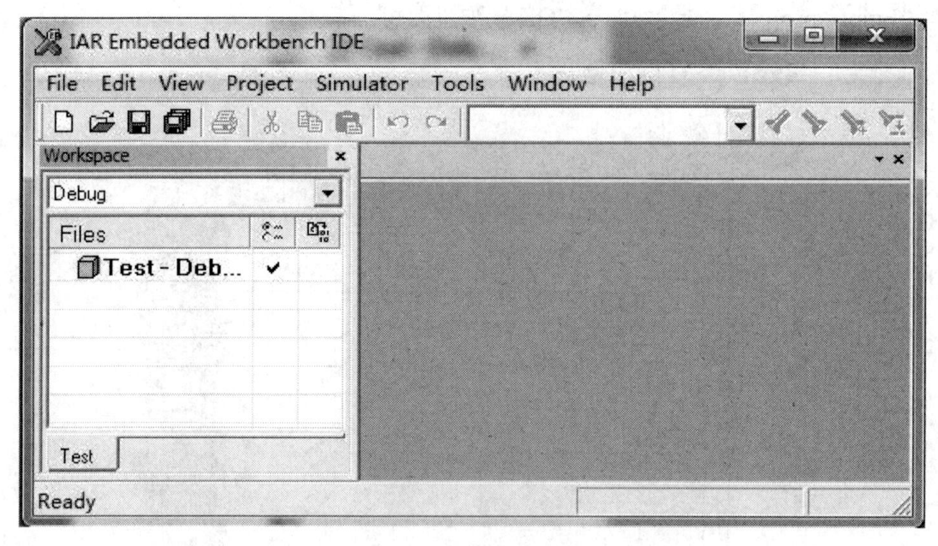

图 7-5　新建工程窗口

选择菜单栏上的“File”，在弹出的下拉菜单中选择“Save Workspace”。

在弹出的“Save Workspace As”对话框中选择保存位置，输入文件名即可，保存 Workspace。

2. 建立一个源文件

接下来需要添加源文件到该项目，选择“File→New→File”新建源文件，如图 7-6 所示。

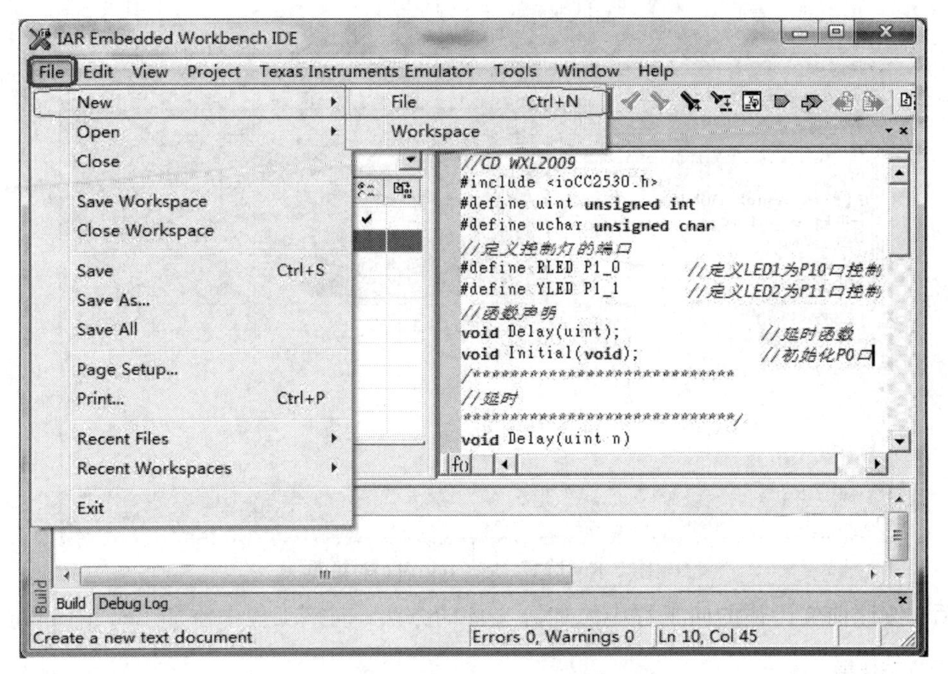

图 7-6　新建源文件设置图

然后，将源文件保存为 KeyControl.c。

3. 添加源文件到工程

将上述源文件添加到项目中，选择“Project→Add Files”添加源文件，如图 7-7 所示。

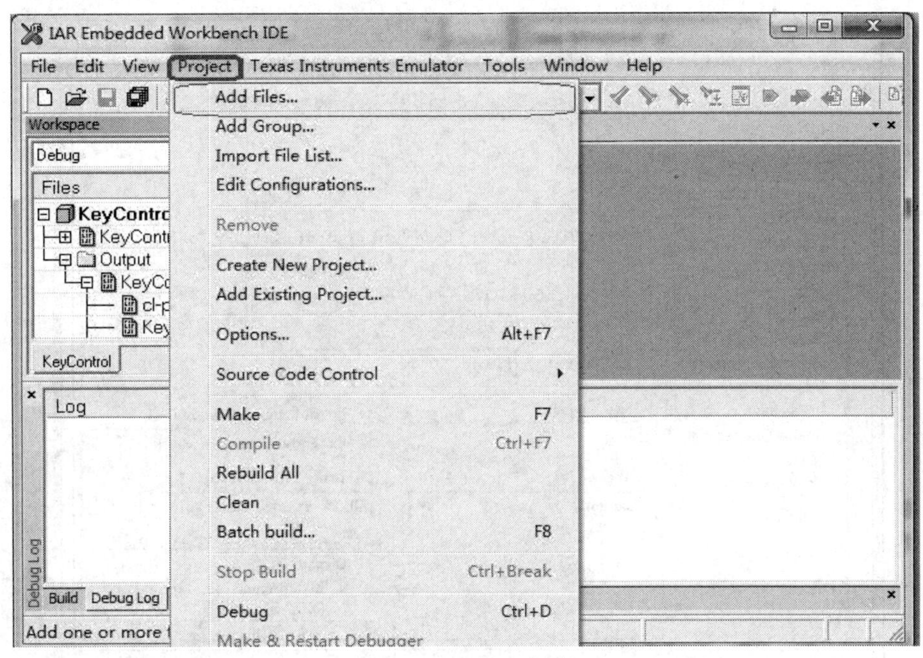

图 7-7　添加源文件

在弹出的对话框中，选择“KeyControl.c”即可，此时项目左边的 Workspace 栏已经发生了变化，如图 7-8 所示。

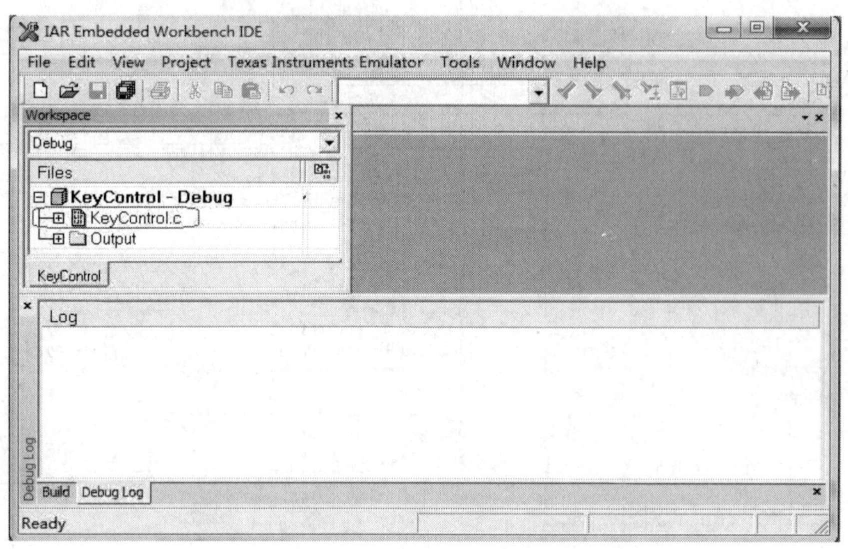

图 7-8　选择 KeyControl.c 对话框

然后，按照前文讲述的向工程中添加源文件的方法，向该工程中添加 Led.h、main.c 文件。

4. 工程设置

IAR 集成开发环境支持多种处理器，因此，建立工程后，要对工程进行基本的设置，使其符合用户所使用的单片机。

单击菜单栏上的“Project”，在弹出的下来菜单中选择“Options”，此时，弹出的 Option for node “CC2530Test”对话框如图 7-9 所示。

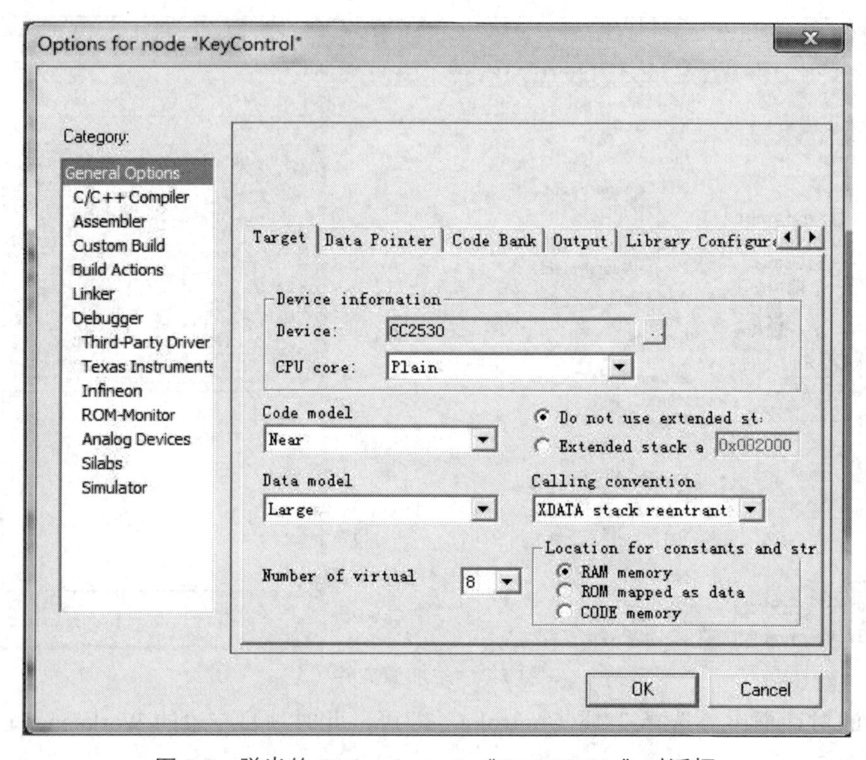

图 7-9　弹出的 Option for node “CC2530Test”对话框

1）General Option 选项

在 Target 标签下的 Device 栏选择 Texas Intruments 文件夹下的 CC2530.i51，Data Model 栏的下拉菜单选择 Large，如图 7-10 所示。

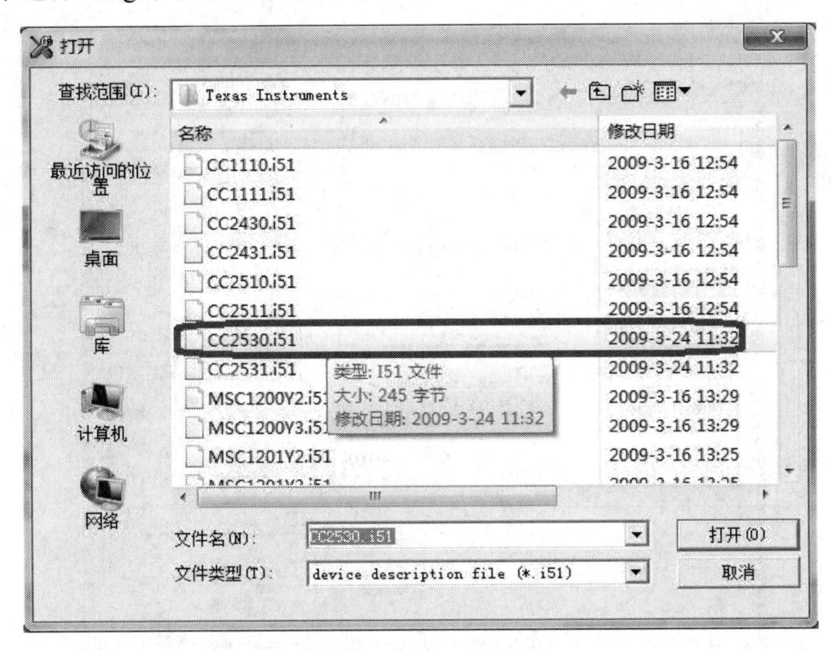

图 7-10　选择 CC2530.i51

在 Stack/Heap 标签下的 XDATA 文本框设置 0x1FF，Stack/Heap 标签的其他设置如图 7-11 所示。

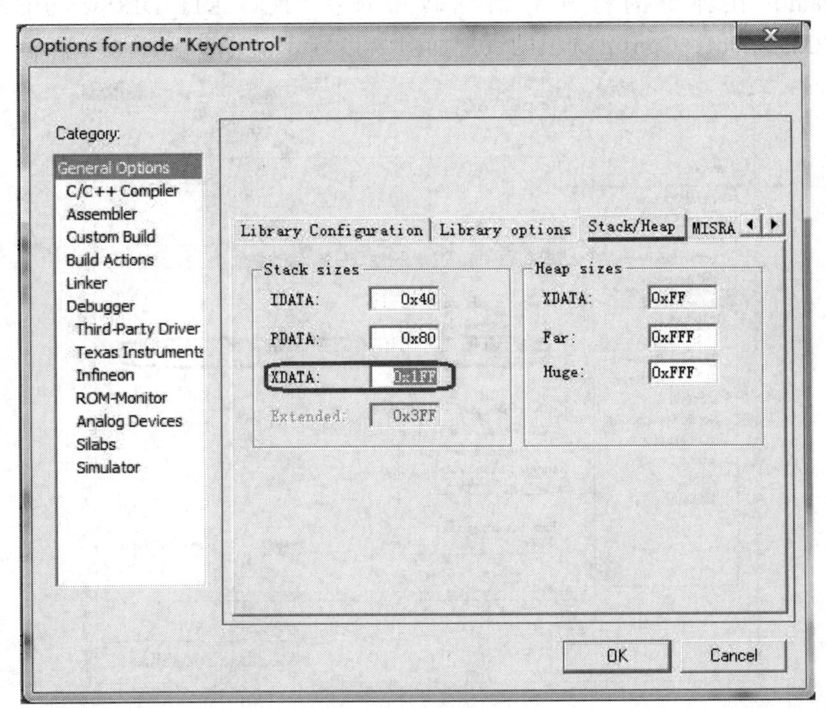

图 7-11　Stack/Heap 标签的设置

2）Linker 选项

Output 标签下的选项主要用于设置输出文件名及格式，在 Output file 标签下面的文件框中输入 KeyControl.d51，勾选 Allow C-SPY-specific extraoutput file。Output 标签的其他设置如图 7-12 所示。

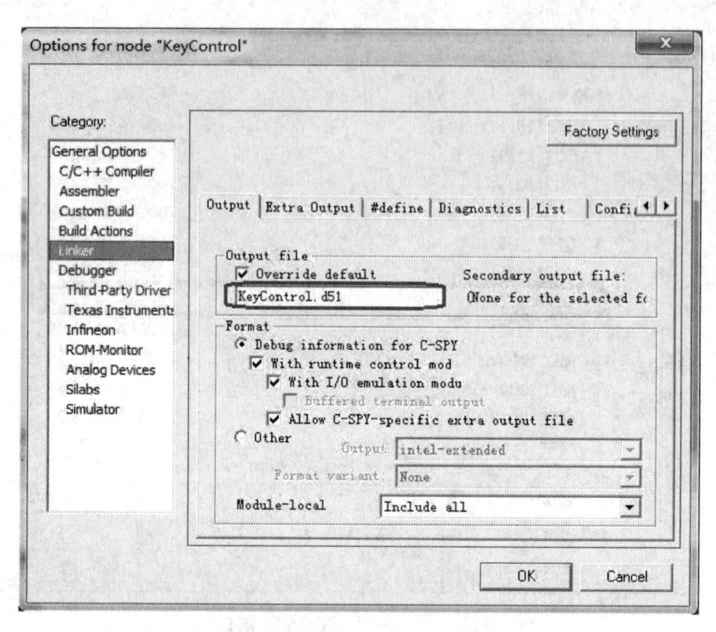

图 7-12　Output 标签的设置

Config 标签的设置如下：单击 Linker configuration file 栏右边的省略号按钮，勾选 Override default program，在弹出的打开对话框转中选择 $TOOLKIT_DIR$\config\devices\Texas Instruments\CC2530.ddf，Config 选项的设置如图 7-13 所示。

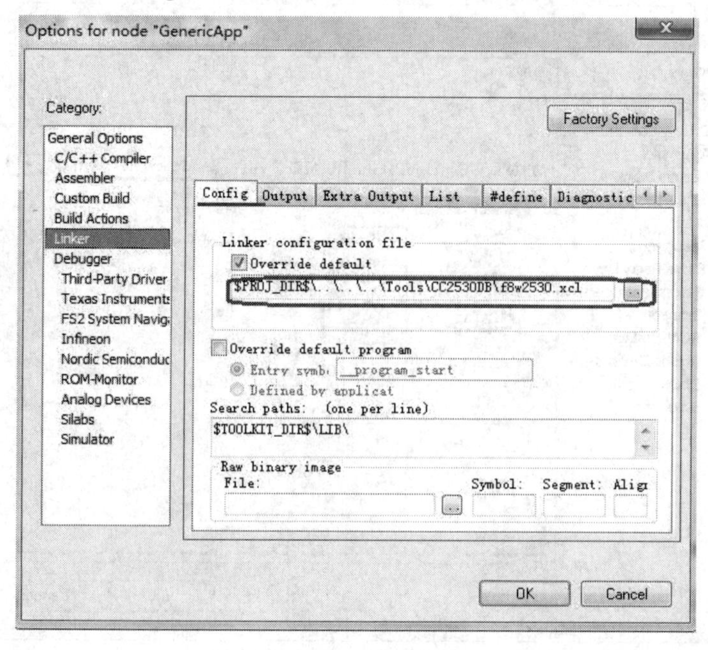

图 7-13　Config 选项的设置

二、知识点考核

1. IAR Embedded Workbench 有哪些特点?
2. IAR 开发环境中，对应工程编辑主要涉及哪些内容?
3. 仿真器有什么功能?
4. 简述模块化编程的基本理论。

项目八　基于CC2530的按键实现LED灯的控制

第一部分　教学要求

<table>
<tr><td>一、目的要求</td><td colspan="3">1. 了解CC2530的GPIO结构和配置原理；
2. 学习配置按键的GPIO口为输入模式，并采集有效按键；
3. 学习如何通过程序控制按键触发LED灯</td></tr>
<tr><td rowspan="5">二、工具、器材</td><td>实 验 设 备</td><td>数 量</td><td>备　　注</td></tr>
<tr><td>CC2530多传感器节点底板</td><td>1</td><td>支持CC2530工作的底板</td></tr>
<tr><td>CC2530节点模块</td><td>1</td><td>无线SOC</td></tr>
<tr><td>USB线</td><td>1</td><td>连接仿真器</td></tr>
<tr><td>C51RF-3仿真器</td><td>1</td><td>程序下载调试用</td></tr>
<tr><td>三、重难点分析</td><td colspan="3">CC2530的GPIO结构和配置原理</td></tr>
<tr><td colspan="4">四、教学过程</td></tr>
<tr><td>教学步骤/知识或单元结构</td><td colspan="2">教学方式/方法/策略</td><td>学生活动安排/过程</td></tr>
<tr><td>1. P0、P0DIR、P0SEL、P0INP寄存器</td><td colspan="2">讲授并结合实际代码讲解P0、P0DIR、P0SEL、P0INP寄存器功能及状态的设置</td><td>编写简单的代码设置各寄存器的状态</td></tr>
<tr><td>2. 五向摇杆按键Joystick</td><td colspan="2">介绍五向摇杆按键Joystick的硬件连接电路</td><td>收集CC2530的按键的硬件连接图片和资料</td></tr>
<tr><td>3. 程序的初始化和处理流程</td><td colspan="2">结合代码讲解程序的初始化和处理流程</td><td>熟悉IAR的架构，并正确配置工程</td></tr>
<tr><td>4. 编写代码</td><td colspan="2">编写关键函数（按键、LED的初始化等）</td><td>听讲并按老师要求，新建自己的应用服务程序并实现其初始化，使处理流程能正常跳转</td></tr>
<tr><td>5. 烧写程序并调试</td><td colspan="2">结合实验代码分析实验现象</td><td>正确的配置和调试代码</td></tr>
<tr><td>6. 考核</td><td colspan="2">对照技能训练考核学生，并给出成绩</td><td>实现扩展功能，掌握按键应用这一常用人机交互方法</td></tr>
<tr><td>7. 布置作业</td><td colspan="2">练习</td><td>强化课堂认知技能</td></tr>
<tr><td colspan="4">五、成绩评定</td></tr>
<tr><td>评定等级</td><td></td><td>教师签名</td><td></td></tr>
</table>

第二部分　教学内容

一、实验原理

本例的目的是让用户掌握按键应用这一常用人机交互方法，本次使用按键作为LED灯的开关。按下“SW2”键即切换ZigBee模块左边的LED灯开关，实验中操作的寄存器有P0，表8-1列出了其参数表。

表8-1　P0（P0口寄存器）

位号	位名	复位值	操作性	功能描述
7：0	P0[7：0]	0x00	读/写	P0端口普通功能寄存器，可位寻址

P0DIR，没有设置而是取默认值，如表8-2所示。

表8-2　P0DIR（P0方向寄存器）

位号	位名	复位值	操作性	功能描述
7	DIRP0_7	0	读/写	P0_7方向：0 输入，1 输出
6	DIRP0_6	0	读/写	P0_6方向：0 输入，1 输出
5	DIRP0_5	0	读/写	P0_5方向：0 输入，1 输出
4	DIRP0_4	0	读/写	P0_4方向：0 输入，1 输出
3	DIRP0_3	0	读/写	P0_3方向：0 输入，1 输出
2	DIRP0_2	0	读/写	P0_2方向：0 输入，1 输出
1	DIRP0_1	0	读/写	P0_1方向：0 输入，1 输出
0	DIRP0_0	0	读/写	P0_0方向：0 输入，1 输出

P0SEL（P1SEL相同）：各个I/O口的功能选择，0为普通I/O功能，1为外设功能，如表8-3所示。

表8-3　P0SEL（P0功能选择寄存器）

位号	位名	复位值	操作性	功能描述
7	SELP0_7	0	读/写	P0_7功能：0 普通I/O，1 外设功能
6	SELP0_6	0	读/写	P0_6功能：0 普通I/O，1 外设功能
5	SELP0_5	0	读/写	P0_5功能：0 普通I/O，1 外设功能
4	SELP0_4	0	读/写	P0_4功能：0 普通I/O，1 外设功能
3	SELP0_3	0	读/写	P0_3功能：0 普通I/O，1 外设功能
2	SELP0_2	0	读/写	P0_2功能：0 普通I/O，1 外设功能
1	SELP0_1	0	读/写	P0_1功能：0 普通I/O，1 外设功能
0	SELP0_0	0	读/写	P0_0功能：0 普通I/O，1 外设功能

P0INP是这只P0口输入模式的寄存器，如表8-4所示。

表 8-4　P0INP（P0 输入模式寄存器）

位号	位名	复位值	操作性	功能描述
7	MDP0_7	0	读/写	P0_7 输入模式：0 上拉/下拉，1 三态
6	MDP0_6	0	读/写	P0_6 输入模式：0 上拉/下拉，1 三态
5	MDP0_5	0	读/写	P0_5 输入模式：0 上拉/下拉，1 三态
4	MDP0_4	0	读/写	P0_4 输入模式：0 上拉/下拉，1 三态
3	MDP0_3	0	读/写	P0_3 输入模式：0 上拉/下拉，1 三态
2	MDP0_2	0	读/写	P0_2 输入模式：0 上拉/下拉，1 三态
1	MDP0_1	0	读/写	P0_1 输入模式：0 上拉/下拉，1 三态
0	MDP0_0	0	读/写	P0_0 输入模式：0 上拉/下拉，1 三态

二、硬件电路

按键采用五向摇杆按键 Joystick，其电路如图 8-1 所示。

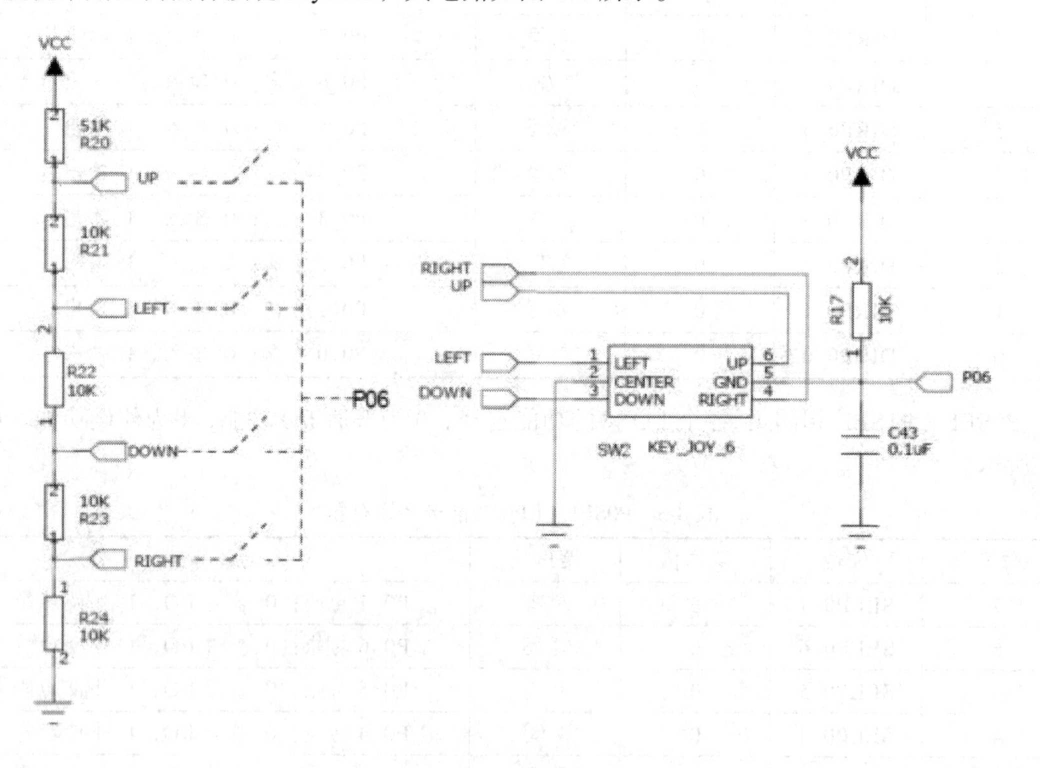

图 8-1　按键电路图

无按键按下时 P06 处于上拉状态，高电平。中间键（Center）按下时，P06 与 GND 连通，为低电平。

第三部分　技能训练

一、编写代码

在“CC2530 单片机基础程序\1.1GPIO 输入输出实验\CC2530-3”目录下的“main.c”文件中我们可以看到，程序的初始化和处理流程如图 8-2 所示。

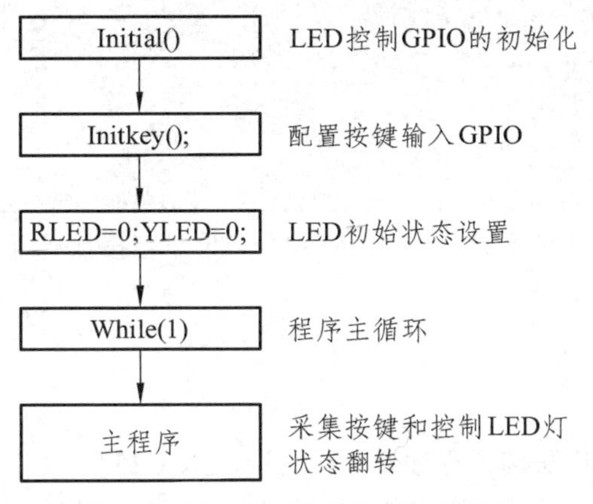

图 8-2　程序的初始化和处理流程图

按键初始化函数 void InitKey （void）：

```
/*******************************************
//按键初始化
*******************************************/
void InitKey(void)
{
  P0SEL &=  ~0X40;
  P0INP |= 0x40;                    //上拉
  P0DIR &=  ~(0x01<<(6));      //按键在 P06 ADC 采集

}
```

主要是配置采集输入采集的 GPIO P06 为输入模式。

延时子函数 uchar KeyScan（void）：

```
/*******************************************
//读键值
*******************************************/
uchar KeyScan(void)
{
```

```
    if(K1 == 0)              //低电平有效
    {
      Delay(100);            //检测到按键
      if(K1 == 0)
      {
          while(!K1);        //直到松开按键
          return(1);
      }
    }
    return(0);
}
```

监测 P0.6（K1）上的电平变化，如有高电平变低即有按键产生，返回按键扫描结果为有按键发生。

二、验证实验结果

第一步：把“\演示及开发例子程序\”内文件夹“CC2530 单片机基础程序”复制至 C：\根目录下的“Texas Instruments”文件夹内。使用 IAR7.51 打开“1.1GPIO 输入输出实验\CC2530-2”中工程文件“switchLED.eww”，如图 8-3 所示。

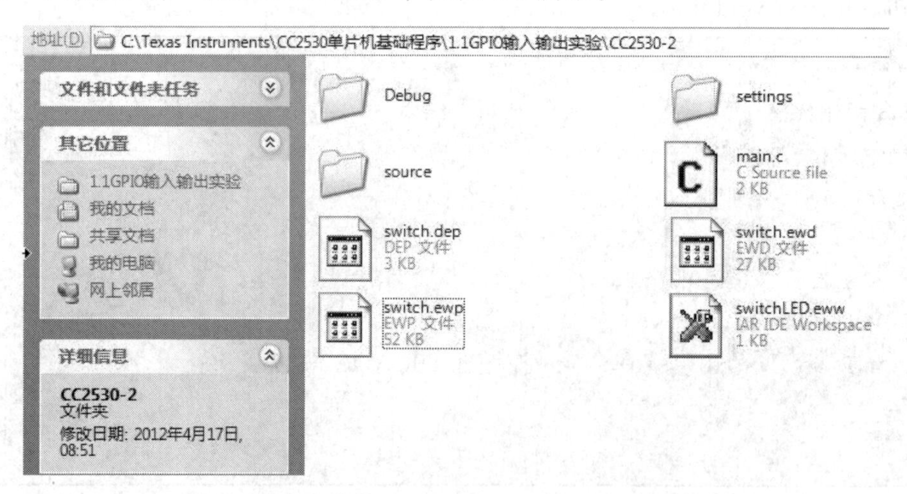

图 8-3　工程文件“switchLED.eww”的所在位置

第二步：打开工程后选择 Debug 或 Release 模式，点击左上角程序功能选择框，如下图 8-4 所示。

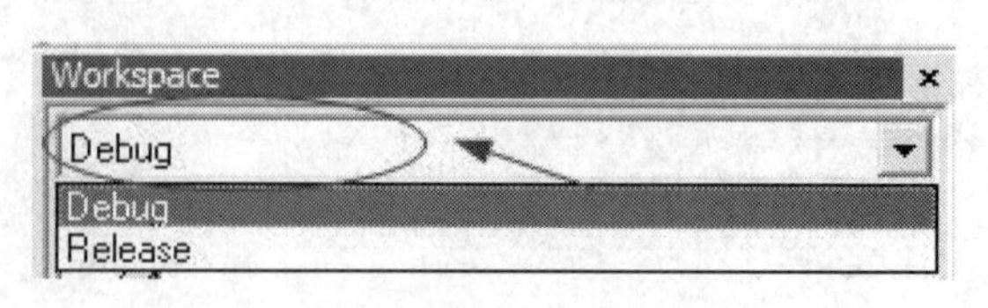

图 8-4　选择 Debug 模式

Debug：生成调试信息，支持代码调试。

Release：不输出调试信息，直接生成 HEX 文件。

第三步：编译工程并下载到目标板。

点击菜单 Project，选择“Rebuild All”，如图 8-5 所示，等待工程文件编译完成。工程文件编译完成后，将仿真器与网关通过仿真器下载线连接起来。确保仿真器与计算机、仿真器与节点底板连接正确，CC2530 无线模块正确地插在节点底板后。

点击菜单 Project，选择“Debug”，如图 8-6 所示，或点击如图 8-7 所示的图标，等待程序下载完成。

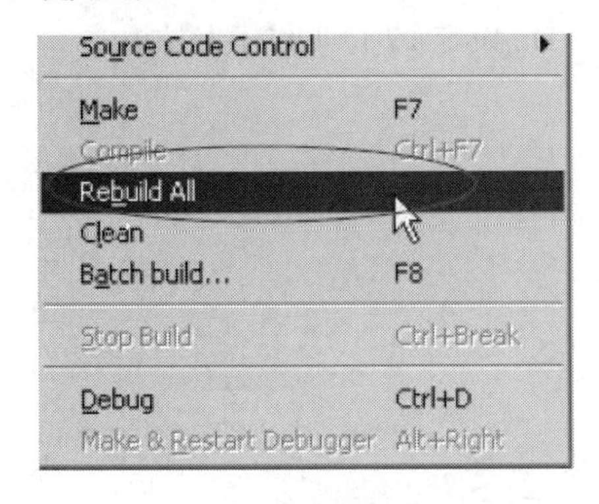

图 8-5　编译工程

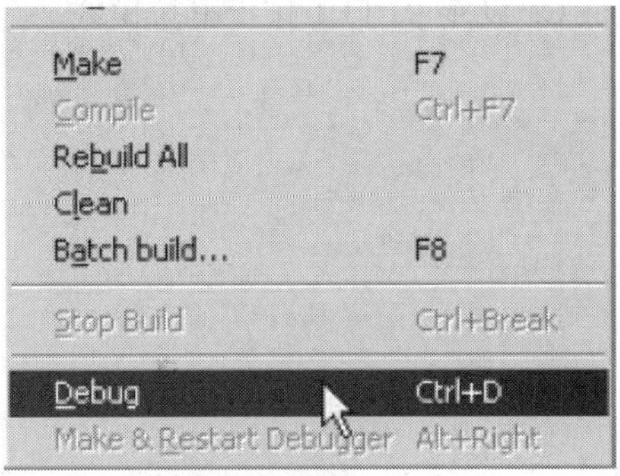

图 8-6　下载和调试目标板

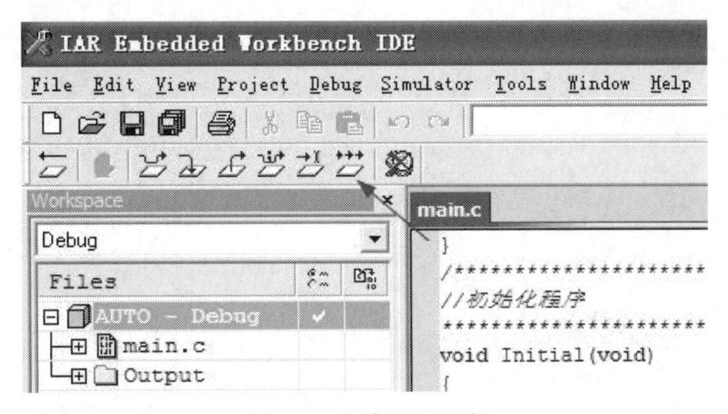

图 8-7　全速运行程序

第四步：运行和查看效果。

下载完成后点击“GO”按键全速运行，或直接按 F5 键查看程序运行效果。按下 SW2 摇杆按键的中间键，CC2530 模块板载的红色 LED 灯（右边）点亮，再次按下该键红灯熄灭。

三、知识点考核

1. 在 ioCC2530.h 头文件中对所有的寄存器及中断向量进行了映射及____________，在编程的过程中我们往往需要在该文件中进行寄存器查找。

2. 下面关于运算符说法正确的是（　　）。

A. “& ” 按位与运算符　　　　B. “∧” 按位异或运算符

C. “ | ” 逻辑或运算符　　　　D. “ ~ ” 按位取反运算符

3. 对于语句“P1DIR |= 0x03”说法正确的是（　　）。

A. P1_0 定义为输出

B. P1_1 定义为输出

C. P1_0、P1_1 均定义为输入

D. P1_0、P1_1 均定义为输出

4. 对于语句“P0SEL &= ~0X02”说法正确的是（　　）。

A. 设置 P00 为普通 IO 口

B. 设置 P01 为普通 IO 口

C. 设置 P02 为普通 IO 口

D. 设置 P02 为外设功能

5. 对于语句“P2INP&= ~0X20”说法正确的是（　　）。

A. 设定 P0 口工作于上拉模式

B. 设定 P0 口工作于下拉模式

C. 设定 P1 口工作于上拉模式

D. 设定 P2 口工作于上拉模式

项目九　串口收发的实现

第一部分　教学要求

<table>
<tr><td>一、目的要求</td><td colspan="3">1. 了解 CC2530 的串口结构和配置原理；
2. 掌握如何通过程序控制 CC2530 的串口收发数据</td></tr>
<tr><td rowspan="5">二、工具、器材</td><td>实验设备</td><td>数量</td><td>备　注</td></tr>
<tr><td>CC2530 多传感器节点底板</td><td>1</td><td>支持 CC2530 工作的底板</td></tr>
<tr><td>CC2530 节点模块</td><td>1</td><td>无线 SOC</td></tr>
<tr><td>USB 线</td><td>1</td><td>连接仿真器</td></tr>
<tr><td>C51RF-3 仿真器</td><td>1</td><td>程序下载调试用</td></tr>
<tr><td>三、重难点分析</td><td colspan="3">如何通过程序控制 CC2530 的串口收发数据</td></tr>
</table>

<table>
<tr><td colspan="3">四、教学过程</td></tr>
<tr><td>教学步骤/知识或单元结构</td><td>教学方式/方法/策略</td><td>学生活动安排/过程</td></tr>
<tr><td>1. 串口 USART 的外设 I/O 引脚映射</td><td>结合实际的工程案例讲解串口 USART 的外设 I/O 引脚映射关系</td><td>总结 USART0 和 USART1 分别对应的外部 I/O 引脚关系</td></tr>
<tr><td>2. USART 模式的特点</td><td>讲解 USART 模式的特点，对重点参数做详细说明</td><td>听讲，并在实验过程中体会，项目结束后总结并补充 UART 模式的设置方法</td></tr>
<tr><td>3. CC2530 寄存器</td><td>分析并讲解 CC2530 常见的寄存器</td><td>熟悉、了解 CC2530 的寄存器，对于不能理解的地方做记录并积极在课下查资料并运用</td></tr>
<tr><td>4. 硬件电路</td><td>讲解如何查看硬件电路</td><td>自行查阅其硬件电路的资料</td></tr>
<tr><td>5. 程序的初始化和处理流程</td><td>结合程序初始化和处理的流程，让学生考虑应如何对程序进行修改，实现功能</td><td>尝试自行编程，实现程序的初始化和处理</td></tr>
<tr><td>6. 总结</td><td>总结 CC2530 配置串口的一般步骤</td><td>按照步骤阅读程序并修改</td></tr>
<tr><td>7. 烧写程序并验证实验结果，并做进一步的修改。</td><td>编译程序后，烧写程序，并说明实验现象和代码的对应关系</td><td>体会并总结功能的实现</td></tr>
<tr><td>8. 布置作业</td><td>练习</td><td>强化课堂认知技能</td></tr>
</table>

<table>
<tr><td colspan="4">五、成绩评定</td></tr>
<tr><td>评定等级</td><td></td><td>教师签名</td><td></td></tr>
</table>

第二部分 教学内容

一、实验原理

1. 串口 USART 的外设 I/O 引脚映射

CC2530 有两个 USB 转串口，分别是 USART0 和 USART1。USART0 和 USART1 是串行通信接口，它们能够分别运行于异步 UART 模式或者同步 SPI 模式。两个 USART 具有同样的功能，可以在单个 I/O 引脚设置，具体如表 9-1。

表 9-1 外设 I/O 引脚映射

外设/功能	P0								P1								P2				
	7	6	5	4	3	2	1	0	7	6	5	4	3	2	1	0	4	3	2	1	0
ADC	A7	A6	A5	A4	A3	A2	A1	A0													T
USART0 SPI			C	SS	M0	M1															
Alt.2											M0	M1	C	SS							
USART0 UART			RT	CT	TX	RX															
Alt.2											TX	RX	RT	CT							
USART1 SPI			M1	M0	C	SS															
Alt.2									M1	M0	C	SS									
USART1 UART			RX	TX	RT	CT															
Alt.2									RX	TX	RT	CT									
TIMER1		4	3	2	1	0															
Alt.2	3	4												0	1	2					
TIMER3												1	0								
Alt.2									1	0											
TIMER4															1	0					
Alt.2																	1				0
32KHz xosc																Q1	Q2				
DEBUG																		DC	DD		

根据上面的外设 I/O 引脚映射可知，UART0 对应的外部设置 I/O 引脚关系为：

位置 1：P0_2—RX，P0_3—TX。

位置 2：P1_4—RX，P1_5—TX。

UART1 对应的外部设置 I/O 引脚关系为：

位置 1：P0_5—RX，P0_4—TX。

位置 2：P1_7—RX，P1_6—TX。

2. USART 模式的特点

USART 模式的操作具有下列特点：

（1）8 位或者 9 位负载数据。

（2）奇校验、偶校验或者无奇偶校验。

（3）配置启始位和停止位电平。

（4）配置 LSB（最低有效位）或 MSB（最高有效位）首先传输。

（5）独立接收中断。

（6）独立收发 DMA 触发。

3. CC2530 寄存器

CC2530 寄存器和串口相关的寄存器功能如下。

PERCFG：外设控制寄存器（见表 9-2）。

UxCSR：USARTx 控制和状态寄存器（见表 9-3）。

UxGCR：USARTx 通用控制寄存器（见表 9-4）。

UxBAUD：USARTx 波特率控制寄存器（见表 9-5）。

UxBUF：USARTx 接收/发送数据缓冲寄存器（见表 9-6）。

表 9-2　PERCFG（外设控制寄存器）

位号	位名	复位值	可操作性	功能描述
7	–	0	读	预留
6	T1CFG	0	读/写	T1 I/O 位置选择： 0：位置 1，1：位置 2
5	T3CFG	0	读/写	T3 I/O 位置选择： 0：位置 1，1：位置 2
4	T4CFG	0	读/写	T4 I/O 位置选择： 0：位置 1，1：位置 2
3：2	–	00	R0	预留
1	U1CFG	0	读/写	串口 1 位置选择： 0：位置 1，1：位置 2
0	U0CFG	0	读/写	串口 0 位置选择： 0：位置 1，1：位置 2

表 9-3　U0CSR（串口 0 控制&状态寄存器）

位号	位名	复位值	可操作性	功能描述
7	MODE	0	读/写	串口模式选择： 0：SPI 模式，1：UART 模式
6	RE	0	读/写	接收使能： 0：关闭接收，1：允许接收
5	SLAVE	0	读/写	SPI 主从选择： 0：SPI 主，1：SPI 从

续表

位号	位名	复位值	可操作性	功能描述
4	FE	0	读/写	串口帧错误状态： 0：没有帧错误，1：出现帧错误
3	ERR	0	读/写	串口校验结果： 0：没有校验错误，1：字节校验出错
2	RX_BYTE	0	读/写	接收状态： 0：没有接收到数据，1：接收到一字节数据
1	TX_BYTE	0	读/写	发送状态： 0：没有发送，1：最后一次写入 U0BUF 的数据已经发送
0	ACTIVE	0	读	串口忙标志： 0：串口闲，1：串口忙

表 9-4 U0GCR（串口 0 常规控制寄存器）

位号	位名	复位值	可操作性	功能描述
7	CPOL	0	读/写	SPI 时钟极性： 0：低电平空闲，1：高电平空闲
6	CPHA	0	读/写	SPI 时钟相位： 0：由 CPOL 跳向非 CPOL 时采样，由非 CPOL 跳向 CPOL 时输出 1：由非 CPOL 跳向 CPOL 时采样，由 CPOL 跳向非 CPOL 时输出
5	ORDER	0	读/写	传输位序： 0：低位在先，1：高位在先
4：0	BAUD_E[4：0]	0x00	读/写	波特率指数值，BAUD_M 决定波特率

表 9-5 U0BAUD（串口 0 波特率控制寄存器）

位号	位名	复位值	可操作性	功能描述
7：0	BAUD_M[7：0]	0x00	读/写	波特率尾数，与 BAUD_E 决定波特率

表 9-6 U0BUF（串口 0 收发缓冲器）

位号	位名	复位值	可操作性	功能描述
7：0	DATA[7：0]	0x00	读/写	UART0 收发寄存器

从 CC2530 上通过串口不断地发送字串“UART0 TX Test”。实验使用 CC2530 的串口 1，波特率为 57 600。

二、硬件电路

串口采用 USB 转串口 TTL 芯片 CP2102，由于节点底板的串口要复用于控制扩展传感器板上的设备，所以需要通过 S1 开关进行切换选择。IP02 和 IP03 来自 CP2102，EP03 和 EP02 来自扩展传感器板。

USB 转串口的电路如图 9-1 所示。

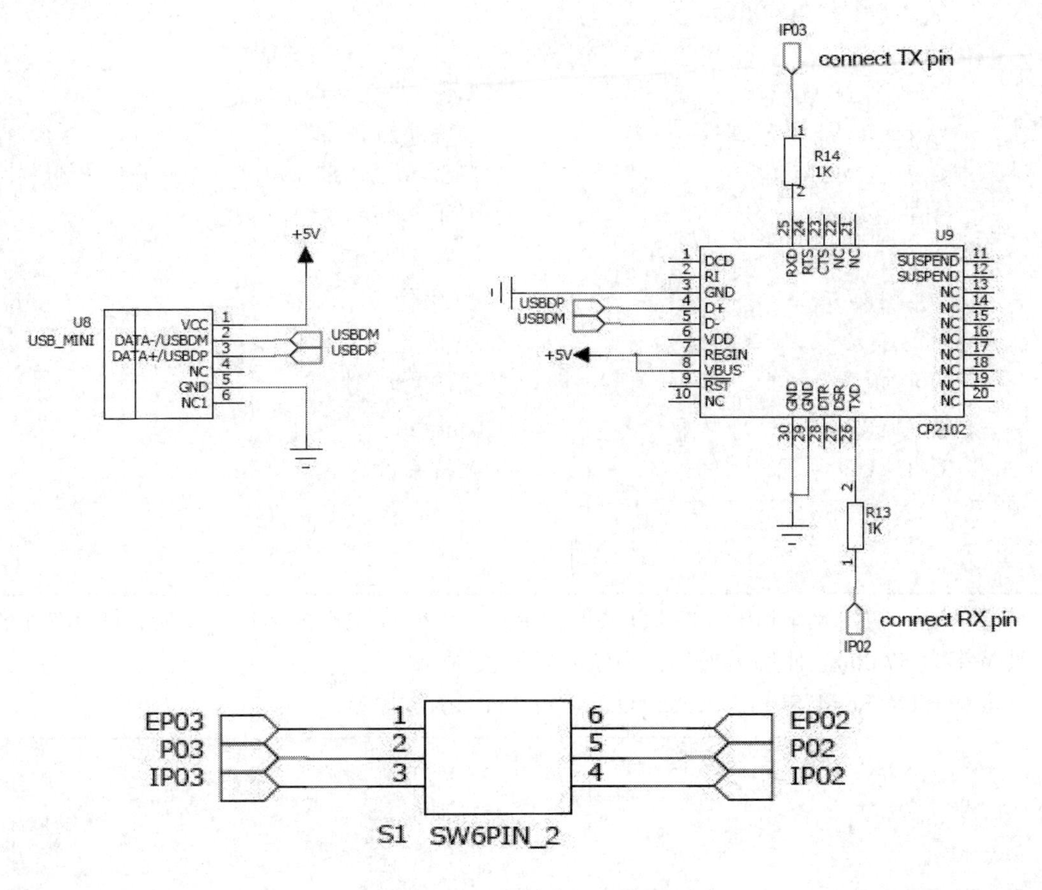

图 9-1　USB 转串口电路图

三、代码分析

在“CC2530 单片机基础程序\ 1.5 串口收发实验\CC2530-1”目录下的“main.c”文件中可以看到程序的初始化和处理流程，如图 9-2 所示。

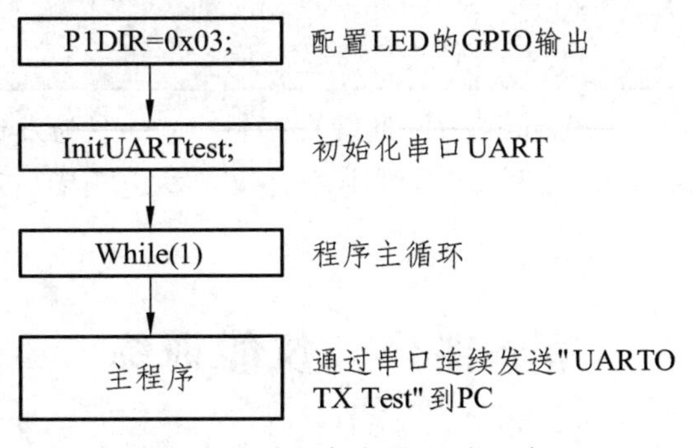

图 9-2　程序的初始化和处理流程

void initUARTtest（void）；函数原型：

```
void initUARTtest(void)
{
    CLKCONCMD &=  ~ 0x40;              //晶振
    while(!(SLEEPSTA & 0x40));         //等待晶振稳定
    CLKCONCMD &=  ~ 0x47;              //TICHSPD128 分频, CLKSPD 不分频
    SLEEPCMD |= 0x04;                  //关闭不用的 RC 振荡器
    PERCFG = 0x00;                     //位置 1 P0 口
    P0SEL = 0x3c;                      //P0 用作串口
    P2DIR &=  ~ 0XC0;                  //P0 优先作为串口 0
    U0CSR |= 0x80;                     //UART 方式
    U0GCR |= 10;                       //baud_e
    U0BAUD |= 216;                     //波特率设为 57600
    UTX0IF = 0;
}
```

函数功能：初始化串口 0，将 I/O 映射到 P0 口，P0 优先作为串口 0 使用，UART 工作方式，波特率为 57 600。使用晶振作为系统时钟源。

void UartTX_Send_String（char *Data，int len）函数原型：

```
void UartTX_Send_String(char *Data, int len)
{
  int j;
  for(j=0; j<len; j++)
  {
    U0DBUF = *Data++;
    while(UTX0IF == 0);
    UTX0IF = 0;
  }
}
```

函数功能：串口发字串，“*Data”为发送缓存指针，“len”为发送字串的长度，只能是在初始化函数 void initUARTtest（void）之后调用才有效。发送完毕后返回，无返回值。

第三部分　技能训练

一、编写代码

CC2530 配置串口的一般步骤：

（1）配置串口的备用位置。（是备用位置 1，还是备用位置 2）。配置寄存器 PERCFG 外设

控制寄存器。

（2）配置 I/O，使用外部设备功能。此处配置 P0_2 和 P0_3 用作串口 UART0。

（3）配置端口的外设优先级。此处配置 P0 外设优先作为 UART0。

（4）配置相应串口的控制和状态寄存器。此处配置 UART0 的工作寄存器。

（5）配置串口工作的波特率。此处配置为波特率 115 200。

（6）将对应的串口接收/发送中断标志位清 0，接收/发送一个字节都将产生一个中断，在接收时需要打开总中断并使能接收中断，再运行接收。

二、验证实验结果

第一步：把“\演示及开发例子程序\”内文件夹“CC2530 单片机基础程序”复制至 C：\根目录下的“Texas Instruments”文件夹内。使用 IAR7.51 打开“1.5 串口收发实验\CC2530-1”中的工程文件“for J1 eww”，其关键步骤如图 9-3 所示。

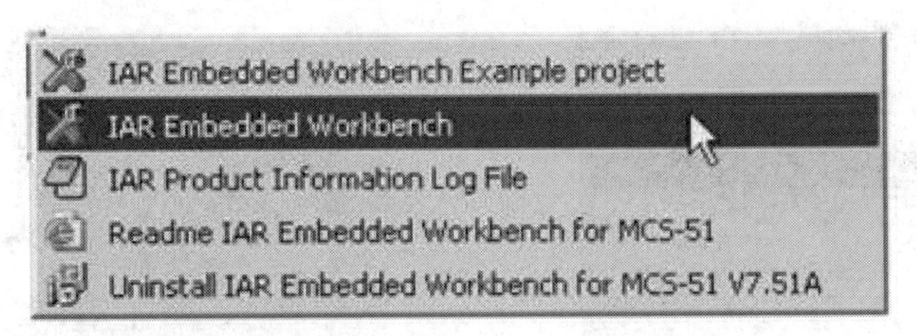

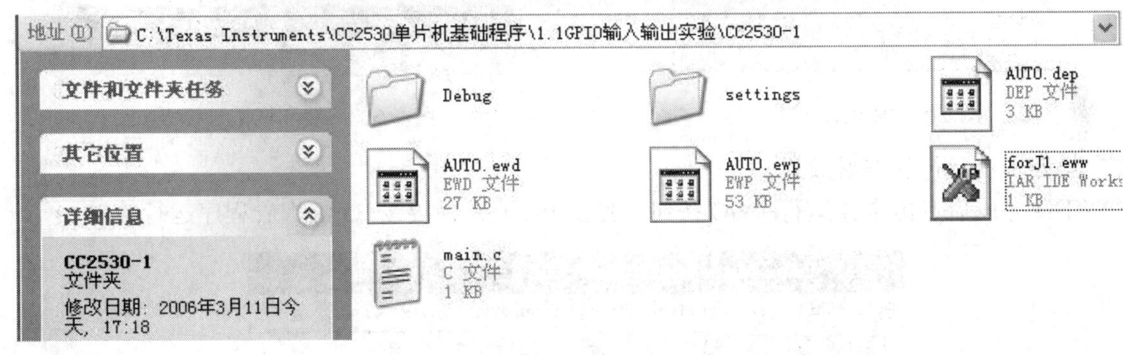

图 9-3　打开工程文件关键步骤图

第二步：打开工程后选择 Debug 或 Release 模式。

点击左上角程序功能选择框，如图 9-4 所示。

Debug：生成调试信息，支持代码调试。

Release：不输出调试信息，直接生成 HEX 文件。

第三步：编译工程并下载到目标板。

点击菜单 Project，选择“Rebuild All”，等待工程文件编译完成。工程文件编译完成后把仿真器与网关通过仿真器下载线连接起来。确保仿真器与计算机、仿真器与节点底板连接正确，CC2530 无线模块正确地插在节点底板后，如图 9-5 所示。

点击菜单 Project，选择“Debug”，或点击相应图标，等待程序下载完成，如图 9-6 所示。

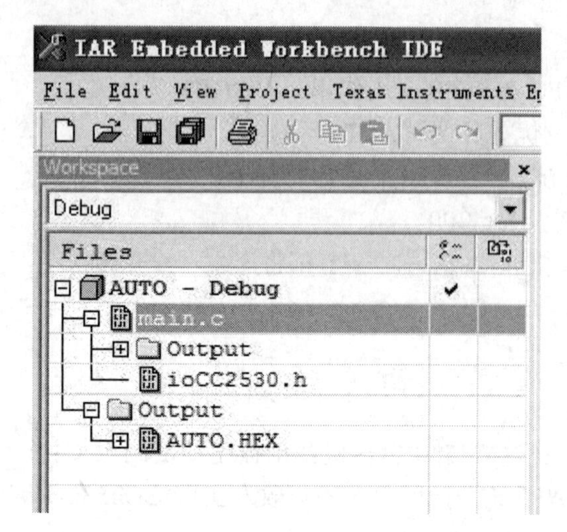

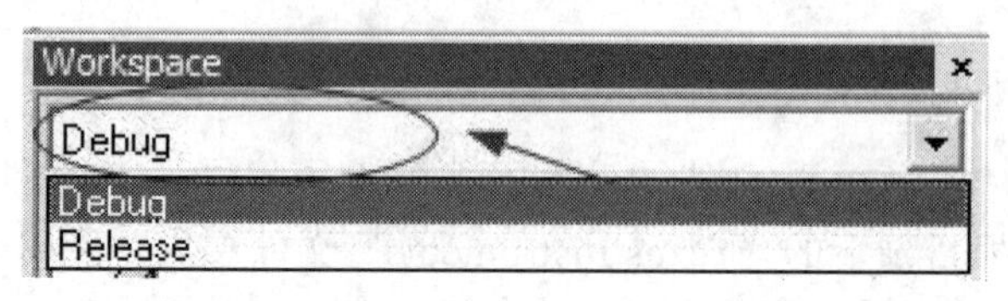

图 9-4 选择 Debug 或 Release 模式的方法

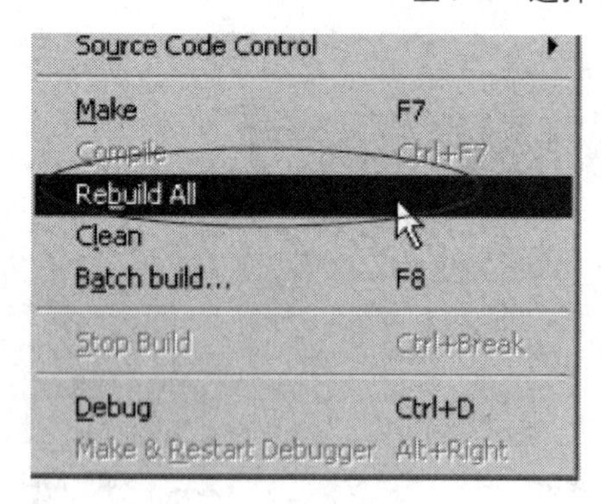

图 9-5 编译工程

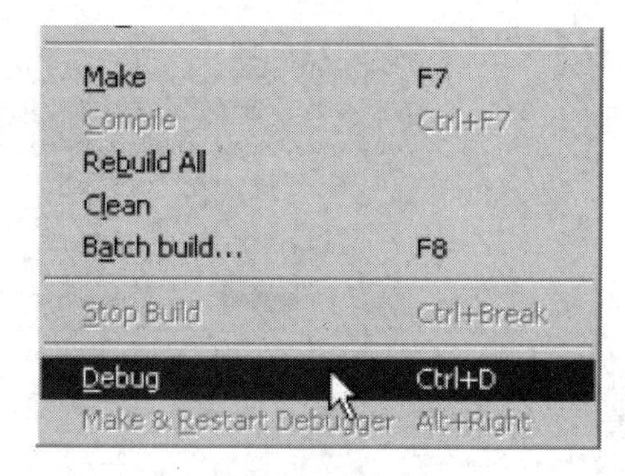

图 9-6 下载和调试目标板

第四步：运行和查看效果。

下载完成后点击全速运行（GO 按钮，见图 9-7）或直接按 F5 键查看程序运行效果。

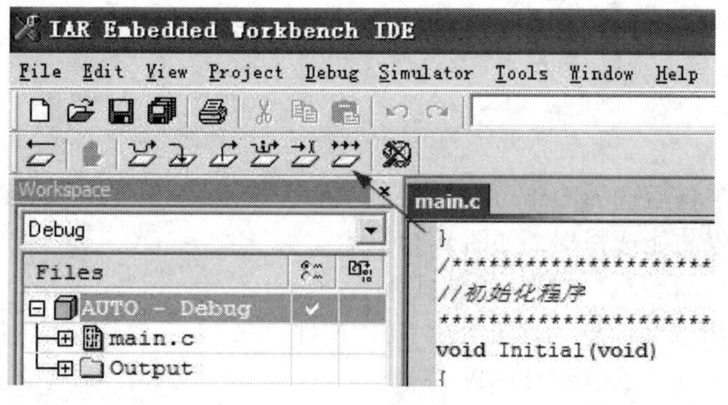

图 9-7 全速运行程序

用 USB Mini 线连接节点底板和 PC 机，如提示未安装驱动，根据向导指向在光盘的“软件工具及驱动\cp2102\CP210x\WIN”中安装 CP2102 驱动。驱动程序安装成功后可以在桌面“我的电脑→管理→计算机管理→设备管理器”按钮。打开设备管理器查看对应的串口号，如图 9-8 所示。

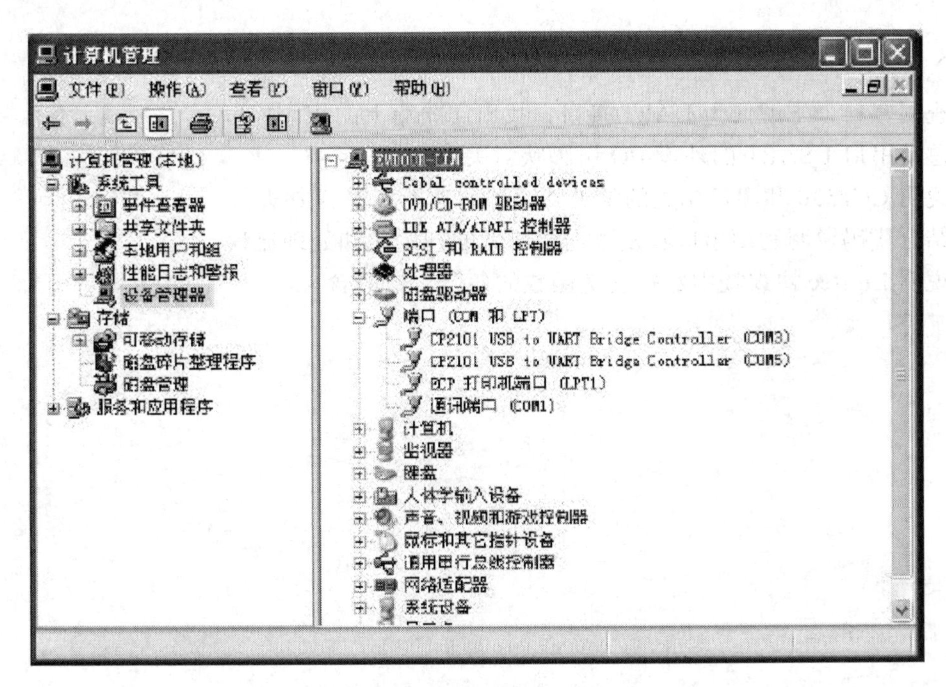

图 9-8　打开设备管理器查看对应的串口号

打开“串口调试助手”软件，根据 CP2102 对应的串口在软件中打开串口通信口，设置波特率：57 600，数据位：8，停止位：1，无奇偶校验。从 CC2530 上通过串口不断地发送字串“UART0 TX test”，如图 9-9 所示。

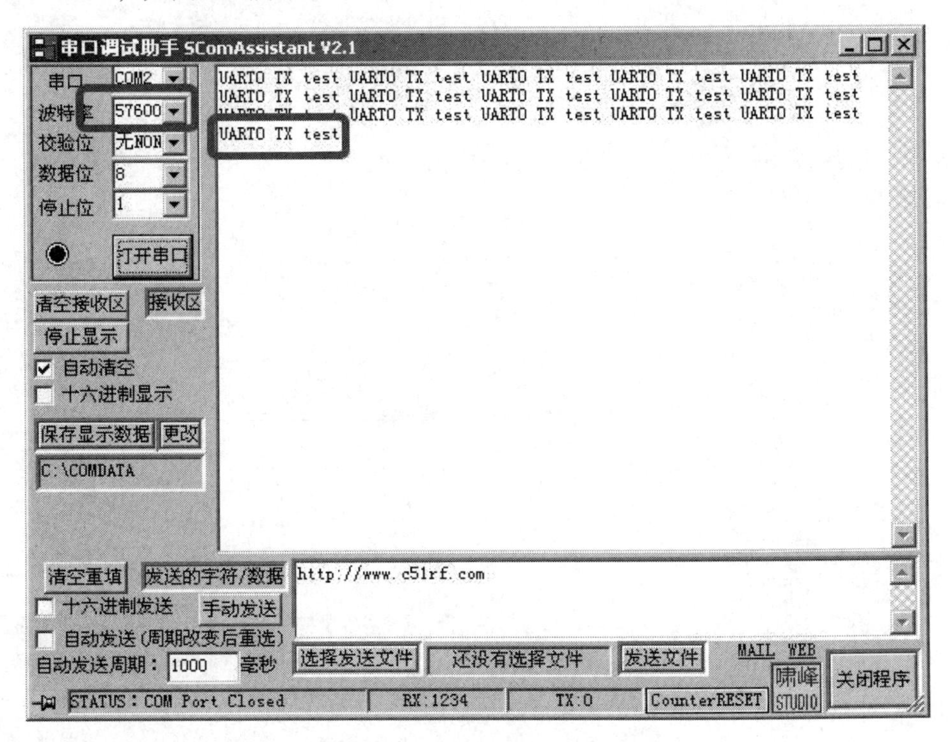

图 9-9　串口调试助手查看数据的接收

三、知识点考核

1. 查阅资料，了解何为 UART 接口，找出实验箱上的相应接口。
2. 总结串口 USART 的外设 I/O 引脚映射关系。
3. 说明 CC2530 和串口相关的常见寄存器的功能与设置方法。
4. 结合代码说明利用串口收发数据时所做的初始化和处理流程。
5. 说明 ZigBee 协议栈中数据发送函数的各个参数的含义。

项目十　精简 OS 实验

第一部分　教学要求

<table>
<tr><td>一、目的要求</td><td colspan="3">1. 初始化操作系统，了解 OS 的运行机制和原理；
2. 了解如何在 OS 中添加事件</td></tr>
<tr><td rowspan="6">二、工具、器材</td><td>实 验 设 备</td><td>数 量</td><td>备　　注</td></tr>
<tr><td>CC2530 网关板，SMBD-V12</td><td>1</td><td>网关板与 PC 的通信</td></tr>
<tr><td>USB 线</td><td>1</td><td>连接网关板与 PC</td></tr>
<tr><td>CC2530 节点模块</td><td>1</td><td>无线数据的收发</td></tr>
<tr><td>节点底板，SMBD-V11-1</td><td>1</td><td>连接传感器和节点模块</td></tr>
<tr><td>C51RF-3 仿真器</td><td>1</td><td>下载和调试程序</td></tr>
<tr><td>三、重难点分析</td><td colspan="3">如何在 OS 中添加事件</td></tr>
<tr><td colspan="4">四、教学过程</td></tr>
<tr><td>教学步骤/知识或单元结构</td><td colspan="2">教学方式/方法/策略</td><td>学生活动安排/过程</td></tr>
<tr><td>1. 操作系统基本术语</td><td colspan="2">讲授操作系统中涉及的基本术语</td><td>听讲并做笔记</td></tr>
<tr><td>2. 操作系统表象层（OSAL）运行机理</td><td colspan="2">提问：如何理解 OSAL？从字面意思看是跟操作系统有关，但是后面为什么又加上“抽象层”呢，在 ZigBee 协议栈中，OSAL 有什么作用</td><td>听讲，并结合工程实例，分析操作系统表象层的运行机理</td></tr>
<tr><td>3. 代码分析</td><td colspan="2">Z-Stack 的 main 函数在 Zmain.c 中，总体上做了两件工作，分别是什么，怎么实现的</td><td>结合程序分析无线数据传输如何实现</td></tr>
<tr><td>4. 熟悉工作系统的工作流程</td><td colspan="2">讲解基于 ZigBee 2007/PRO 协议栈无线网络的工作流程</td><td>寻找协议栈的踪迹</td></tr>
<tr><td>5. 考核</td><td colspan="2">对照技能训练考核学生，并给出成绩</td><td></td></tr>
<tr><td>6. 布置作业</td><td colspan="2">练习</td><td>强化课堂认知技能</td></tr>
<tr><td colspan="4">五、成绩评定</td></tr>
<tr><td>评定等级</td><td></td><td>教师签名</td><td></td></tr>
</table>

第二部分　教学内容

一、操作系统（OS）基本术语

1. 资源（resource）

任何任务所占用的实体都可以称为资源，如一个变量、数组、结构体等。

2. 共享资源（shared resource）

至少可以被两个任务使用的资源称为共享资源，为了防止共享资源被破坏，每个任务在操作共享资源时，必须保证是独占该资源。

保护共享资源常用的方法有：① 关中断（ZigBee 协议栈最常用）；② 使用测试并置位指令（T&S 指令）；③ 禁止任务切换；④ 使用信号量。

3. 任务（task）

一个任务，又称作一个线程，是一个简单的程序的执行过程，在任务执行过程中，可以认为 CPU 完全属于该任务。在任务设计时，需要将问题尽可能地分为多个任务，每个任务独立完成某种功能，同时被赋予一定的优先级，拥有自己的 CPU 寄存器和堆栈空间。一般将任务设计为一个无限循环。

4. 多任务运行（muti-task running）

实际上只有一个任务在运行，但是 CPU 可以使用任务调度策略将多个任务进行调度，每个任务执行特定的时间，时间片到了后，就进行任务切换。

5. 内核（kernel）

在多任务系统中，内核负责管理各个任务，主要包括：为每个任务分配 CPU 时间；任务调度；负责任务间的通信。

6. 互斥（mutual exclusion）

多任务间通信最简单，常用的方法是使用共享数据结构。对于单片机系统，所有任务都在单一的地址空间下，使用共享的数据结构，包括全局变量、指针、缓冲区等。虽然共享数据结构的方法简单，但是必须保证对共享数据结构的写操作具有唯一性，以避免晶振和数据不同步。

7. 消息队列（message queue）

消息队列用于任务间传递消息，通常包含任务间同步的信息。通过内核提供的服务、任务或中断服务程序将一条消息放入信息队列，然后，其他任务可以使用内核提供的服务从消息队列中获取属于自己的消息。为了降低传递消息的开支，通常传递指向消息的指针。

二、操作系统表象层（OSAL）运行机理

ZigBee 协议栈包含了 ZigBee 协议所规定的基本功能，这些功能是以函数的形式实现的，

为了便于管理这些函数集，从 ZigBee 2006 协议栈开始，ZigBee 协议栈内加入了实时操作系统，称为 OSAL（Operating System Abstraction Layer，操作系统抽象层）。非计算机专业的读者对操作系统知识较为欠缺，但是 ZigBee 协议栈里内嵌的操作系统很简单，读者只需要做个几个小实验，就能很快掌握整个 OSAL 的工作原理。

OSAL（Operating System Abstraction Layer），即操作系统抽象层，如何理解 OSAL 呢，从字面意思看是跟操作系统有关，但是后面为什么又加上“抽象层”呢，在 ZigBee 协议栈中，OSAL 有什么作用呢？下面将对上述问题进行讨论。

从之前对 ZigBee 协议栈的学习可以看出应用程序框架中包含了最多 240 个应用程序对象，每个应用程序对象运行在不同的端口上，因此，端口的作用是用来区分不同的应用程序对象。可以把一个应用程序对象看作一个任务，因此，需要一个机制来实现任务的切换、同步与互斥，这就是 OSAL 产生的根源。

从上面的分析可以得出下面的结论：OSAL 就是一种支持多任务运行的系统资源分配机制。

OSAL 与标准的操作系统还是有一定区别的，OSAL 实现了类似操作系统的某些功能，例如：任务切换、提供了内存管理功能等，但 OSAL 并不能称为真正意义上的操作系统。

通常我们打开一个 ZigBee 的工程文件，在左侧可以看到三个文件，分别是“Coordinator.c”“Coordinator.h”“OSAL_GenericApp.c”。整个程序所实现的功能都包含在这三个文件当中。

首先打开 Coordinator.c 文件，可以看到两个比较重要的函数 GenericApp_Init 和 GenericApp_ProcessEvent。GenericApp_Init 是任务的初始化函数，GenericApp_ProcessEvent 则负责处理传递给此任务的事件。GenericApp_ProcessEvent 函数的主要功能是判断由参数传递的事件类型，然后执行相应的事件处理函数。

因此，在 ZigBee 协议栈中，OSAL 负责调度各个任务的运行，如果有事件发生了，则会调用相应的事件处理函数进行处理，OSAL 的工作原理示意图如图 10-1 所示。

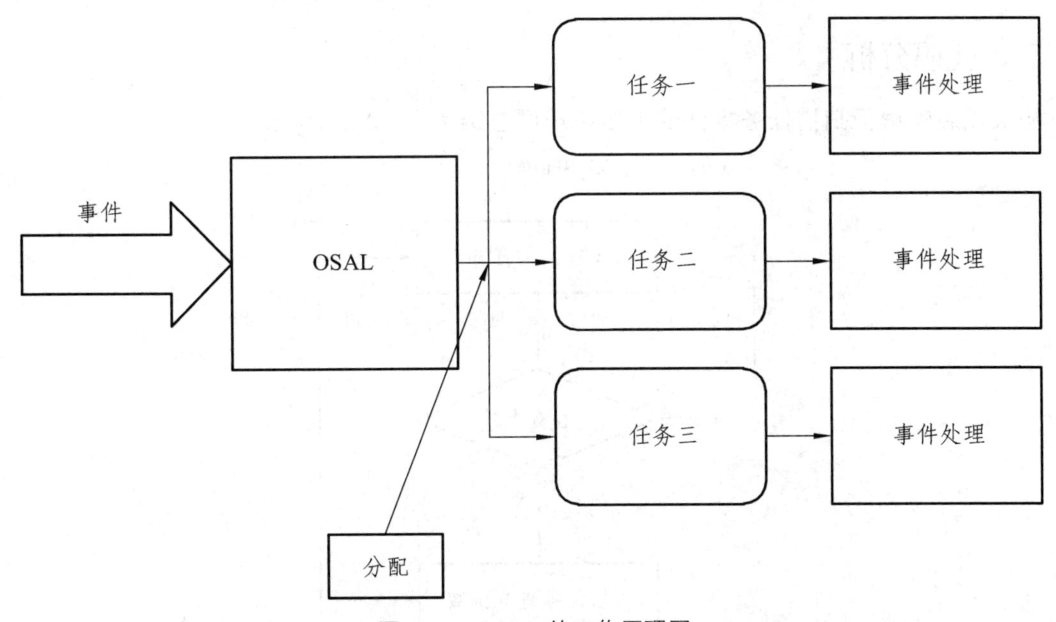

图 10-1 OSAL 的工作原理图

那么，事件和任务的事件处理函数是如何联系起来的呢？

ZigBee 中采用的方法是：建立一个事件表，保存各个任务的对应事件，建立另一个函数表，保存各个任务事件处理函数的地址，然后为这两张表建立某种对应关系，当某一事件发生时则查找函数表，找到对应的事件处理函数即可。

现在问题转变为：用什么样的数据结构来实现事件表和函数表呢？如何为事件表和函数表建立对应关系呢？可以说，只要将上述两个问题解决，在整个协议栈的开发将会变得很容易。

在 ZigBee 协议栈中，有三个变量至关重要。

taskCnt：该变量保存了任务的总个数，该变量的声明为 unit8 tasksCnt，其中 unit8 的定义为 typedef unsigned char uint8。

taskEvents：这是一个指针，指向事件表首地址的指针，该变量的声明为 uint16 *tasksEvents，其中 unit16 的定义为 typedef unsigned short uint16。

taskArr：这是一个数组，该数组的每一项事件处理函数数组都是一个函数指针，指向事件处理函数。

该数组的声明为：

pTaskEventHandlerFn taskArr[]

其中 pTaskEventHandlerFn 的定义（需要特别注意）如下：

Typedef unsigned short （*pTaskEventHandlerFn）(unsigned char task_id，unsigned short event)

这是定义了一个函数指针。

因此，tasksArr 数组的每一项都是一个函数指针，指向了事件处理函数。

这里我们总结一下 OSAL 的工作原理：通过 taskEvents 指针访问事件表的每一项，如果有事件发生，则查找函数表找到事件处理函数进行处理，处理完毕后，继续访问事件表，查看是否有事件发生，如此无限循环。

三、代码分析

协议栈启动后，扫描任务事件的工作原理可总结为图 10-2 所示的流程。

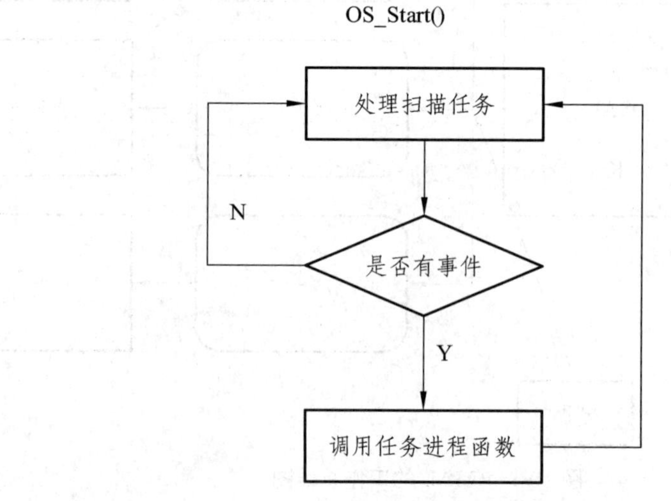

图 10-2　OS 扫描任务的工作原理流程图

上述工作原理流程图可进一步转化为如图 10-3 所示的查找事件池的程序流程。

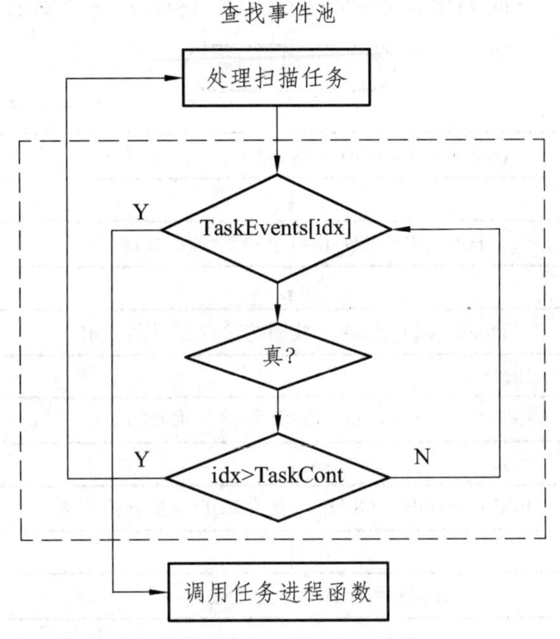

图 10-3　OS 查找事件池的程序流程图

Z-Stack 的 main 函数在 Zmain.c 中，总体上说，它一共做了两件工作：一个是系统初始化，即启动代码初始化硬件系统和软件架构需要的各个模块；另一个作用就是开中断执行操作系统实体。

1. 系统初始化

系统启动代码需要完成硬件平台和软件架构所需要的各个模块的初始化，为操作系统的运行做好准备工作，主要分为初始化系统时钟、检测芯片工作电压、初始化堆栈、初始化各个硬件模块、初始化 FLASH 存储、形成芯片 MAC 地址、初始化非易失量、初始化 MAC 层协议、初始化应用帧层协议、初始化操作系统等十余部分，其具体流程和对应的函数如图 10-4 所示。

由图 10-4 可见，整个 Z-Stack 的主要工作流程大致分为系统启动、驱动初始化、OSAL 初始化和启动、进入任务轮询几个阶段，其任务优先级以 MAC 层的优先级为最高，其次是 NWK TASK、HAL TASK、APS TASK、ZDApp TASK、UserDefined TASK，可见用户自定义的任务的优先级是最低的，具体如图 10-5 所示。

2. 操作系统的执行

启动代码为操作系统的执行做好准备工作后，就开始执行操作系统入口程序，并由此彻底将控制权移交给操作系统。

其实，操作系统实体只有一行代码：

Osal_start_system()；// No Return from here

在这句话后面有一条注释，意思是本函数不会返回，也就是说它是一个死循环，永远不可能执行完。这个函数就是 osal 系统轮转查询操作的主体部分，它所做的工作就是不断地查询每个任务中是否有事件发生，如果有事件发生，就调用相应的事件处理函数，如果没有任何事件发生就一直查询。下面列出这个函数的实现，它处于一个无限循环中。

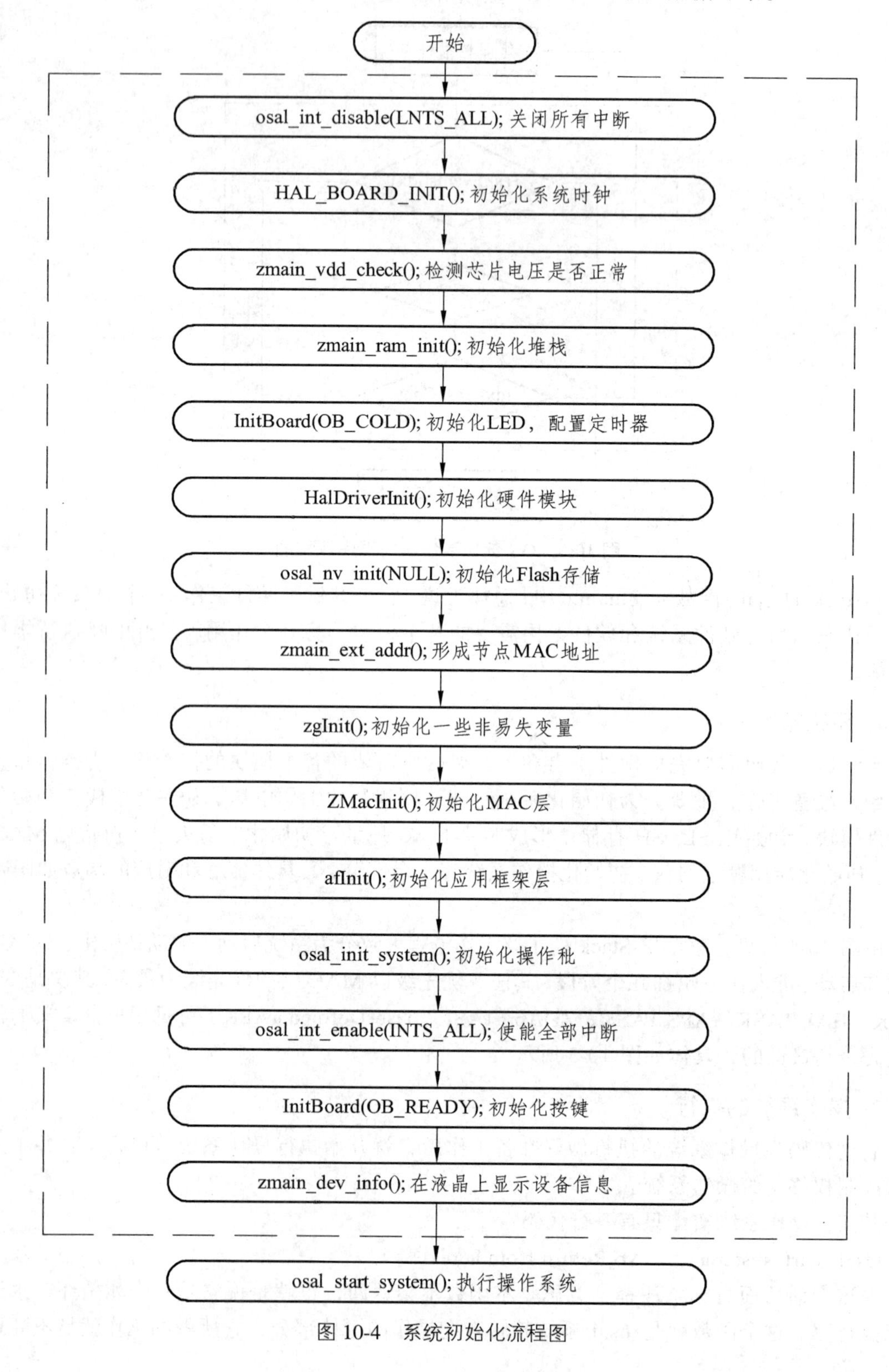

图 10-4　系统初始化流程图

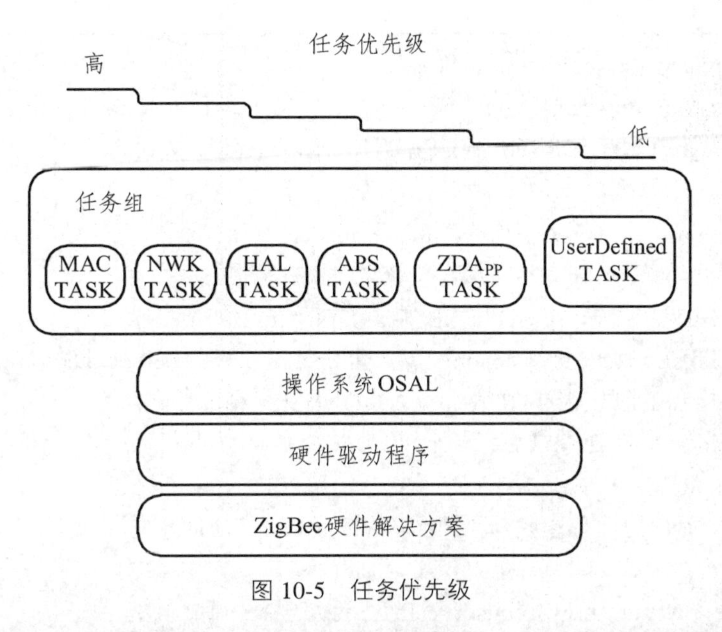

图 10-5　任务优先级

```
void osal_start_system( void )
{
#if !defined ( ZBIT )
  for(; ; ) // Forever Loop
#endif
  {
    uint8 idx = 0;
    Hal_ProcessPoll();          // This replaces MT_SerialPoll() and osal_check_timer().
    do {
      if (tasksEvents[idx])     // 最高优先级任务被找到
      {
        break;
      }
    } while (++idx < tasksCnt); //其中 tasksCnt 为 tasksArr 数组中元素的个数
    //得到了待处理的具有最高优先级的任务的索引号 idx
    if (idx < tasksCnt)
    {
        uint16 events;
        halIntState_t intState;
        // 进入/退出临界区，来提取出需要处理的任务中的事件，其实这和
μC/OS-II 操作系统中进入临界区很相似，μC/OS-II 中使用 OS_ENTER_CRITICAL();
OS_EXIT_CRITICAL();
        HAL_ENTER_CRITICAL_SECTION(intState);
```

```
            events = tasksEvents[idx];
            tasksEvents[idx] = 0;                    // Clear the Events for this task.
            HAL_EXIT_CRITICAL_SECTION(intState);   //通过指针调用来执行对应的
任务处理函数
            events = (tasksArr[idx])( idx, events );
            //进入/退出临界区，保存尚未处理的事件
            HAL_ENTER_CRITICAL_SECTION(intState);
            tasksEvents[idx] |= events; // Add back unprocessed events to the current task.
            HAL_EXIT_CRITICAL_SECTION(intState);
        } //本次事件处理结束，
    #if defined( POWER_SAVING )
        else // 所有的任务事件都被查询结束后，没有任何事件被激活
        {
          osal_pwrmgr_powerconserve(); // 系统进入休眠状态。
        }
    #endif
        }
}
```

操作系统专门分配了存放所有任务事件的 tasksEvents[]数组，每一个单元对应存放着每一个任务的所有事件，在这个函数中首先通过一个 do—while 循环来遍历 tasksEvents[]，找到一个具有待处理事件的优先级最高的任务，序号低的任务优先级高，然后跳出循环，此时，就得到了最高优先级任务的序号 idx，然后通过 events=tasksEvents[idx]语句将这个当前具有最高优先级的任务的事件取出，接着调用（tasksArr[idx]）（inx，events）函数来执行具体的处理函数，taskArr[]是一个函数指针数组，根据不同的 idx 就可以执行不同的函数。

TI 给出了几个例子来演示 Z-Stack 协议栈，其实这些例子中的大部分代码是相同的，只有用户的应用层添加了不同的任务及事件处理函数。这里以 GeneralApp 为例子来进行说明。

首先，明确系统中要执行的几个任务。在 GeneralApp 这个例子中，几个任务函数组成了上述的 tasksArr 函数指针数组，在 Osal_GeneralApp.c 中定义，osal_start_system()函数通过函数指针（tasksArr[idx]）（inx，events）调用。

```
    tasksArr 数组如下:
    const pTaskEventHandlerFn tasksArr[] = {
      macEventLoop,                //MAC 层任务处理函数
      nwk_event_loop,              //网络层任务处理函数
      Hal_ProcessEvent,            //硬件抽象层任务处理函数
    #if defined( MT_TASK )
      MT_ProcessEvent,             //调试任务处理函数可选
```

```
#endif
   APS_event_loop,                //应用层任务处理函数，用户不用修改
   ZDApp_event_loop,              //设备应用层任务处理函数，用户可以根据需要修改
   GenericApp_ProcessEvent        //用户应用层任务处理函数，用户自己生成
};
```

如果不算调试任务，操作系统一共要处理 6 项任务，分别为 MAC 层、网络层、硬件抽象层、应用层、ZigBee 设备应用层，以及完全由用户处理的应用层。其优先级由高到低，MAC 层任务具有最高优先级，用户层具有最低的优先级。Z-Stack 已经编写了从 MAC 层到 ZigBee 设备应用层这五层任务的事件处理函数，一般情况下不需要修改这些函数，只需要按照自己的需求编写应用层的任务及事件处理函数就可以。

在其他的示例文件中，唯一不同的是最后一个函数。一般情况下，用户只需要额外添加三个文件就可以完成一个项目：一个是主文件，存放具体的任务事件处理函数，如上述事例中的 GenericApp_ProcessEvent；一个是这个主文件的头文件；另外一个是操作系统的接口文件（以 Osal 开头），是专门存放任务处理函数数组 tasksArr[]的文件。这样就实现了 Z-Stack 代码的公用，用户只需要添加这几个文件，编写自己的任务处理函数就可以了。操作系统抽象层和实时操作系统中的 μC/OS-Ⅱ有相似之处，μC/OS-Ⅱ中可以分配 64 个任务。了解了操作系统，理解 OSAL 应该不是很困难。但是，Z-Stack 只是基于这个 OSAL 运行，理解 ZigBee 设备之间的通信的实现，以及组网和网络结构，才是整个 ZigBee 协议的核心内容，当然这远比添加几个文件复杂。

第三部分　技能训练

一、编写代码

1. 初始化工作

（1）初始化 CC2530 工作时钟为 32 MHz。

（2）初始化串口：配置串口 0 为工作串口。

（3）设置串口 0 的波特率为 38 400。

（4）初始化定时器 1，该定时的中断作为操作系统的脉搏时钟。

（5）发送提示符。

（6）使能全局中断。

```
intClock();        // ① 初始化时钟
IntUart();         // ② 初始化串口
timer1_int();      //初始化定时器
```

```
UART_SETUP(0, 38400); //设置波特率为 38400
uartsendstring((void *)Txdata, strlen((void *)Txdata)); //③ 发送字符串
EA = 1;
```

2. 初始化操作系统

（1）操作系统初始化的主要工作是操作系统任务初始化：

```
void OS_IntTasks( void )
{
        uint8 i, taskId = 0;
        for( i = 0; i < TaskCont; i ++ )
{
            TaskEvents[i] = 0;
}
            testOsInt( taskId++ );
              //A: 增加任务初始化，将任备 ID 确定下来
            //增加更多任务
            /*
            test1OsInt( taskId++ );
            test2OsInt( taskId++ );
            test3OsInt( taskId++ ); */
}
```

（2）任务初始化分为两个步骤：

（a）将所有任务对应的事件表清空。

任务事件表保存在 TaskEvents 结构当中，该结构实质是一个 uint16 类型的数组，数组的每一个元素对应一个任务所有的事件，16 位对应了 16 个事件，其中最高位表示是否为系统事件：最高位为 1，表示系统事件；最高位为 0，表示非系统事件。

（b）为每个任务分配任务 ID 并初始化具体任务。

任务 ID 决定了任务的优先级，ID 越小响应的优先级越高，在任务初始化函数中，最新初始化的任务 ID 最小，优先级最高，依次 ID 递增，最小 ID 为 0，最大 ID 为 TaskCont-1。

3. 进入操作系统轮询

操作系统轮询主要完成以下两个工作：

（1）调用 OS_Scan()；处理系统扫描事件，其中包含最重要的系统事件更新。

（2）按优先级从高到低的顺序查询任务事件表中是否有事件就绪，一旦有就绪事件则调用相应的任务事件处理函数进行处理。该事件响应机制保证了高优先级的任务永远是最先进行处理的，只有高优先级的任务全部处理完成后才会处理低优先级的任务。

```
void OS_Start( void )
{
  uint8 idx = 0;
  uint16 events;
  halIntState_t intState;
  for(;;)        // Forever Loop
  {
    idx = 0;
    OS_Scan();    //这里可以增加扫描事件
    do {
      if (TaskEvents[idx])   // Task is highest priority that is ready.
      {
        break;
      }
    }while (++idx < TaskCont);
    if (idx < TaskCont)
    {
      HAL_ENTER_CRITICAL_SECTION(intState);
      events = TaskEvents[idx];
      TaskEvents[idx] = 0;   //清除事件
      HAL_EXIT_CRITICAL_SECTION(intState);

      events = (TasksFn[idx])( idx, events ); //调函数处理任务反回当前任务事件

      HAL_ENTER_CRITICAL_SECTION(intState);
      TaskEvents[idx] |= events;
      HAL_EXIT_CRITICAL_SECTION(intState);
    }
  }
}
```

其中两个宏需要注意：

```
HAL_ENTER_CRITICAL_SECTION(intState);
HAL_EXIT_CRITICAL_SECTION(intState);
```

这两个宏的功能是开关全局中断，对于一些不可中断的过程，需要进入临界代码区进行处理，就需要使用这两个宏：关中断进入临界代码区，开中断退出临界代码区。

4. 事件的设置和响应

事件的设置有两种方式：

（1）直接使用 osal_set_event 函数来设置一个事件。

该函数包含了两个参数：任务 ID 和事件代码。

其函数原型如下：

```
uint8 osal_set_event( uint8 task_id, uint16 event_flag )
{
  if ( task_id < TaskCont )
  {
    halIntState_t     intState;
    HAL_ENTER_CRITICAL_SECTION(intState);       // Hold off interrupts
    TaskEvents[task_id] |= event_flag;   // Stuff the event bit(s)
    HAL_EXIT_CRITICAL_SECTION(intState);        // Release interrupts
  }
    else
     return ( OSAL_FAIL );
   return ( OSAL_SUCCESS );
  }
```

显而易见，要在相应的任务层中设置一个事件，只需要在其任务事件表中增加响应的事件标识即可。

（2）设置一个超时事件。

设置超时事件与直接设置事件的区别在于：超时事件不会再立刻将事件加入相应任务的事件列表当中，而是需要等待一定时间才会加入，这个事件通过设置函数的第三个参数决定。

```
OSAL_STATE osal_start_timerEx( uint8 taskID, uint16 event_flag, uint16 timeout_value )
{
halIntState_t intState;
  osalTimerRec_t *newTimer;
  HAL_ENTER_CRITICAL_SECTION( intState );   // Hold off interrupts.
  // Add timer
  newTimer = osalAddTimer( taskID, event_flag, timeout_value );
  HAL_EXIT_CRITICAL_SECTION( intState );     // Re-enable interrupts.
  return ( (newTimer != NULL) ? OSAL_SUCCESS : OSAL_FAIL );
}
```

该函数与 osal_set_event 函数相比，多了一个 time_out_value 参数，该参数就是用来设置超时值的。超时值的度量单位就是前面初始化 timer1 时设置的中断节拍。

（3）响应任务事件。

首先得到就绪任务的 ID：

```
    do {
        if (TaskEvents[idx])    // Task is highest priority that is ready.
        {
            break;
        }
    }while (++idx < TaskCont);
```

得到就绪任务 ID 后就可以通过该 ID 号得到相应的任务事件处理函数：

events =（TasksFn[idx]）（idx，events）;

其中 TasksFn 为任务事件处理函数表，该表中的函数与任务 ID 号相对应。该例程中定义了一个任务响应函数：

```
const OSEventHandle TasksFn[] = {
testOsProcess    //将任务进程注入到任务函数指针列表中
};
```

5. 分析超时事件

（1）首先分析一个数据结构：

```
typedef struct
{
void *next;
    uint16 timeout;
    uint16 event_flag;
    uint8 task_id;
} osalTimerRec_t;
```

该结构定义了一个系统时钟资源，该数据类型是一个链表结构。其中各数据域作用如下：

next：指向下一个节点。

timer_out：超时事件中的超时值保存在这里，当该值减到 0 时，这会将该时钟资源记录的任务事件增加到事件列表当中。

event_flag：事件标识。

task_id：任务 ID。

（2）main 函数中初始化系统时钟资源：

为了简化功能来说明工作原理，该系统没有定义内存管理功能，链表结构的初始化采用一个预先定义好的数组结构，将其以链表形式逐个“串联”起来，并将链表头部指向数组的 0 号元素。

```
void osalTimerRecInt( void )
{
uint8 i;
for( i = 0; i < (MAX_OSAL_TIMER - 1); i ++ )
{
    osalTimerRec[i].next = &osalTimerRec[i+1];
    osalDeleteTimer( &osalTimerRec[i] );         //初始化定时器
}
osalTimerRec[i].next = (void *)NULL;
osalDeleteTimer( &osalTimerRec[i] );             //初始化定时器
timerRecHead = &osalTimerRec[0];
}
```

初始化过程除建立系统时钟资源链表外，对没使用的时钟资源都初始化为空闲可分配状态，即调用了 osalDeleteTimer 函数，该函数的工作实质就是将时钟资源的事件标识域清零。

（3）增加一个超时事件时，在 osal_start_timerEx 函数中主要调用了 osalAddTimer 函数，将事件加入系统时钟资源当中：

```
osalTimerRec_t *osalAddTimer( uint8 taskID, uint16 event_flag, uint16 timeout )
{
  osalTimerRec_t *newTimer;

  newTimer = osalFindTimer( taskID, event_flag );   //查找是否已经存在
  if ( newTimer )
  {
    newTimer->timeout = timeout;
        //已经存在就更新一下时间
    return ( newTimer );
  }
  else
  {
    newTimer = osalAllocTimer( );

    if ( newTimer )
    {
      // Fill in new timer
      newTimer->task_id = taskID;
      newTimer->event_flag = event_flag;
```

```
            newTimer->timeout = timeout;
            return ( newTimer );
        }
        else
            return ( (osalTimerRec_t *)NULL );
    }
}
```

该函数首先判断所需设置的事件是否已经具有系统时钟资源，如果存在则将其超时参数更新，否则，分配一个空闲的系统时钟资源，将任务号和事件标识添加到该时钟资源当中。

（4）超时检测。

在系统轮询时，处理对任务事件进行查询，还增加了一个扫描事件查询 OS_Scan：

```
void OS_Scan( void )
{
#if   OSAL_TIMER      == OSAL_ENABLE
uint16 temp;
halIntState_t intState;
HAL_ENTER_CRITICAL_SECTION( intState );   // Hold off interrupts.
temp = mcuTimerCounterForOsal;
mcuTimerCounterForOsal = 0;
HAL_EXIT_CRITICAL_SECTION( intState );      // Re-enable interrupts.

osalTimerUpdate( temp );
#endif
}
```

mcuTimerCounterForOsal 是一个全局变量，它在 timer1 的中断服务函数中进行自增运算，每次在 OS_Scan 中进行清零。temp 则记录了 mcuTimerCounterForOsal 的值，也就是每次轮询花费的系统时间，关键在于 osalTimerUpdate 函数导致了超时，该函数原型如下：

```
void osalTimerUpdate( uint16 updateTime )
{
  osalTimerRec_t *upTimer;
  upTimer = timerRecHead;
  while( upTimer )
  {
    if( upTimer->event_flag )//如果有正在运行的定时器
    {
      if( upTimer->timeout < updateTime )
```

```
            {
              upTimer->timeout = 0;
            }
            else
            {
              upTimer->timeout -= updateTime;
            }
            if( !upTimer->timeout )
            {
              osal_set_event( upTimer->task_id, upTimer->event_flag );
              upTimer->event_flag = 0;
            }
          }
          upTimer    = upTimer->next;
        }
      }
```

该函数遍历系统所有的时钟资源，将设置有事件标识的时钟资源的超时值进行自减，即将运行时间在 timerout 中减去，一旦判断 timerout 值为 0，就将相应的事件进行设置，并取消该超时事件记录。

二、验证实验结果

第一步：打开工程文件。

打开“Z-Stack 实验\1.OS 实验\osbasic”内的工程文件。

第二步：在主函数中调用事件设置函数。

在任务号为 testOSTaskID 的任务中设置系统事件 0x8000 和非系统事件 0x0001。

```
osal_set_event(testOSTaskID, 0x8001 );    //触发事件    0x0001&0x8000
```

在任务号为 testOSTaskID 的任务中设置超时事件 0x0002，超时值为 3000。

```
osal_start_timerEx(testOSTaskID, 0x0002, 3000); //打开超时定时器, 3 s 秒超时
```

对应的任务处理函数如下：

```
uint16    testOsProcess( uint8 taskId, uint16 events )
{
  //系统任务
  if( events & 0x8000 )
  {
```

```
    uartsendstring((void *)"OS SYS events\r\n", 15);
    return events ^ 0x8000;
  }
  //串口信息任务
  if( events & 0x0001 )
  {
    uartsendstring((void *)"OS test events\r\n", 16);
    return events ^ 0x0001;
  }
  if(events & 0x0002 )
  {
    uartsendstring((void *)"OS Timer events\r\n", 17);
    osal_start_timerEx(testOSTaskID, 0x0002, 3000); //打开超时定时器，3 s 超时
    return events ^ 0x0002;
  }
  return 0;
}
```

对 0x8000 事件，通过串口发送“OS SYS events\r\n”字符串。

对 0x0001 事件，通过串口发送“OS test events\r\n”字符串。

对 0x0002 事件，通过串口发送“OS Timer events\r\n”字符串，并周期设置该事件。

第三步：编译下载程序。

编译下载程序后，采用 USB 线把网关底板和计算机连接起来。

打开“计算机管理→设备管理器”，如图 10-6 所示。

第四步：打开串口调试助手查看。

打开串口调试助手，根据图 10-6 所示选择“COM4”，波特率选择“38400”。此时按下网关底板的复位按键，从串口输出数据，如图 10-7 所示。

复位时首先输出：

```
------- OS prj -------
OS SYS events
OS test events
```

然后每隔 3 s 输出一串字符：“OS Timer events”。

该实验演示了 ZigBee 所包含的精简 OS 系统，以及发送所处理事件和超时定时器的使用方法。

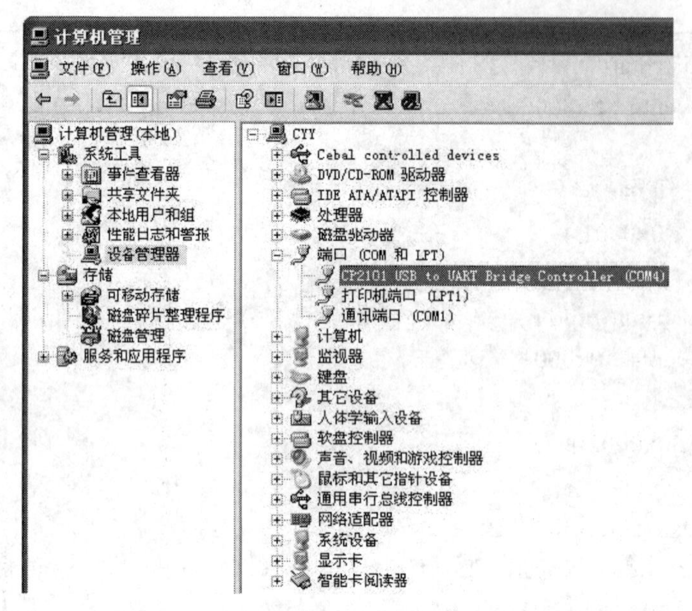

图 10-6　查看串口驱动的安装情况

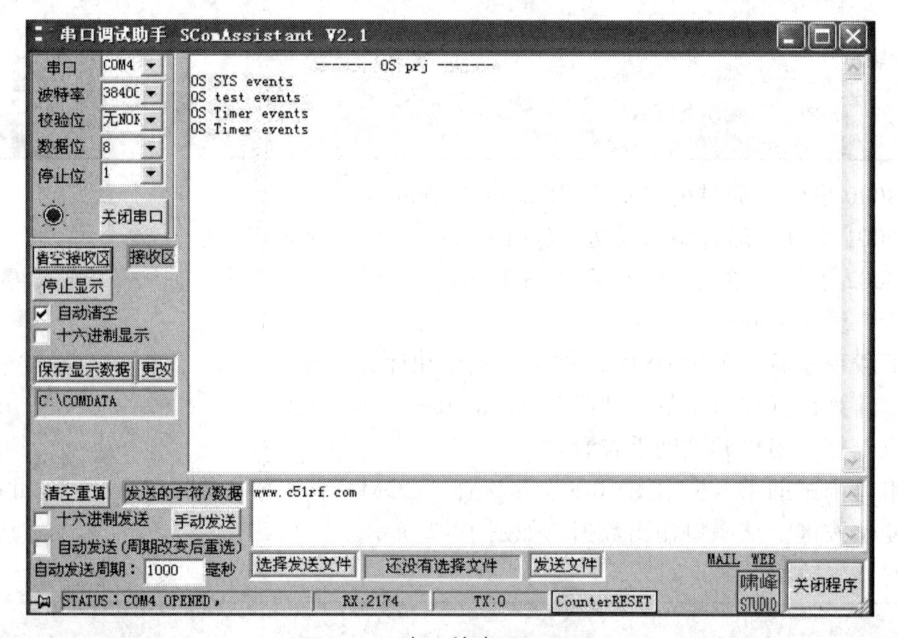

图 10-7　串口输出显示界面

三、知识点考核

1. 什么是共享资源？保护共享资源的常用方法是什么？

2. ZigBee 协议栈中，OSAL 主要提供哪些功能？

3. OSAL 的工作原理是什么？

4. OSAL 提供了 8 个方面的 API，分别是什么？

5. 请简要说明 UINT16 GenericApp_ProcessEvent（byte task_id，UINT16 events）函数的功能。

项目十一　点对点数据传输实验

第一部分　教学要求

<table>
<tr><td>一、目的要求</td><td colspan="4">1. 深入理解 ZigBee 协议栈的功能和使用；
2. 了解如何在 Z-Stack 中实现点对点通信</td></tr>
<tr><td rowspan="4">二、工具、器材</td><td colspan="2">实验设备</td><td>数量</td><td>备　注</td></tr>
<tr><td colspan="2">CC2530 节点模块</td><td>2</td><td>无线数据的收发</td></tr>
<tr><td colspan="2">节点底板，SMBD-V11-1</td><td>2</td><td>连接节点模块</td></tr>
<tr><td colspan="2">C51RF-3 仿真器</td><td>1</td><td>下载和调试程序</td></tr>
<tr><td>三、重难点分析</td><td colspan="4">了解利用协议栈进行程序开发的便利之处，以及操作系统基础知识</td></tr>
<tr><td colspan="5">四、教学过程</td></tr>
<tr><td>教学步骤/知识或单元结构</td><td colspan="2">教学方式/方法/策略</td><td colspan="2">学生活动安排/过程</td></tr>
<tr><td>1. 实验原理及流程图</td><td colspan="2">讲授实验原理及流程</td><td colspan="2">理解并熟悉实验原理及流程，并结合相关代码熟悉关键流程</td></tr>
<tr><td>2. 数据发送</td><td colspan="2">结合代码讲解数据发送调用 AF_DataRequest 函数实现的方法和各参数的含义</td><td colspan="2">理解 AF_DataRequest 函数各参数的含义，及节点和端口的关系</td></tr>
<tr><td>3. 数据接收</td><td colspan="2">引导学生思考终端节点发送数据后，协调器会收到该数据，但是协议栈里面是如何得到通过天线接收到的数据的</td><td colspan="2">理解协议栈中的数据流向</td></tr>
<tr><td>4. 协调器编程</td><td colspan="2">依照提示步骤，完成协调器的编程</td><td colspan="2">理解实验要求，并不断调试程序，完成相应功能</td></tr>
<tr><td>5. 终端节点编程</td><td colspan="2">依照提示步骤，完成终端节点编程的编程</td><td colspan="2">理解实验要求，并不断调试程序，完成相应功能</td></tr>
<tr><td>6. 实例测试</td><td colspan="2">引导学生思考如何修改程序来验证实验效果</td><td colspan="2">分别由终端节点向协调器发送“LED”和“LCD”，观察不同的实验效果，总结实验原理和过程</td></tr>
<tr><td>7. 布置作业</td><td colspan="2">建立对 ZigBee 协议及 ZigBee 协议栈的形象、直观的认识</td><td colspan="2">加深对 ZigBee 协议的理解</td></tr>
<tr><td colspan="5">五、成绩评定</td></tr>
<tr><td>评定等级</td><td></td><td colspan="2">教师签名</td><td></td></tr>
</table>

第二部分　教学内容

一、实验效果要求

本实验要实现两个 ZigBee 节点之间的点对点数据传输，ZigBee 节点 2 发送“LED”三个字符，ZigBee 节点 1 收到数据后，对接收到的数据进行判断，如果收到的数据是“LED”，则使开发板上的 LED 灯闪烁。数据传输实验原理图如图 11-1 所示。

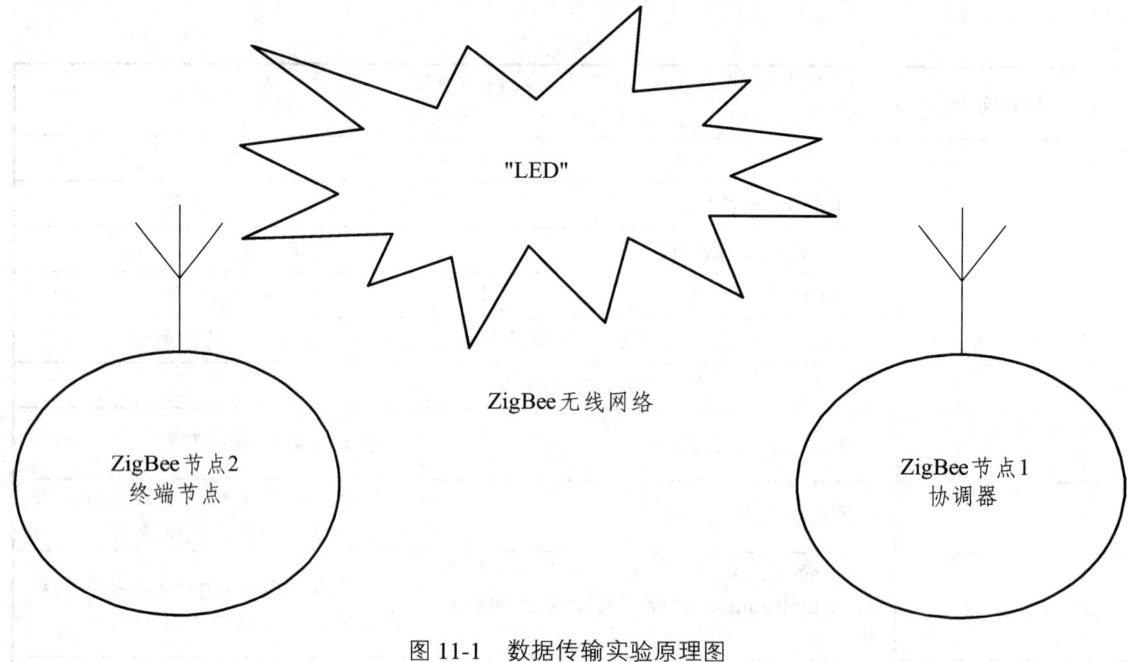

图 11-1　数据传输实验原理图

二、实验原理

串口是开发板和用户计算机交互的一种工具，正确地使用串口对于 ZigBee 无线网络的学习具有较大的促进作用，使用串口的基本步骤：

（1）初始化串口，包括设置波特率、中断等。

（2）向发送缓冲区发送数据或者从接收缓冲区读取数据。

上述方法是使用串口的常用方法，但是由于 ZigBce 协议栈的存在，使得串口的使用略有不同，在 ZigBee 协议栈中已经对串口初始化所需要的函数进行了实现，用户只需要传递几个参数就可以使用串口。此外，ZigBee 协议栈还实现了串口的读取函数和写入函数。

因此，用户在使用串口时，只需要掌握 ZigBee 协议栈提供的与串口操作相关的 3 个函数即可。ZigBee 协议栈中提供的与串口操作有关的 3 个函数为：

uint8 HaIUARTOpen（uint8 port，haIUARTCfg_t*config）;

uint16 HaIUARTRead（uint8 port，uint8 *buf，uint16 len）;

uint16 HaIUARTWrite（uint8 port，uint8 *buf，uint16 len）　。

在此先不对上述函数进行原理性介绍，先通过一个具体的例子展示上述函数的使用方法。

1. 协调器工作流程

在 ZigBee 无线传感器网络中有三种设备类型：协调器、路由器和终端节点。设备类型是由 ZigBee 协议栈不同的编译选项来选择的。协调器主要负责网络的组建、维护、控制终端节点的加入等。路由器主要负责数据包的路由选择。终端节点负责数据的采集，不具备路由功能。

协调器上电后，会按照编译时给定的参数，选择合适的信道、合适的网络号，建立 ZigBee 无线网络，这部分内容读者不需要写代码实现，ZigBee 协议栈已经实现了。本实验中协调器的工作流程如图 11-2 所示。

2. 终端节点工作流程

终端节点上电后，会进行硬件电路的初始化，然后搜索是否有 ZigBee 无线网络，如果有 ZigBee 无线网络再自动加入（这是最简单的情况，当然可以控制节点加入网络时要符合编译时确定的网络号等），然后发送数据到协调器，最后使 LED 闪烁。本实验中终端节点的工作流程如图 11-3 所示。

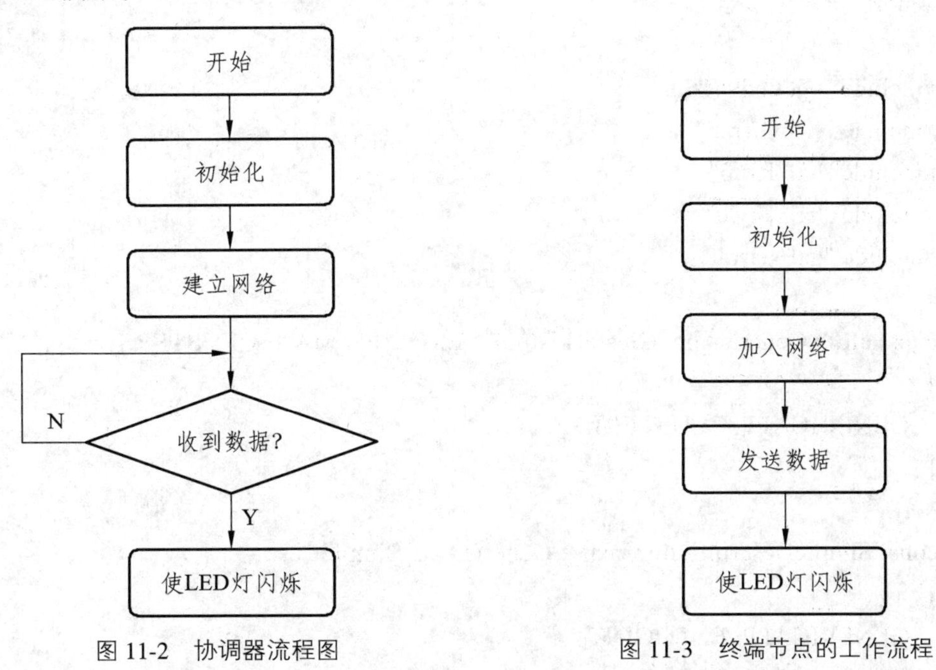

图 11-2　协调器流程图　　　　图 11-3　终端节点的工作流程

第三部分　技能训练

一、实验编程

本节实验还是建立在前面讲解的点对点通信时所使用的工程，主要是对 Coordinator.c 文件进行改动，实现串口的收发。

修改 Coordinator.c 文件，修改后的内容如下（新增加的部分以加粗字体显示）：

```
#include "OSAL.h"
#include "AF.h"
#include "ZDApp.h"
#include "ZDObject.h"
#include "ZDProfile.h"
#include <string.h>

#include "Coordinator.h"
#include "DebugTrace.h"

#if !defined( WIN32 )
#include "OnBoard.h"
#endif

#include "ugOled9616.h"
#include "LcdDisp.h"
#include "hal_led.h"
#include "hal_key.h"
#include "hal_uart.h"

const cId_t GenericApp_ClusterList[GENERICAPP_MAX_CLUSTERS] =
{
  GENERICAPP_CLUSTERID
};

const SimpleDescriptionFormat_t GenericApp_SimpleDesc =
{
  GENERICAPP_ENDPOINT,
  GENERICAPP_PROFID,
  GENERICAPP_DEVICEID,
  GENERICAPP_DEVICE_VERSION,
  GENERICAPP_FLAGS,
  GENERICAPP_MAX_CLUSTERS,
  (cId_t *)GenericApp_ClusterList,
  0,
  (cId_t *)NULL
};
```

```
endPointDesc_t GenericApp_epDesc;
byte GenericApp_TaskID;
byte GenericApp_TransID;
unsigned char uartbuf[128];

void GenericApp_MessageMSGCB( afIncomingMSGPacket_t *pckt );
void GenericApp_SendTheMessage( void );
static void rxCB(uint8 port, uint8 event);

void GenericApp_Init( byte task_id )
{
  halUARTCfg_t uartConfig;
  GenericApp_TaskID = task_id;
  GenericApp_TransID = 0;
  GenericApp_epDesc.endPoint = GENERICAPP_ENDPOINT;
  GenericApp_epDesc.task_id = &GenericApp_TaskID;
  GenericApp_epDesc.simpleDesc
            = (SimpleDescriptionFormat_t *)&GenericApp_SimpleDesc;
  GenericApp_epDesc.latencyReq = noLatencyReqs;
  afRegister( &GenericApp_epDesc );
  uartConfig.configured=TRUE;
  uartConfig.baudRate=HAL_UART_BR_115200;
  uartConfig.flowControl=FALSE;
  uartConfig.callBackFunc=rxCB;
  HalUARTOpen(0, &uartConfig);
}
```

上述代码大部分都在之前进行了讲解，下面只是着重讲解新增加的部分代码。

ZigBee 协议栈中对串口的配置是使用一个结构体来实现的，该结构体为 halUARTCfg_t。在此不必关心该结构体的具体定义形式，只需要对其功能有个了解，该结构体将串口初始化有关的参数集合在了一起，如波特率、是否打开串口、是否使用流控等，用户只需要将各个参数初始化就可以了。

最后使用 HalUARTOpen()函数对串口进行初始化。注意，该函数将 halUARTCfg_t 类型的结构体变量作为参数，因为 halUARTCfg_t 类型的结构体变量已经包含了串口初始化相关的参数，所以，将这些参数传递给 HalUARTOpen()函数，HalUARTOpen()函数使用这些参数对串口进行初始化。

```
UINT16 GenericApp_ProcessEvent( byte task_id, UINT16 events )
{
}
```

该函数是一个空函数，因为本实验并没有进行事件处理，所以没有实现任何代码。

```
static void rxCB(uint8 port, uint8 event)
{
1      int i;
2      for(i=0; i<14; i++)
       {
3         uartbuf[i]=0;
       }
4      HalUARTRead(0, uartbuf, 14);
5      if(osal_memcmp(uartbuf, "www.wtc.edu.cn", 14))
       {
6      HalUARTWrite(0, uartbuf, 14);
       }
}
```

第 1 ~ 3 行，清空缓冲中。

第 4 行，调用 HalUARTRead( )函数，从串口读取数据并将其存放在 uartbuf 数组中。

第 5 行，使用 osal_memcmp( )函数判断接收到的数据是否是字符串“www.wtc.edu.cn”，如果是该字符串，在 osal_memcmp( )函数返回 TURE，执行第 6 行。

第 6 行，调用 HalUARTWrite( )函数将接收到的字符输出到串口。

注意，osal_memcmp( )函数经常使用。

上述函数是一个回调函数，什么是回调函数呢？

回调函数就是一个通过函数指针（函数地址）调用的函数。如果把函数的指针（也即函数的地址）作为参数传递给另一个函数，当通过这个指针调用它所指向的函数时，称为函数的回调。

在第 6 行代码处，将 rxCB( )传递给了 uartConfig 的成员函数 caIIBackFunc，其中 aIIBack Func 的定义为：

halUARTCBack_t   callBackFunc；

而 halUARTCBack_t 的定义为：

typedef void （*halUARTCBack_t）(uint8 port，uint8 event)；

这就是定义了一个函数指针。

小技巧：部分读者可能对函数指针的定义形式不熟悉，可以尝试以下面的方式理解，常用的定义形式如下：

typedef uint unsigned int

则如下两种定义变量的方式等价：

unit num;

unsigned int num;

按照这种理解方式，或许函数指针的定义形式改为如下形式更好理解：

typedef　halUARTCBack_t　void (*)　(uint8 port，uint8 event);

当然这只是帮助读者理解的一种方式而已。

因此，第 6 行代码处，将 rxCB()传递给了 tConfig 变量的 callBackFunc 成员函数；实现了"把函数的指针(也即函数的地址)作为参数传递给另一个函数"，这样就可以通过 callBackFunc 成员函数来调用 rxCB()函数了。

此外，回调函数不是由该函数的实现方直接调用的，而是在特定的事件或条件发生时，由另外的一方调用的，用于对该事件或条件进行响应。

回调函数机制提供了系统对异步事件的处理能力。首先将异步事件发生时需要执行的代码编写成一个函数，并将该函数注册成为回调函数，这样当该异步事件发生时，系统会自动调用事先注册好的回调函数，回调函数的注册实际上就是将回调函数的信息填写到一个用于注册回调函数的结构体变量中。

在程序中使用回调函数有以下几个步骤：

（1）定义一个回调函数。

（2）在初始化时，提供函数实现的一方将回调函数的函数指针传递给调用者。

（3）当特定的事件或条件发生时，调用者使用函数指针调用回调函数对事件进行处理。

回调函数，顾名思义需要调用者对函数进行回调，到底是什么时候回调的呢？

先把此问题放一放，看一看上述代码的执行情况，然后再对回调进行讲解。

顺便说一句，只要将函数的回调机制理解清楚，ZigBee 协议栈的开发就会变得简单，因为串口操作有回调函数，定时器操作有回调函数，按键操作也有回调函数。

二、实例测试

将程序编译下载到 CC2530-EB 开发板，设置串口调试助手，在输入栏输入一串字符串如"www.wtc.edu.cn"，单击"发送"按钮，接收栏并没有显示任何字符，什么原因呢？程序有问题吗？经过前文的讲解，程序应该是没有问题的，用户通过串口输入数据后，读取串口的数据，然后将其发送到 PC 机的串口，那为什么接收不到数据呢？这是由于 ZigBee 协议栈使用了条件编译，使用 UART 时需要定义 HAL_UART 宏，并且将其值赋值为 TRUE，在 IAR 开发环境中，可以使用如下方法打开对 UART 的宏定义。

在 GenericApp_Coordinator 工程上单击右键，在弹出的下拉菜单中选择"Options"，如图 11-4 所示。

此时会弹出 Options for node" GenericApp"主窗口，如图 11-5 所示，选择 C/C++ Compiler 标签，在窗口右边选择 Preprocessor 标签，然后在 Definedsymbols 下拉列表框中输入"HAL UART=TRUE"，最后单击"OK"按钮即可。

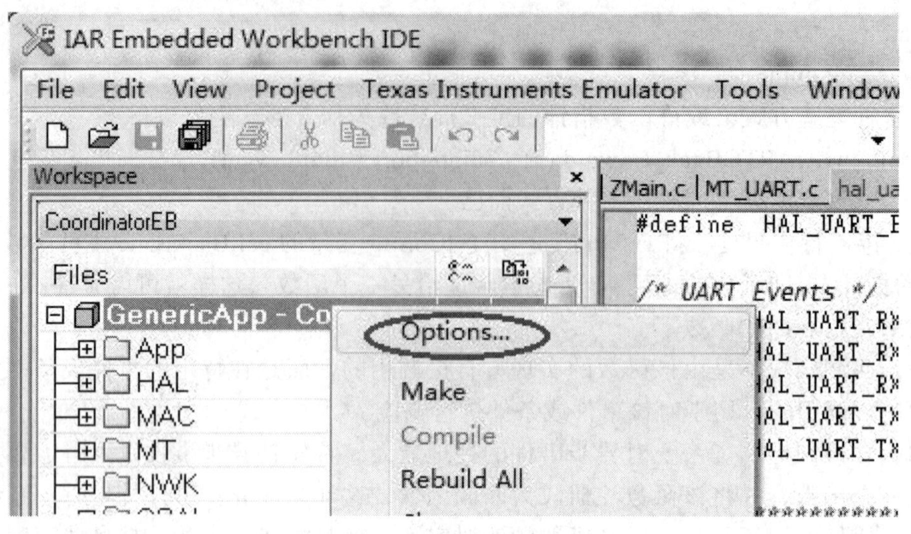

图 11-4　在弹出的下拉菜单中选择“Options”

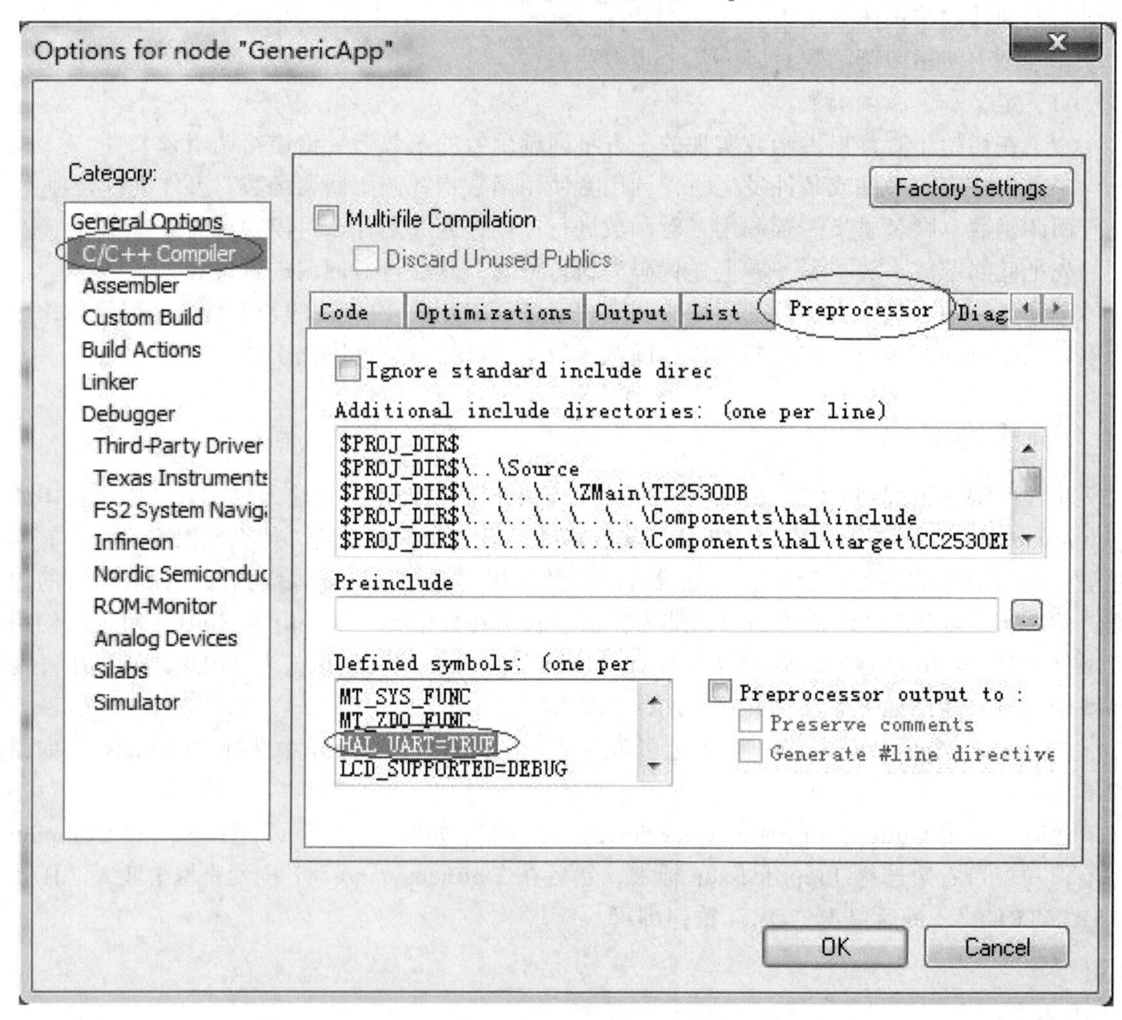

图 11-5　弹出 Options for node”GenericApp”主窗口

注意：上述方法也适用于其他模块，如 LCD 模块，如果用户不需要 LCD 显示数据，则可以选择 C/C++ Compiler 标签，在窗口右边选择 Preprocessor 标签，然后在 Defined symbols 下拉列表框中输入“HAL_LCD=FALSE”，这样在编译时就不会编译与 LCD 有关的程序。因为单片机的存储器资源十分有限，所以才使用条件编译来控制不同的模块是否参与编译。

此时，将程序编译下载到 CC2530-EB 开发板，按照前文讲解的方法正确设置串口调试助手，在输入栏输入字符串，如“www.wtc.edu.cn”，单击“发送”按钮，此时，在接收栏接收到了开发板发送过来的数据，串口收发实验测试效果如图 11-6 所示。

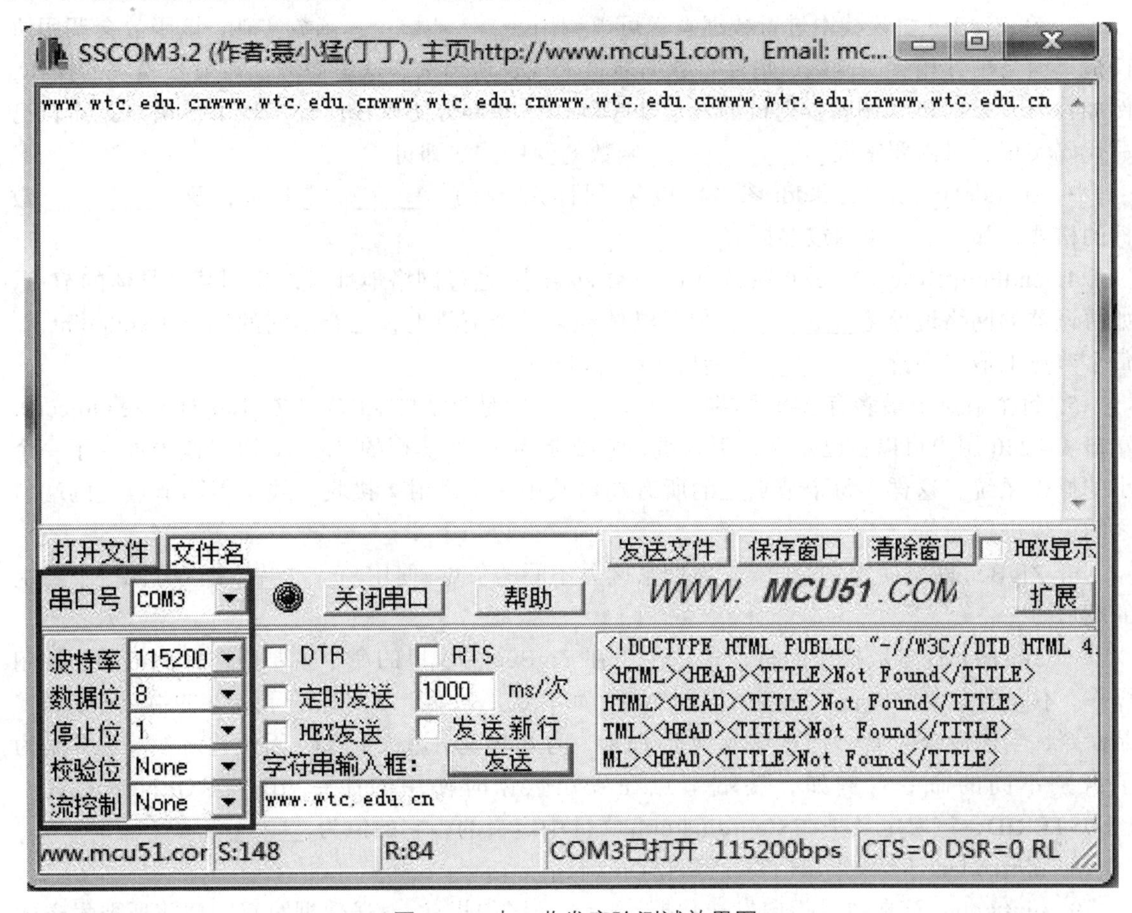

图 11-6　串口收发实验测试效果图

三、知识点考核

1. 在 Coordinator.h 文件中输入了以下代码，请在横线上对其进行注解。

```
#ifndef COORDINATOR_H
#define COORDINATOR_H
#include "ZComDef.h"
#define GENERICAPP_ENDPOINT          10          //定义了____________
#define GENERICAPP_PROFID            0x0F04      //定义了____________
#define GENERICAPP_DEVICEID          0x0001      //定义了____________
```

```
#define GENERICAPP_DEVICE_VERSION      0           //定义了__________
#define GENERICAPP_FLAGS               0           //定义了__________
#define GENERICAPP_MAX_CLUSTERS        1           //定义了__________
#define GENERICAPP_CLUSTERID           1           //定义了__________
 extern void GenericApp_Init（  byte task_id  ）;
extern UINT16 GenericApp_ProcessEvent（  byte task_id，UINT16 events  ）;
#endif
```

2. 在 ZigBee 协议栈中进行数据发送可以调用____________函数实现，该函数会调用协议栈里面与硬件相关的函数，最终将数据通过天线发送出去，这里面涉及对射频模块的操作，例如：打开发射机，调整发射机的发送功率等，这些部分协议栈已经实现了，用户无需自己写代码实现，只需要掌握____________函数的使用方法即可。

3. afAddrType_t *dstAddr 参数中包含了目的节点的__________地址，及__________数据的格式，如广播、单播或多播等。

4. endPointDesc_t *srcEP 在 ZigBee 无线网络中，通过网络地址可以找到某个具体的节点，如协调器的网络地址是________，但是具体到某一个节点上，还有不同的端口（endpoint），每个节点上最多支持________个端口（endpoint）。

5. 每个节点上最多有 240 个端口，端口_______是默认的 ZDO （ZigBee Device Object），端口 1 ~ 240 用户可以自己定义，引入端口主要是由于 TI 实现的 ZigBee 协议栈中加入了一个小的操作系统，这样，每个节点上的所有端口共用一个发射／接收天线，不同节点上的端口之间可以进行通信。

6. ZigBee 网络使用________地址来区分不同的节点，使用________来区分同一节点上的端口。

7. uint16 cID 参数描述的是________，在 ZigBee 协议里的命令主要用来标识不同的控制操作，不同的命令号代表了不同的控制命令，如节点 1 的端口 1 可以给节点 2 的端口 1 发送控制命令，当该命令的 ID 为 1 时表示点亮 LED，为 0 时表示熄灭 LED，因此，该参数主要是为了区别不同的命令。例如，终端节点在发送数据时使用的命令 ID 是 GENERICAPP_CLUSTERID，该宏定义是在 Coordinator.h 文件中定义的，它的值为________。

8. uint16 len 该参数标识了发送数据的________。

9. uint8 *buf 该参数是指向发送数据________区的指针，发送数据时只需要将所要发送的数据缓冲区的地址传递给该参数即可，数据发送函数会从该地址开始按照指定的数据长度取得发送数据进行发送。

10. uint8 *transID 参数是一个__________的指针，每次发送数据时，发送序号会自动加 1（协议栈里面实现的该功能），在接收端可以通过发送序号来判断是否丢包，同时可以计算出率。

项目十二　片内温度检测实验

第一部分　教学要求

<table>
<tr><td>一、目的要求</td><td colspan="3">1. 学习如何将读取的传感器数据利用 ZigBee 无线网络进行传输；
2. 了解传感器数据的采集、传输与显示基本流程</td></tr>
<tr><td rowspan="6">二、工具、器材</td><td>实验设备</td><td>数量</td><td>备　注</td></tr>
<tr><td>CC2530 网关板，SMBD-V12</td><td>1</td><td>网关板与 PC 的通信</td></tr>
<tr><td>USB 线</td><td>1</td><td>连接网关板与 PC</td></tr>
<tr><td>CC2530 节点模块</td><td>2</td><td>无线数据的收发</td></tr>
<tr><td>节点底板，SMBD-V11-1</td><td>1</td><td>连接传感器和节点模块</td></tr>
<tr><td>C51RF-3 仿真器</td><td>1</td><td>下载和调试程序</td></tr>
<tr><td>三、重难点分析</td><td colspan="3">传感器数据的采集、传输与显示基本流程</td></tr>
</table>

<table>
<tr><td colspan="3">四、教学过程</td></tr>
<tr><td>教学步骤/知识或单元结构</td><td>教学方式/方法/策略</td><td>学生活动安排/过程</td></tr>
<tr><td>1. 实验原理及流程</td><td>如何将读取的传感器数据利用 ZigBee 无线网络进行传输，讲解协调器和终端节点各自的实现流程图</td><td>查阅资料，思考除了在应用层启动网络，还有那些方法可以启动网络，各自如何应用</td></tr>
<tr><td>2. 实验准备工作</td><td>通信双方需要提前定义好数据通信的格式</td><td>实现终端节点周期性地采集温度数据</td></tr>
<tr><td>3. 协调器编程</td><td>讲解协调器程序设计的关键代码的含义</td><td>将接收到的温度数据通过串口发送到计算机</td></tr>
<tr><td>4. 终端节点编程</td><td>讲解终端节点程序设计的关键代码的含义</td><td>实现终端节点周期性地采集温度数据</td></tr>
<tr><td>5. 验证实验结果</td><td>烧写和修改程序，实现实验要求部分的功能</td><td>理解实验原理和实验要求，并不断调试程序，完成相应功能</td></tr>
<tr><td>6. 考核</td><td>对照技能训练考核学生，并给出成绩</td><td></td></tr>
<tr><td>7. 布置作业</td><td>练习</td><td>强化课堂认知技能</td></tr>
</table>

<table>
<tr><td colspan="4">五、成绩评定</td></tr>
<tr><td>评定等级</td><td></td><td>教师签名</td><td></td></tr>
</table>

第二部分　教学内容

一、实验原理及流程图

经过前面的学习，基本实现了利用 ZigBee 协议栈进行数据传输的目标，在无线传感器网络中，大多数传感节点负责数据的采集工作，如温度、湿度、压力、烟雾浓度等数据，现在的问题是，传感器的数据如何与 ZigBee 无线网络结合起来构成真正意义上是无线传感器网络？或者说如何将读取的传感器数据利用 ZigBee 无线网络进行传输？下面通过一个简单的实验向读者展示传感器数据的采集、传输与显示的基本流程。

该实验的基本原理：协调器建立 ZigBee 无线网络，终端节点自动加入该网络中，然后终端节点周期性地采集温度数据并将其发送给协调器，协调器收到温度数据后，通过串口将其输出到用户 PC 机。无线温度检测实验效果如图 12-1 所示。

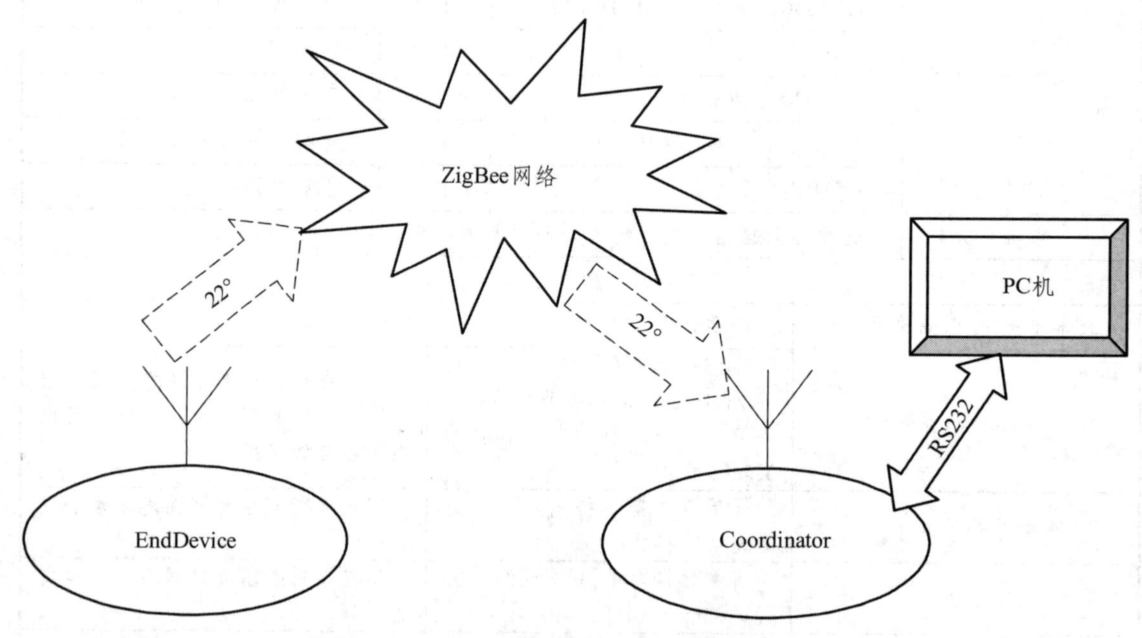

图 12-1　无线温度检测实验效果图

无线温度检测实验协调器工作流程如图 12-2 所示。

无线温度检测实验终端节点工作流程如图 12-3 所示。

对于协调器而言，只需要将接收到的温度数据通过串口发送到 PC 机即可；对于终端节点而言，需要周期性地采集温度数据，采集温度数据可以通过读取温度传感器的数据得到。使用 ZigBee 协议栈时将温度采集程序放在协议栈的什么地方呢？下面针对上述问题进行讲解。

二、重点代码解析

本实验与点对点数据传输实验使用的代码基本相同，需要修改的是接收数据部分，一般在具体项目开发过程中，通信双方需要提前定义好数据通信的格式，一般需要包含数据头、数据、校验位、数据尾等信息，为了方便讲解，在本实验中使用的数据包格式如表 12-1 所示。

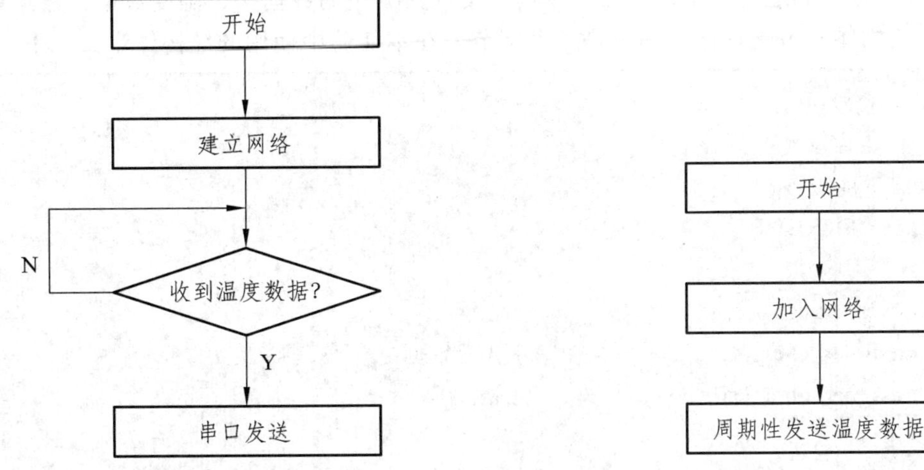

图 12-2　无线温度检测实验协调器流程　　　图 12-3　无线温度检测实验终端节点流程图

表 12-1　数据包格式

数据包	数据头	温度数据十位	温度数据个位	数据尾
长度/字节	1	1	1	1
默认值	‘&’	0	0	‘C’

在项目开发过程中，使用到数据包时，一般会使用结构体将整个数据包所需要的数据包含起来，这样编程效率较高，结构体需要添加在 AF.h 文件里，AF.h 在协议目录中的位置如图 12-4 所示。

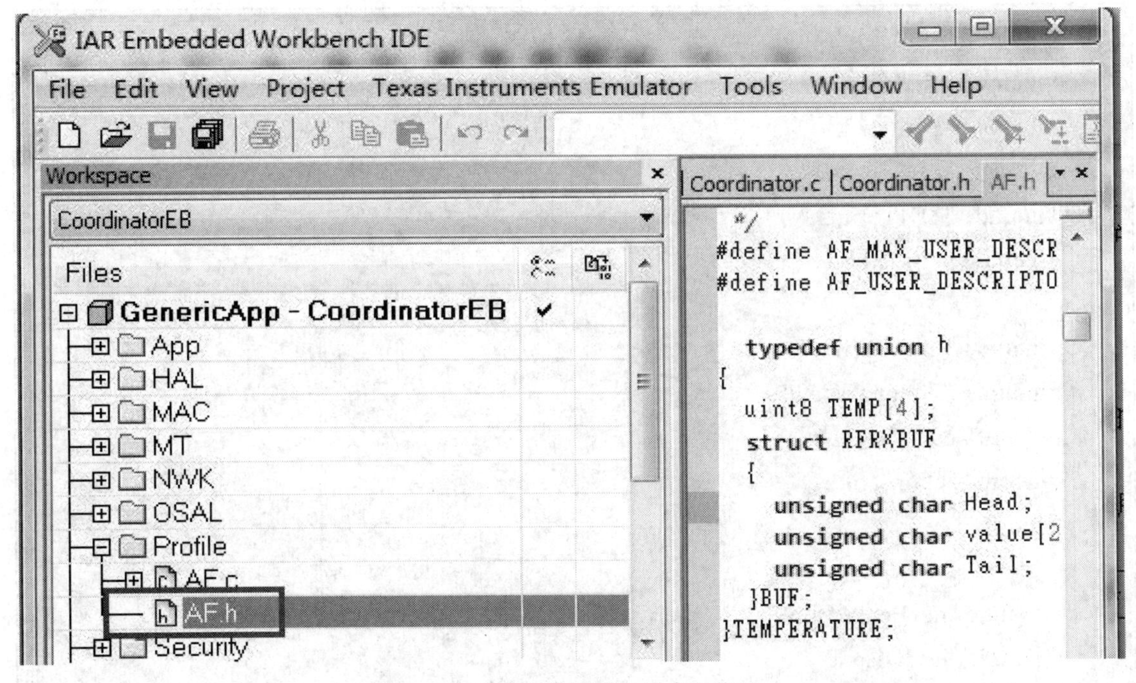

图 12-4　AF.h 在协议目录中的位置

使用一个共用体来表示整个数据包，里面有两个成员变量：一个是数组 TEMP，该数组有 4 个元素；另一个是结构体，该结构体具体实现数据包的数据头、温度数据、数据尾。很容易发现，结构体所占的存储空间也是 4 个字节。在本实验中使用的结构体定义如下：

```
typedef union h
{
   uint8 TEMP[4];
   struct RFRXBUF
   {
      unsigned char Head;                //命令头
      unsigned char value[2];            //温度数据
      unsigned char Tail;                //命令尾
   }BUF;
}TEMPERATURE;
```

第三部分　技能训练

一、协调器编程

Coordinator.c 文件内容如下（前文已经讲述过相关代码的含义，在此不做具体介绍）：

```
#include "OSAL.h"
#include "AF.h"
#include "ZDApp.h"
#include "ZDObject.h"
#include "ZDProfile.h"
#include <string.h>

#include "Coordinator.h"
#include "DebugTrace.h"
#if !defined( WIN32 )
#include "OnBoard.h"
#endif

#include "ugOled9616.h"
#include "LcdDisp.h"
```

```
#include "hal_led.h"
#include "hal_key.h"
#include "hal_uart.h"

const cId_t GenericApp_ClusterList[GENERICAPP_MAX_CLUSTERS] =
{
   GENERICAPP_CLUSTERID
};

const SimpleDescriptionFormat_t GenericApp_SimpleDesc =
{
  GENERICAPP_ENDPOINT,
  GENERICAPP_PROFID,
  GENERICAPP_DEVICEID,
  GENERICAPP_DEVICE_VERSION,
  GENERICAPP_FLAGS,
  GENERICAPP_MAX_CLUSTERS,
  (cId_t *)GenericApp_ClusterList,
  0,
  (cId_t *)NULL
};

  endPointDesc_t GenericApp_epDesc;
  byte GenericApp_TaskID;
  byte GenericApp_TransID;

void GenericApp_MessageMSGCB( afIncomingMSGPacket_t *pckt );
void GenericApp_SendTheMessage( void );
//以下是任务初始化函数
void GenericApp_Init( byte task_id )
{
    halUARTCfg_t uartConfig;
    GenericApp_TaskID = task_id;
    GenericApp_TransID = 0;
    GenericApp_epDesc.endPoint = GENERICAPP_ENDPOINT;
    GenericApp_epDesc.task_id = &GenericApp_TaskID;
    GenericApp_epDesc.simpleDesc
              = (SimpleDescriptionFormat_t *)&GenericApp_SimpleDesc;
```

```
        GenericApp_epDesc.latencyReq = noLatencyReqs;
         afRegister ( &GenericApp_epDesc );
    uartConfig.configured=true;
    uartConfig.baudRate=HAL_UART_BR_115200;
    uartConfig.flowControl=FALSE;
    uartConfig.callBackFunc=NULL;
    HalUARTOpen(0, &uartConfig);
    }
```

上述代码大部分在上一实验中进行了讲解，下面只是着重讲解新增加的部分代码。

ZigBee 协议栈中对串口的配置是使用一个结构体来实现的，该结构体为 halUARTCfg_t，在此不必关心该结构体的具体定义形式，只需要对其功能有个了解。该结构体将串口初始化有关的参数集合在一起，如波特率、是否打开串口、是否使用流控等，用户只需要将各个参数初始化即可。

最后使用 HalUARTOpen()函数对串口进行初始化。注意，该函数将 halUARTCfg_t 类型的结构体变量作为参数，因为 halUARTCfg_t 类型的结构体变量已经包含了串口初始化相关的参数，所以，将这些参数传递给 HalUARTOpen()函数，HalUARTOpen()函数使用这些参数对串口进行初始化。

```
    //以下是事件处理函数
    UINT16 GenericApp_ProcessEvent( byte task_id, UINT16 events )
    {
        afIncomingMSGPacket_t *MSGpkt;
        if ( events & SYS_EVENT_MSG )
      {
         MSGpkt = (afIncomingMSGPacket_t *)osal_msg_receive( GenericApp_TaskID );
         while ( MSGpkt )
           {
            switch ( MSGpkt->hdr.event )
             {
             case AF_INCOMING_MSG_CMD:
             GenericApp_MessageMSGCB( MSGpkt );
                break;
             default:
                break;
              }
            osal_msg_deallocate( (uint8 *)MSGpkt );
           MSGpkt = (afIncomingMSGPacket_t *)osal_msg_receive(GenericApp_TaskID );
```

```
        }
    return (events ^ SYS_EVENT_MSG);
     }
    return 0;
}

//以下是消息处理函数
void GenericApp_MessageMSGCB( afIncomingMSGPacket_t *pkt )
{
 1    unsigned char buffer[2] ={0x0A, 0x0D};       //回车换行符的 ASCII 码
 2    TEMPERATURE temperature;
       switch ( pkt->clusterId )
  {
          case GENERICAPP_CLUSTERID:
 3           osal_memcpy(&temperature, pkt->cmd.Data, sizeof(temperature));
 4           HalUARTWrite(0, (uint8*)&temperature, sizeof(temperature));
 5           HalUARTWrite(0, buffer, 2);
          break;
  }
}
```

协调器编程时，需要修改一下数据处理函数 GencricApp_MessageMSGCB()，具体修改内容见字体加粗部分。

第 1 行，数组 buffer 中存储的是回车换行符的 ASCII 码，主要是为了向串口发送一个回车换行符号。

第 2 行，定义了一个 TEMPERATURE 类型的变量 temperature，用于存储接收到的数据，因为发送时使用的是 TEMPERATURE 类型的变量，所以接收时也使用该类型的变量，这样有利于数据的存储。

第 3 行，使用 osal memcpy()函数，将接收到的数据复制到 temperature 中，此时 temperature 中便存储了接收到的数据包。

第 4 行，向串口发送数据包即可。HalUARTWrit()函数的原型如下：

uint16 HalUARTWrite(uint8 port, uint8 *buf, uint16 len)

可见，第二个参数是 uint8*类型的指针，而变量 temperature 是 TEMPERATURE 类型的，所以需要进行强制类型转换，即将(uint8*)&temperature 作为第二个参数传递给 HalUARTWrite()函数。

第 5 行，向串口输出回车换行符。

二、终端节点编程

终端节点编程时，需要解决两个问题：将温度检测函数放在什么地方？如何发送温度数据？使用 ZigBee 协议栈进行无线传感器网络开发时，将传感器操作有关的函数（如读取传感器数据的函数）放在协议栈的 App 目录下，如图 12-5 所示。

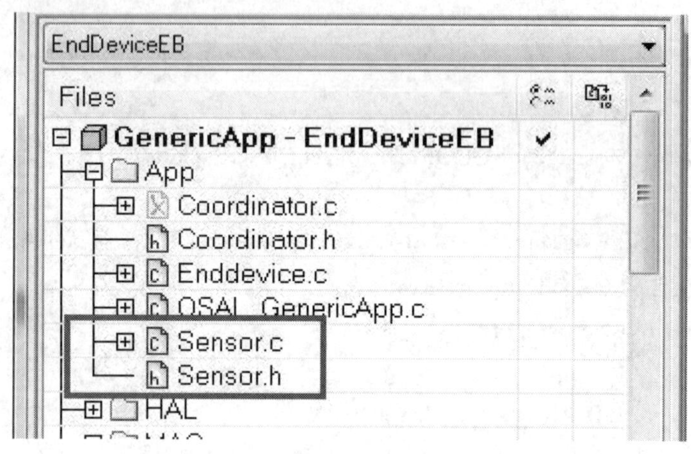

图 12-5　将传感器操作有关的函数放在协议栈的 App 目录下

Sensor.h 文件内容如下：

```
#ifndef SENSOR_H
#define SENSOR_H
#include <hal_types.h>
extern int8 readTemp(void);
#endif

Sensor.c 文件内容如下:
#include    "Sensor.h"
#include <ioCC2530.h>
#define HAL_ADC_REF_115V      0x00
#define HAL_ADC_DEC_256       0x20
#define HAL_ADC_CHN_TEMP      0x0e

int8 readTemp(void)
{
   static uint16 reference_voltage;
   static uint8 bCalibrate= TRUE;
   uint16 value;
   int8 temp;
   ATEST=0x01;                  //使能温度传感器
```

```
    TR0 |=0x01;                //连接温度传感器
    ADCIF=0;
    ADCCON3= (HAL_ADC_REF_115V | HAL_ADC_DEC_256 | HAL_ADC_CHN_
TEMP);
    while(!ADCIF);
    ADCIF=0;
    value=ADCL;
    value |=((uint16)ADCH)<<8;
    value>>=4;

    if(bCalibrate)             //记录第一次读取的温度值，用于校正温度数据
    {
      reference_voltage=value;
      bCalibrate=FALSE;
    }
    temp=22+((value-reference_voltage)/4);          //温度校正函数
    return temp;
  }
```

CC2530 单片机内部有温度传感器，使用该温度传感器的步骤：

（1）使能温度传感器。

（2）连接温度传感器到 ADC。

然后，就可以初始化 ADC、确定参考电压、分辨率等，最后启动 ADC 读取温度数据即可。

上述函数中有个温度数据的校正，不是很准确，CC2530 自带的温度传感器校正比较麻烦，读者可以暂不考虑温度的校正，只需要掌握传感器和 ZigBee 协议栈的接口方式。

此时，温度读取函数就完成了，只需要在 Enddevice.c 函数中调用该函数读取温度数据，然后发送即可。

Enddevice.c 文件内容如下：

```
  #include "OSAL.h"
  #include "AF.h"
  #include "ZDApp.h"
  #include "ZDObject.h"
  #include "ZDProfile.h"
  #include <string.h>

  #include "Coordinator.h"
  #include "DebugTrace.h"
```

```
#if !defined( WIN32 )
  #include "OnBoard.h"
#endif

/* HAL */
#include "ugOled9616.h"
#include "LcdDisp.h"
#include "hal_led.h"
#include "hal_key.h"
#include "hal_uart.h"

#define SEND_DATA_EVENT 0x01

const cId_t GenericApp_ClusterList[GENERICAPP_MAX_CLUSTERS] =
{
  GENERICAPP_CLUSTERID
};

const SimpleDescriptionFormat_t GenericApp_SimpleDesc =
{
  GENERICAPP_ENDPOINT,              //int Endpoint;
  GENERICAPP_PROFID,                //uint16 AppProfId[2];
  GENERICAPP_DEVICEID,              //uint16 AppDeviceId[2];
  GENERICAPP_DEVICE_VERSION,        //int    AppDevVer: 4;
  GENERICAPP_FLAGS,                 //int    AppFlags: 4;
  GENERICAPP_MAX_CLUSTERS,          //byte   AppNumInClusters;
  (cId_t *)GenericApp_ClusterList,  //byte *pAppInClusterList;
  0,                                //byte   AppNumInClusters;
  (cId_t *)NULL                     //byte *pAppInClusterList;
};

endPointDesc_t GenericApp_epDesc;
byte GenericApp_TaskID;
byte GenericApp_TransID;
devStates_t GenericAPP_NwkState;
void GenericApp_MessageMSGCB( afIncomingMSGPacket_t *pckt );
void GenericApp_SendTheMessage( void );
```

```
int8 readTemp(void);

void GenericApp_Init( byte task_id )
{
  GenericApp_TaskID = task_id;
  GenericAPP_NwkState=DEV_INIT;
  GenericApp_TransID = 0;
  GenericApp_epDesc.endPoint = GENERICAPP_ENDPOINT;
  GenericApp_epDesc.task_id = &GenericApp_TaskID;
  GenericApp_epDesc.simpleDesc
          = (SimpleDescriptionFormat_t *)&GenericApp_SimpleDesc;
  GenericApp_epDesc.latencyReq = noLatencyReqs;
  afRegister( &GenericApp_epDesc );
}

UINT16 GenericApp_ProcessEvent( byte task_id, UINT16 events )
{
  afIncomingMSGPacket_t *MSGpkt;

  if ( events & SYS_EVENT_MSG )
  {
    MSGpkt = (afIncomingMSGPacket_t *)osal_msg_receive( GenericApp_TaskID );
    while ( MSGpkt )
    {
      switch ( MSGpkt->hdr.event )
      {
          case ZDO_STATE_CHANGE:
          GenericAPP_NwkState=(devStates_t)(MSGpkt->hdr.status);
          if(GenericAPP_NwkState==DEV_END_DEVICE);
          {
             osal_set_event(GenericApp_TaskID, SEND_DATA_EVENT);
          }
          break;
          default:
          break;
      }

      // Release the memory
```

```
            osal_msg_deallocate( (uint8 *)MSGpkt );

            // Next
            MSGpkt = (afIncomingMSGPacket_t *)osal_msg_receive( GenericApp_TaskID );
          }

          // return unprocessed events
          return (events ^ SYS_EVENT_MSG);
        }
        if(events & SEND_DATA_EVENT)
        {
          GenericApp_SendTheMessage();
          osal_start_timerEx(GenericApp_TaskID, SEND_DATA_EVENT, 1000);
          return (events^SEND_DATA_EVENT);
        }
          return 0;
      }
      void GenericApp_SendTheMessage(void)
      {
       1    uint8 tvalue;
       2    TEMPERATURE temperature ;
       3    temperature.BUF.Head='&';
       4    tvalue=readTemp() ;
       5    temperature.BUF.value[0] = tvalue / 10 + '0';
       6    temperature.BUF.value[1] = tvalue % 10 + '0';
       7    temperature.BUF.Tail='C';
       8    afAddrType_t my_DstAddr;
       9    my_DstAddr.addrMode = (afAddrMode_t)Addr16Bit;
       10    my_DstAddr.endPoint   =   GENERICAPP_ENDPOINT;
       11    my_DstAddr.addr.shortAddr = 0x0000;
       12    AF_DataRequest( &my_DstAddr, &GenericApp_epDesc,
                            GENERICAPP_CLUSTERID,
                            sizeof (temperature),
                            (uint8 *) &temperature,
                            &GenericApp_TransID,
                            AF_DISCV_ROUTE,
                            AF_DEFAULT_RADIUS );
      }
```

可以使用上述代码实现温度数据的读取与发送。

第 1 行，定义了 1 个变量用于存储温度数据。

第 2 行，定义了 1 个 TEMPERATURE 类型的变量 temperature，这是发送和接收双方共同使用的数据包格式，使用共同的数据包格式主要是为了便于数据处理及校验等。

第 3 行，填充命令头。

第 4 行，读取温度数据。

第 5、6 行，将温度数据转换为 ASCII 码。

第 7 行，填充命令尾。

第 8～11 行，初始化目的地址以及发送格式，在此使用的发送模式是单播发送，协调器的网络地址是 0x0000。

第 12 行，调用数据发送函数 AF DataRequest()进行数据发送。注意，发送数据的长度使用 sizeof 关键字计算得到。

虽然上述代码较为简单，但是向读者展示了在无线传感器网络中，传感器和 ZigBee 无线网络的接口方式。

三、实例测试

将程序下载到 CC2530-EB 开发板，打开串口调试助手，波特率设为 115 200，打开协调器、终端节点电源，将手放在终端节点 CC2530 单片机上（这样片内集成的温度传感器就可以感应到温度变化），无线温度检测实验测试效果如图 12-6 所示，可见温度在逐渐升高。

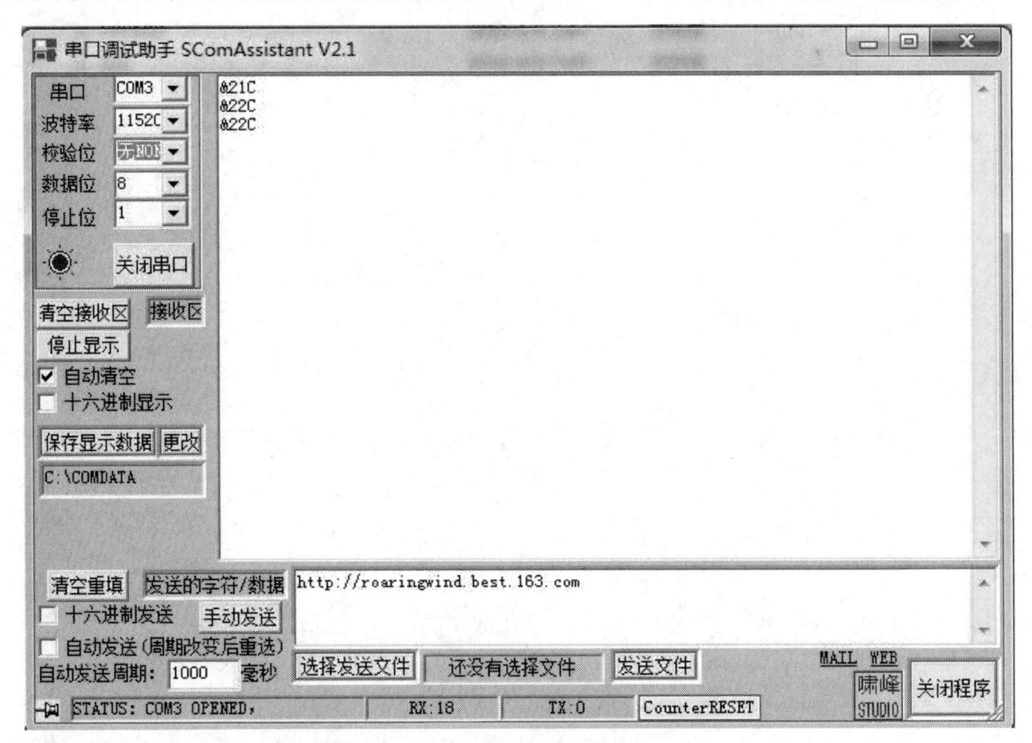

图 12-6　无线温度检测实验测试效果图

本实验只展示了在无线传感器网络中，传感器数据如何通过 ZigBee 无线网络进行传输，读者可以结合自身项目需要将所使用的传感器读取函数添加到 Sensor.h 和 Sensor.c 文件中。

四、知识点考核

1. typedef union h{}TEMPERATURE 定义了一个______________。

2. struct RFRXBUF{} BUF 定义了一个______________。

3. events ^ SYS_EVENT_MSG 中“^”的功能是____。

4. CC2530 单片机内部有温度传感器,使用该温度传感器的步骤:①____________________;②____________________________。

5. osal_start_timerEx（GenericApp_TaskID，SEND_DATA_EVENT，1000）设置了一个超时定时器，定时了____________________。

6. 使用 HalUARTOpen（）函数对串口进行______________。

7. uartConfig.baudRate=HAL_UART_BR_115200 设置波特率为______________。

8. ATEST=0x01 是用来使能______________。

9. TR0 |=0x01 是用来连接______________。

10. 发送数据的长度可以使用____________关键字计算得到。

项目十三　加入网络实验

第一部分　教学要求

<table>
<tr><td>一、目的要求</td><td colspan="5">1. 学习 Z-Stack 的网络组建原理；
2. 了解如何在 Z-Stack 中启动网络和路由器，终端设备等</td></tr>
<tr><td rowspan="6">二、工具、器材</td><td colspan="2">实验设备</td><td>数量</td><td colspan="2">备注</td></tr>
<tr><td colspan="2">CC2530 网关板，SMBD-V12</td><td>1</td><td colspan="2">网关板与 PC 的通信</td></tr>
<tr><td colspan="2">USB 线</td><td>1</td><td colspan="2">连接网关板与 PC</td></tr>
<tr><td colspan="2">CC2530 节点模块</td><td>3</td><td colspan="2">无线数据的收发</td></tr>
<tr><td colspan="2">节点底板，SMBD-V11-1</td><td>2</td><td colspan="2">连接传感器和节点模块</td></tr>
<tr><td colspan="2">C51RF-3 仿真器</td><td>1</td><td colspan="2">下载和调试程序</td></tr>
<tr><td>三、重难点分析</td><td colspan="5">如何在 Z-Stack 中启动网络和路由器，终端设备等</td></tr>
<tr><td colspan="6">四、教学过程</td></tr>
<tr><td colspan="2">教学步骤/知识或单元结构</td><td colspan="2">教学方式/方法/策略</td><td colspan="2">学生活动安排/过程</td></tr>
<tr><td colspan="2">1. ZigBee 组建网络的流程</td><td colspan="2">讲授 ZigBee 组建网络的流程</td><td colspan="2">思考为什么分两步走</td></tr>
<tr><td colspan="2">2. 协调器建立一个新网络的流程</td><td colspan="2">面授协调器建立一个新网络的流程</td><td colspan="2">绘制流程图</td></tr>
<tr><td colspan="2">3. 节点加入网络</td><td colspan="2">介绍节点加入网络的两种方法</td><td colspan="2">讨论节点加入网络有两种方法的联系和区别</td></tr>
<tr><td colspan="2">4. 协调器重点代码解析</td><td colspan="2">讲解协调器总体流程和重要函数以及重要参数的设置</td><td colspan="2">提问</td></tr>
<tr><td colspan="2">5. 终端节点重点代码解析</td><td colspan="2">指导学生了解终端节点的加入网络的过程</td><td colspan="2">重点函数提问解析</td></tr>
<tr><td colspan="2">6. 考核</td><td colspan="2">对照技能训练考核学生，下发问题功能，要求学生拍故障，实现功能，并给出成绩</td><td colspan="2">拍故障，实现功能</td></tr>
<tr><td colspan="2">7. 布置作业</td><td colspan="2">练习</td><td colspan="2">强化课堂认知技能</td></tr>
<tr><td colspan="6">五、成绩评定</td></tr>
<tr><td>评定等级</td><td colspan="2"></td><td colspan="2">教师签名</td><td></td></tr>
</table>

第二部分　教学内容

星形网络和树形网络可以看成是网状网络的一个特殊子集，所以接下来分析如何组建一个 ZigBee 网状网络。组建一个完整的 ZigBee 网络分为两步：第一步是协调器初始化一个网络；第二步是路由器或终端加入网络。加入网络又有两种方法：一种是子设备通过使用 MAC 层的连接进程加入网络；另一种是子设备通过与一个事先指定的父设备直接加入网络。

一、协调器初始化网络

协调器建立一个新网络的流程如图 13-1 所示。

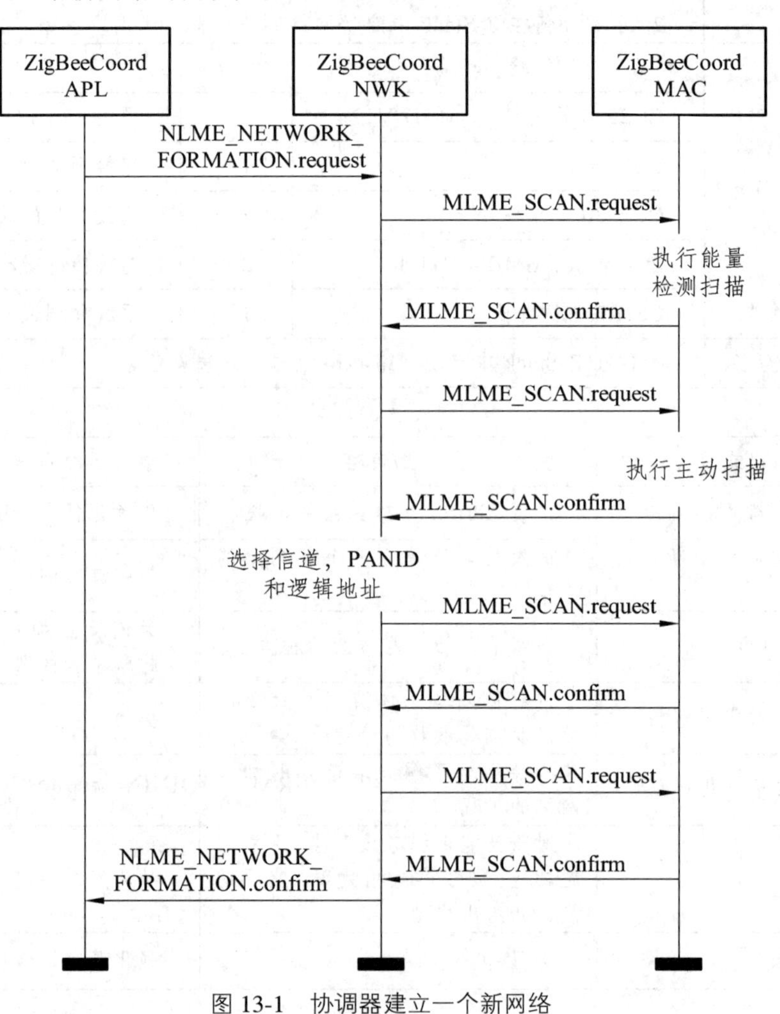

图 13-1　协调器建立一个新网络

1. 检测协调器

建立一个新的网络是通过原语 NLME_NETWORK_FORMATION.request 发起的，但发起 NLME_NETWORK_FORMATION. request 原语的节点必须具备两个条件：一是这个节点具有

ZigBee 协调器功能；二是这个节点没有加入其他网络。任何不满足这两个条件的节点发起建立一个新网络的进程都会被网络层管理实体终止。网络层管理实体将通过参数值为 INVALID_REQUEST 的原语 NLME_NETWORK_FORMATION. confirm 来通知上层这是一个非法请求。

2. 信道扫描

协调器发起建立一个新网络的进程后，网络层管理实体将请求 MAC 子层对信道进行扫描。信道扫描包括能量扫描和主动扫描两个过程。首先对用户指定的信道或物理层所有默认的信道进行一个能量扫描，以排除干扰。网络层管理实体将根据信道能量测量值对信道进行一个递增排序，并且抛弃能量值超过允许能量值的信道，保留在允许能量值内的信道，等待进一步处理。接着在允许能量值内的信道执行主动扫描，网络层管理实体通过审查返回的 PAN 描述符列表，确定一个用于建立新网络的信道，该信道中现有的网络数目是最少的，网络层管理实体将优先选择没有网络的信道。如果没有扫描到一个合适的信道，进程将被终止，网络层管理实体通过参数为 STARTUP_FAILURE 的原语 NLME_NETWORK_FORMATION. confirm 来通知上层初始化启动网络失败。

3. 配置网络参数

如果扫描到一个合适的信道，网络层管理实体将为新网络选择一个 PAN 描述符，该 PAN 描述符可以是由设备随机选择的，也可以是在 NLME_NETWORK_FORMATION.request 里指定的，但必须满足小于或等于 0x3FFF、不等于 0xFFFF 的条件，并且在所选信道内是唯一的 PAN 描述符，不与其他 PAN 描述符重复。如果没有符合条件的 PAN 描述符可选择，进程将被终止。网络层管理实体通过参数值为 STARTUP_FAILURE 的原语 NLME_NETWORK_FORMATION. confirm 来通知上层初始化启动网络失败。确定好 PAN 描述符后，网络层管理实体为协调器选择 16 位网络地址 0x0000，MAC 子层的 macPANID 参数将被设置为 PAN 描述符的值，macShortAddress PIB 参数设置为协调器的网络地址。

4. 运行新网络

网络参数配置好后，网络层管理实体通过 MLME_START.request 原语通知 MAC 层启动并运行新网络，启动状态通过 MLME_START.confirm 原语通知网络层，网络层管理实体再通过 NLME_NETWORK_FORMATION.confirm 原语通知上层协调器初始化的状态。

5. 允许设备加入网络

只有 ZigBee 协调器或路由器才能通过 NLME_PERMIT_JOINING.request 原语来设置节点处于允许设备加入网络的状态。当发起这个进程时，如果 PermitDuration 参数值为 0x00，网络层管理实体将通过 MLME_SET.request 原语把 MAC 层的 macAssociationPermit PIB 属性设置为 FALSE，禁止节点处于允许设备加入网络的状态。如果 PermitDuration 参数值介于 0x01 和 0xFE 之间，网络层管理实体将通过 MLME_SET.request 原语把 macAssociationPermit PIB 属性设置为 TRUE，并开启一个定时器，定时时间为 PermitDuration，在这段时间内节点处于允许设备加入网络的状态。定时时间结束，网络层管理实体把 MAC 层的 macAssociationPermit PIB 属性设置为 FALSE。如果 PermitDuration 参数的值为 0xFF，网络层管理实体将通过 MLME_SET.request 原语把 macAssociationPermit PIB 属性设置为 TRUE，表示节点无限期处于允许设备加入网络的状态，除非有另外一个 NLME_PERMIT_JOINING.request 原语被发出。允许设备加入网络的流程如图 13-2 所示。

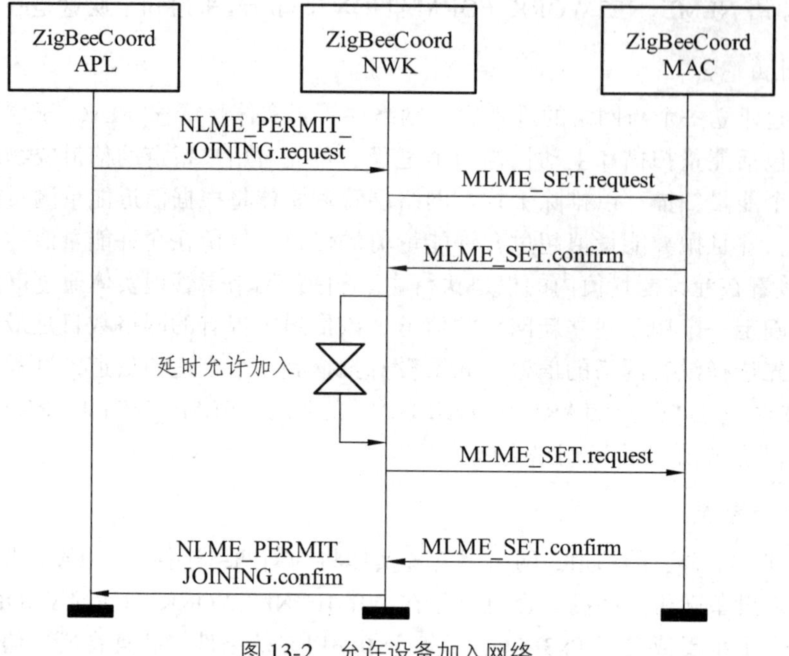

图 13-2　允许设备加入网络

通过以上流程，协调器就建立了一个网络并处于允许设备加入网络的状态，然后等待其他节点加入网络。

二、节点加入网络

一个节点加入网络有两种方法：一种是通过使用 MAC 层关联进程加入网络；另一种是通过与事先指定父节点连接而加入网络。

1. 通过 MAC 层关联加入网络

子节点请求通过 MAC 关联加入网络进程如图 13-3 所示。父节点响应通过 MAC 关联加入网络进程如图 13-4 所示。

1）子节点发起信道扫描

子节点通过 NLME_NETWORK_DISCOVERY.request 原语发起加入网络的进程，网络层接收到这个原语后通过发起 MLME_SCAN.request 原语请求 MAC 层执行一个主动扫描或被动扫描以接收包含了 PAN 标志符的信标帧，扫描的信道及每个信道的扫描时间分别由 NLME_NETWORK_DISCOVERY.request 原语的参数 ScanChannels 和 ScanDuration 决定。

2）子节点存储各 PAN 信息

MAC 层通过 MLME_BEACONNOTIFY.indication 原语将扫描中接收到的信标帧信息发送到网络层管理实体，信标帧信息包括信标设备的地址、是否允许连接，以及信标净载荷。如果信标净载荷域里的协议 ID 域与自己的协议 ID 相同，子设备就将每个匹配的信标帧相关信息保存在邻居表中。信道扫描完成后，MAC 层通过 MLME_SCAN.confirm 原语通知网络层管理实体，网络层再通过 NLME_NETWORK_DISCOVERY.confirm 原语通知上层，该原语包含了每个扫描到的网络的描述符，以便上层选择一个网络加入。

3）子节点选择 PAN

如果上层需要发现更多网络，则可以重新执行网络发现；如果不需要，则通过 NLME_JOIN.request 原语从被扫描到的网络中选择一个网络加入。参数 PAN ID 设置为被选择网络的 PAN 标识符。

4）子节点选择父节点

一个合适的父节点需要满足三个条件：匹配的 PAN 标志符、链路成本最大为 3、允许连接。为了寻找合适的父节点，NLME_JOIN.request 原语请求网络层搜索它的邻居表，如果邻居表中不存在这样的父节点则通知上层，如果存在多个合适的父节点则选择具有最小深度的父节点，如果存在多个具有最小深度的合适的父节点则随机选择一个父节点。

5）子节点请求 MAC 关联

确定好合适的父节点后，网络层管理实体发送一个 MLME_ASSOCIATE.request 原语到 MAC 层，地址参数设置为已选择的父节点的地址，尝试通过父节点加入网络。

6）节点响应 MAC 关联

父节点通过 MLME_ASSOCIATE.indication 原语通知网络层管理实体一个节点正尝试加入网络，网络层管理实体将搜索它的邻居表查看是否有一个与尝试加入节点相匹配的 64 位扩展地址，以便确定该节点是否已经存在于它的网络中了。如果有匹配的扩展地址，网络层管理实体获取相应的 16 位网络地址并发送一个连接响应到 MAC 层。如果没有匹配的扩展地址，在父节点的地址分配空间还没耗尽的条件下，网络层管理实体将为尝试加入的节点分配一个 16 位网络地址。如果父节点地址分配空间耗尽，将拒绝节点加入请求。当同意节点加入网络的请求后，父节点网络层管理实体将使用加入节点的信息在邻居表中产生一个新的项，并通过 MLME_ASSOCIATE.request 原语通知 MAC 层连接成功。

7）子节点响应连接成功

如果子节点接收到父节点发送的连接成功信息，会发送一个传输成功响应信息以确认接收，然后子节点 MAC 层将通过 MLME_ASSOCIATE.confirm 原语通知网络层。原语包含了父节点为子节点分配的网内唯一的 16 位网络地址。然后，网络层管理实体设置邻居表相应邻居设备为它的父设备，并通过 NLME_JOIN.confirm 原语通知上层节点成功加入网络，其过程如图 13-3 所示。

8）父节点响应连接成功

父节点接收到子节点传输成功的响应信息后，将通过 MLME_COMM_STATUS.indication 原语将传输成功的响应状态发送给网络层，网络层管理实体通过 NLME_JOIN.indication 原语通知上层一个节点已经加入了网络，其过程如图 13-4 所示。

2. 通过与事先指定的父节点连接加入网络

子节点通过与指定的父节点直接连接加入网络，这个时候父节点预先配置了子节点的 64 位扩展地址。父节点处理一个直接加入网络的进程，如图 13-5 所示。子节点通过孤立方式加入网络的进程如图 13-6 所示。

1）父节点处理子设备直接加入网络

父节点通过 NLME_DIRECT_JOIN.request 原语开始处理一个设备直接加入网络的进程。父节点网络层管理实体将首先搜索它的邻居表查看是否存在一个与子节点相匹配的 64 位扩展地址，以便确定该节点是否已经存在于它的网络中了。如果存在匹配的扩展地址，网络层管理实体将终止这个进程并告诉上层该设备已经存在于设备列表中了。如果不存在匹配的扩展地址，在父节点的地址分配空间还没耗尽的条件下，网络层管理实体将为子节点分配一个 16 位网络地址，并使用子节点的信息在邻居表中产生一个新的项。然后通过 NLME_DIRECT_JOIN.confirm 原语上层设备已经加入网络。

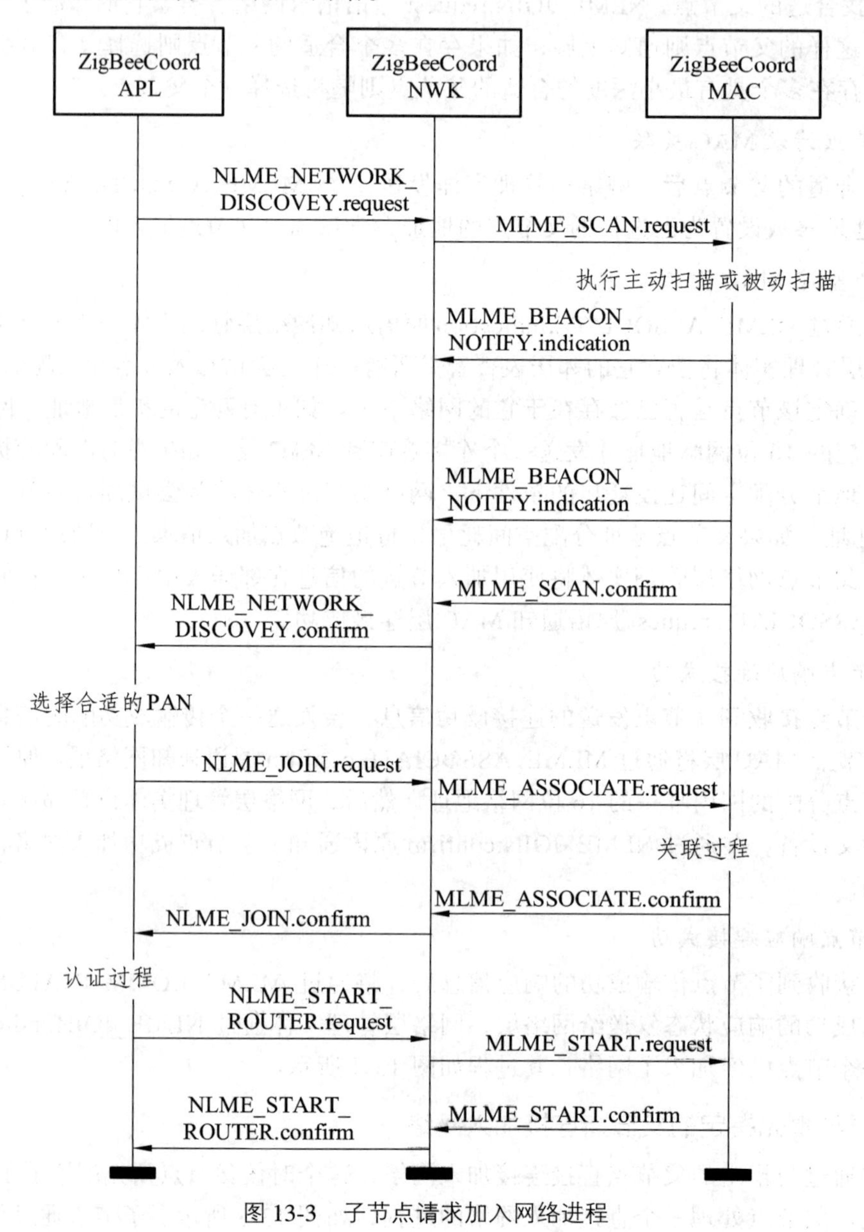

图 13-3　子节点请求加入网络进程

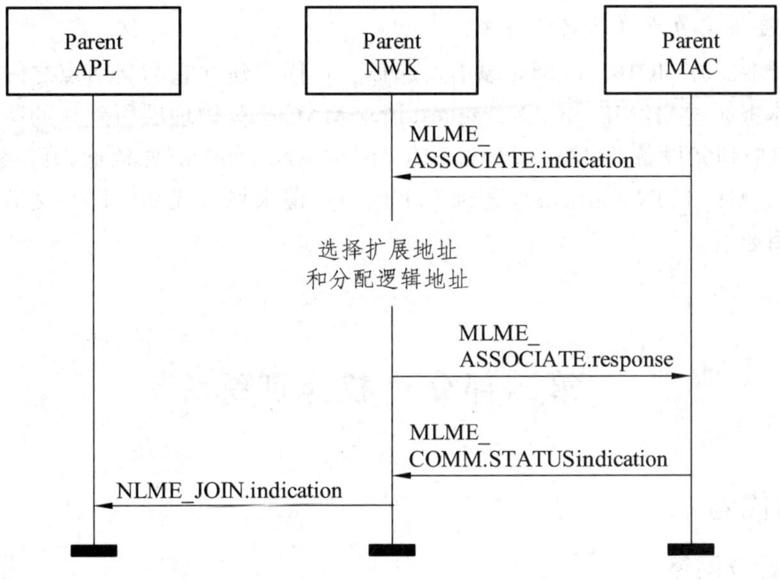

图 13-4　父节点响应加入网络进程

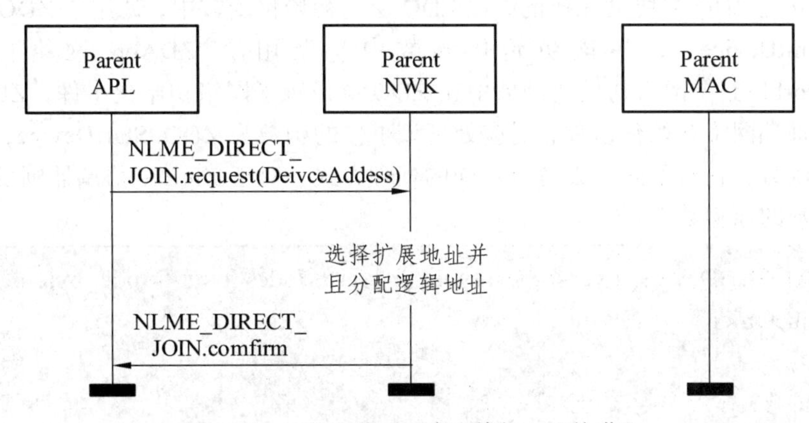

图 13-5　父节点处理一个直接加入网络进程

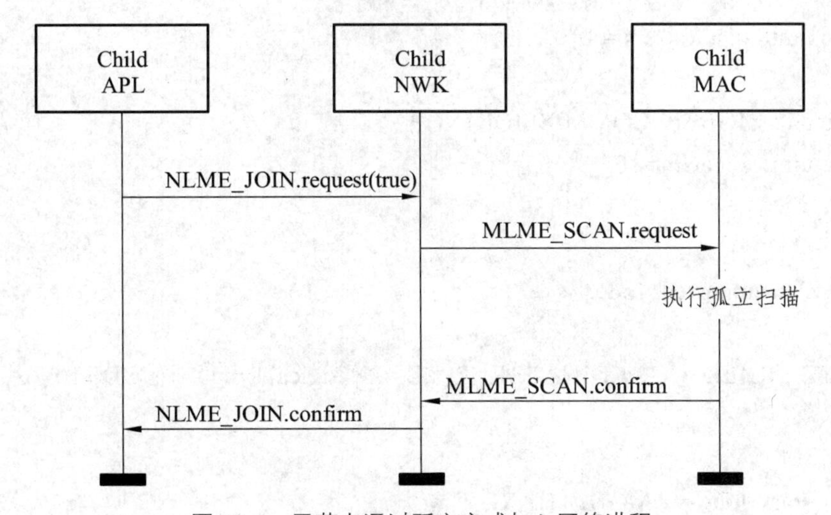

图 13-6　子节点通过孤立方式加入网络进程

2）子节点连接父节点确认父子关系

子节点通过 NLME_JOIN. request 原语发起孤立扫描来建立它与父节点之间的关系。这时网络层管理实体将通过 MLME_SCAN. request 请求 MAC 层对物理层所默认的所有信道进行孤立扫描，如果扫描到父设备，MAC 层通过 MLME_SCAN. confirm 原语通知网络层，网络层管理实体再通过 NLME_JOIN.confirm 原语通知上层节点请求加入成功，即与父节点建立了父子关系，可以互相通信。

第三部分　技能训练

一、编写代码

1. 协调器建立网络

网络的建立是 ZDO 层协助完成的，在 ZDO 层的初始化函数中，调用了 ZDO 设备初始化函数（ZDOInitDevice），在该初始化函数中又调用了 ZDApp 网络初始化函数（ZDApp_NetworkInit），网络初始化函数中在 ZDO 层设置了网络初始化事件，ZDO 任务事件处理函数会处理该网络初始化事件，对应处理该事件的函数为 ZDO_StartDevice，该函数是网络启动的核心函数，它对不同的设备有不同的处理方式，对于 ZigBee 协调器则发起网络初始化请求。该函数的原型如下：

```
void ZDO_StartDevice( byte logicalType, devStartModes_t startMode, byte beaconOrder, byte superframeOrder )
{
  ZStatus_t ret;
#if defined ( ZIGBEE_FREQ_AGILITY )
  static uint8 discRetries = 0;
#endif
#if defined ( ZIGBEE_COMMISSIONING )
  static uint8 scanCnt = 0;
#endif

  ret = ZUnsupportedMode;

  if ( ZG_BUILD_COORDINATOR_TYPE && logicalType == NODETYPE_ COORDINATOR )
  {
    if ( startMode == MODE_HARD )
```

```
        {
          devState = DEV_COORD_STARTING;
          ret = NLME_NetworkFormationRequest( zgConfigPANID, zgApsUseExtended
PANID, zgDefaultChannelList,
                                              zgDefaultStartingScanDuration,
beaconOrder,
                                              superframeOrder, false );
        }
        else if ( startMode == MODE_RESUME )
        {
          // Just start the coordinator
          devState = DEV_COORD_STARTING;
          ret = NLME_StartRouterRequest( beaconOrder, beaconOrder, false );
        }
        else
        {
    #if defined( LCD_SUPPORTED )
          HalLcdPutString16_8(0, 0, "StartDev ERR", 12, 1);
    #endif
        }
      }

      if ( ZG_BUILD_JOINING_TYPE && (logicalType == NODETYPE_ROUTER ||
logicalType == NODETYPE_DEVICE) )
      {
        if ( (startMode == MODE_JOIN) || (startMode == MODE_REJOIN) )
        {
          devState = DEV_NWK_DISC;

      #if defined( MANAGED_SCAN )
          ZDOManagedScan_Next();
          ret = NLME_NetworkDiscoveryRequest( managedScanChannelMask, BEACON_
ORDER_15_MSEC );
    #else
          ret = NLME_NetworkDiscoveryRequest( zgDefaultChannelList, zgDefaultStarting
ScanDuration );
        #if defined ( ZIGBEE_FREQ_AGILITY )
```

```
            if ( !( ZDO_Config_Node_Descriptor.CapabilityFlags & CAPINFO_RCVR_ON_
IDLE ) &&
                  ( ret == ZSuccess ) && ( ++discRetries == 4 ) )
            {
              // For devices with RxOnWhenIdle equals to FALSE, any network channel
              // change will not be recieved. On these devices or routers that have
              // lost the network, an active scan shall be conducted on the Default
              // Channel list using the extended PANID to find the network. If the
              // extended PANID isn't found using the Default Channel list, an scan
              // should be completed using all channels.
              zgDefaultChannelList = MAX_CHANNELS_24GHZ;
            }
          #endif // ZIGBEE_FREQ_AGILITY
          #if defined ( ZIGBEE_COMMISSIONING )
            if (startMode == MODE_REJOIN && scanCnt++ >= 5 )
            {
              // When ApsUseExtendedPanID is commissioned to a non zero value via
              // application specific means, the device shall conduct an active scan
              // on the Default Channel list and join the PAN with the same
              // ExtendedPanID. If the PAN is not found, an scan should be completed
              // on all channels.
              // When devices rejoin the network and the PAN is not found from
              zgDefaultChannelList = MAX_CHANNELS_24GHZ;
            }
          #endif // ZIGBEE_COMMISSIONING
        #endif
          }
          else if ( startMode == MODE_RESUME )
          {
            if ( logicalType == NODETYPE_ROUTER )
            {
              ZMacScanCnf_t scanCnf;
              devState = DEV_NWK_ORPHAN;

              /* if router and nvram is available, fake successful orphan scan */
              scanCnf.hdr.Status = ZSUCCESS;
              scanCnf.ScanType = ZMAC_ORPHAN_SCAN;
              scanCnf.UnscannedChannels = 0;
```

```
          scanCnf.ResultListSize = 0;
          nwk_ScanJoiningOrphan(&scanCnf);

          ret = ZSuccess;
        }
        else
        {
          devState = DEV_NWK_ORPHAN;
          ret = NLME_OrphanJoinRequest( zgDefaultChannelList,
                                        zgDefaultStartingScanDuration );
        }
      }
      else
      {
#if defined( LCD_SUPPORTED )
        HalLcdPutString16_8(0, 0, "StartDev ERR", 12, 1);
#endif
      }
    }

    if ( ret != ZSuccess )
      osal_start_timerEx(ZDAppTaskID, ZDO_NETWORK_INIT, NWK_RETRY_DELAY );
}
```

对于协调器，会调用 NetworkFormationRequest 函数发起网络形成请求，网络的具体形成是在网络层完成的，而 Z-Stack 的网络层是不开源的，因此不能深入分析网络形成具体过程，但是在网络层形成网络后会给 ZDO 层一个确认，可以在 ZDO 层找到相应的函数 ZDO_NetworkFormationConfirmCB，该函数源码如下：

```
void ZDO_NetworkFormationConfirmCB( ZStatus_t Status )
{
  nwkStatus = (byte)Status;

  if ( Status == ZSUCCESS )
  {
    // LED on shows Coordinator started
   // HalLedSet ( HAL_LED_3, HAL_LED_MODE_ON );
```

```
        // LED off forgets HOLD_AUTO_START
        // HalLedSet (HAL_LED_4, HAL_LED_MODE_OFF);

    #if defined ( ZBIT )
        SIM_SetColor(0xd0ffd0);
    #endif

        if ( devState == DEV_HOLD )
        {
          // Began with HOLD_AUTO_START
          devState = DEV_COORD_STARTING;
        }
      }
    #if defined(BLINK_LEDS)
      else
      ; // HalLedSet ( HAL_LED_3, HAL_LED_MODE_FLASH );   // Flash LED to show
failure
    #endif

      osal_set_event( ZDAppTaskID, ZDO_NETWORK_START );
    }
```

该函数最后在 ZDO 层设置了网络启动时间（ZDO_NETWORK_START），通知 ZDO 层网络已经启动，并将后续工作继续交由 ZDO 层进行处理，即依次在 ZDO 层设置 ZDO_NETWORK_START、ZDO_STATE_CHANGE_EVT 事件，最后向注册有端点描述符的应用层发送一个 ZDO 状态改变的系统消息（ZDO_STATE_CHANGE），来通知应用层网络已经建立，可以进行用户任务处理了。至此已协调完成网络建立的全部工作，等待其他 ZigBee 节点加入网络当中。

2. 终端节点和路由器节点的启动过程

终端节点和路由节点的启动过程相似，主要差异在于路由节点加入网络后，还启动了路由功能。下面先分析终端节点的启动过程。

终端节点的启动和协调器的启动分歧是在调用 ZDO_StartDevice 函数时发生的，前面说明协调器启动时调用了 NetworkFormationRequest 函数发起网络形成请求，而终端节点则会调用 NLME_NetworkDiscoveryRequest 函数发起网络发现请求。同样是调用了网络层的函数，在发现到可用的网络后网络层会给 ZDO 层相应的确认，其相应函数为：ZDO_NetworkDiscoveryConfirmCB，并向 ZDO 层发送一个网络发现确认消息（ZDO_NWK_DISC_CNF），确认已经发现了可用网络，然后调用网络加入函数 NLME_JoinRequest 加入网络。同样是对网络加入的确认，相应函数为 ZDO_JoinConfirmCB，该函数中向 ZDO 层发送了一个 ZDO 网络加入消息（ZDO_NWK_JOIN_IND），并调用了 ZDApp_ProcessNetworkJoin 函数进行处理，终端节点和路由节点的启动差异也体现在该函数中。对于终端设备，设置了 ZDO_STATE_CHANGE_EVT 事件，最后向注册有端点描述符的应用层发送一个 ZDO 状态改变的系统消息（ZDO_STATE_CHANGE）来通知应用层网络设备加入网络成功，可以进行用户任务处理了。

路由设备则会调用 NLME_StartRouterRequest 启动路由请求，并在 ZDO 层产生路由发现确认 ZDO_StartRouterConfirmCB，并设置路由启动事件（ZDO_ROUTER_START），然后设置 ZDO_STATE_CHANGE_EVT 事件，最后向注册有端点描述符的应用层发送一个 ZDO 状态改变的系统消息（ZDO_STATE_CHANGE）。来通知应用层网络设备路由启动完成，可以进行用户任务处理了。

3. 网络状态显示

Z-Stack 网络层程序没有开源，但是为 ZigBee 网络程序调试提供了一个接口，也就是提供了一个网络状态显示函数，其源码如下：

```
void nwk_Status( uint16 statusCode, uint16 statusValue )
{
#if defined ( LCD_SUPPORTED )
  switch ( statusCode )
  {
    case NWK_STATUS_COORD_ADDR:
      if ( ZSTACK_ROUTER_BUILD )
      {
        HalLcdPutString16_8(0, 0, "   -COORD-    ", 12, 1);
        //HalLcdWriteString( (char*)ZigbeeCoordStr, HAL_LCD_LINE_1 );
      //  HalLcdWriteStringValue( (char*)NetworkIDStr, statusValue, 16, HAL_LCD_
LINE _2 );
       // BuzzerControl( BUZZER_BLIP );
      }
      break;

    case NWK_STATUS_ROUTER_ADDR:
      if ( ZSTACK_ROUTER_BUILD )
      {
        HalLcdPutString16_8(0, 0, "     -ROUT-      ", 12, 1);
       ; // HalLcdWriteStringValue( (char*)RouterStr, statusValue, 16, HAL_LCD_
LINE_1 );
      }
      break;
```

```
        case NWK_STATUS_ORPHAN_RSP:
          if ( ZSTACK_ROUTER_BUILD )
          {
            //if ( statusValue == ZSuccess )
              // HalLcdWriteScreen( (char*)OrphanRspStr, (char*)SentStr );
            //else
              // HalLcdWriteScreen( (char*)OrphanRspStr, (char*)FailedStr );
          }
          break;

        case NWK_ERROR_ASSOC_RSP:
          if ( ZSTACK_ROUTER_BUILD )
          {
          //   HalLcdWriteString( (char*)AssocRspFailStr, HAL_LCD_LINE_1 );
            // HalLcdWriteValue( (uint32)(statusValue), 16, HAL_LCD_LINE_2 );
          }
          break;

        case NWK_STATUS_ED_ADDR:
          if ( ZSTACK_END_DEVICE_BUILD )
          {
            HalLcdPutString16_8(0, 0, " -END DEV- ", 12, 1);
           // HalLcdWriteStringValue( (char*)EndDeviceStr, statusValue, 16, HAL_LCD_
LINE_1 );
          }
          break;

        case NWK_STATUS_PARENT_ADDR:
            //HalLcdWriteStringValue( (char*)ParentStr, statusValue, 16, HAL_LCD_ LINE
_2 );
          break;

        case NWK_STATUS_ASSOC_CNF:
    #ifdef ASSOC_CF
            HalLcdPutString16_8(0, 0, "    Assoc Cnf ", 12, 1);
    #endif
          //HalLcdWriteScreen( (char*)AssocCnfStr, (char*)SuccessStr );
          break;
```

```
        case NWK_ERROR_ASSOC_CNF_DENIED:
#ifdef ASSOC_CF
            HalLcdPutString16_8(0, 0, "AssocCf fail", 12, 1);
#endif
          // HalLcdWriteString((char*)AssocCnfFailStr, HAL_LCD_LINE_1 );
          // HalLcdWriteValue( (uint32)(statusValue), 16, HAL_LCD_LINE_2 );
           break;

        case NWK_ERROR_ENERGY_SCAN_FAILED:
           ; //HalLcdWriteScreen( (char*)EnergyLevelStr, (char*)ScanFailedStr );
           break;
      }
#endif
}
```

从函数内容来看，该函数用在 LCD 屏上输出一些调试信息，只有硬件配置有 LCD 屏幕，并且在程序中定义了 LCD_SUPPORTED 宏，才能实现相关信息的显示。

该套开发板中配置有 LCD 显示屏，并编写了 LCD 驱动程序，但是并不是 TI 标准的 LCD 屏，所以显示的输出函数不同。因此，需要将 TI 原来的显示代码加上注释，并添加自己的代码。

下面说明几个重要状态：

（1）NWK_STATUS_COORD_ADDR：该网络状态在协调建立网络成功后被设置，在此输出调试信息“-COORD-”，说明协调器启动成功。

（2）NWK_STATUS_ROUTER_ADDR：该网络状态在路由器启动成功后被设置，在此输出调试信息“-ROUT-”，说明该路由节点启动成功。

（3）NWK_STATUS_ED_ADDR：该网络状态在终端设备加入网络后被设置，在此输出调试信息“-END DEV-”，说明终端设备启动成功。

二、验证实验结果

如图 13-7 所示，打开“代码和例子程序\Z-Stack 实验\2.HAL 实验\Projects\zstack\Samples CC2530\GenericApp\SX2530MB”内的工程文件。

选择工程文件，将不同工程文件下载至不同设备上，如图 13-7 所示。

CoordinatorEB 或 CoordinatorEB-Pro 为协调器，RouterEB 或 RouterEB-Pro 为路由器，EndDeviceEB 或 EndDeviceEB-Pro 为终端设备。

打开 f8wConfig.cfg 文件，在此文件内可以修改 ZigBee 无线网络的 PAN ID（网络号）及通信信道，如图 13-8 所示。

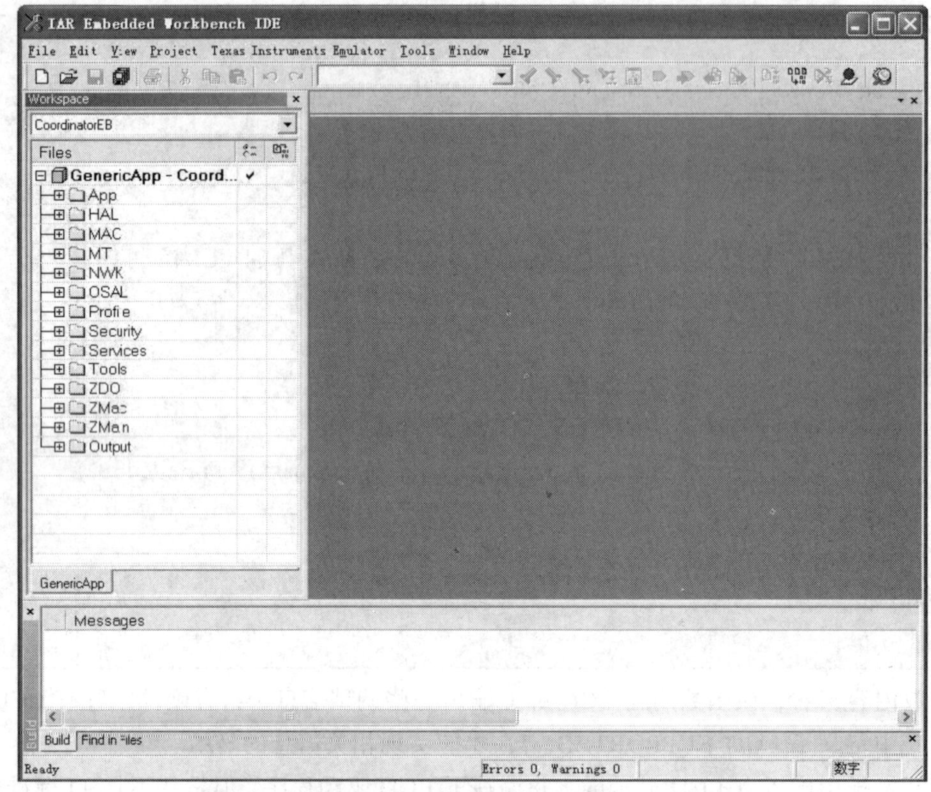

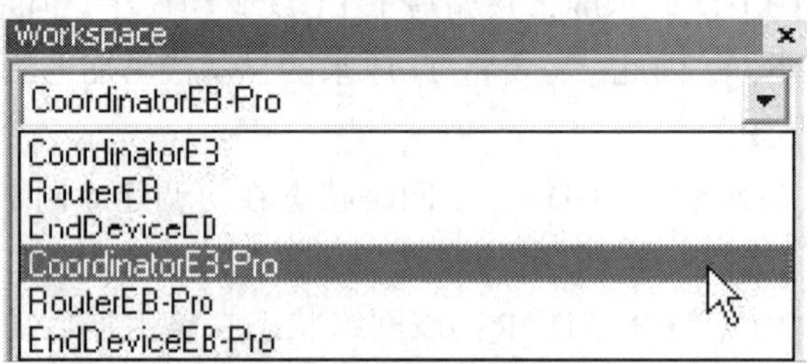

图 13-7　选择工程文件

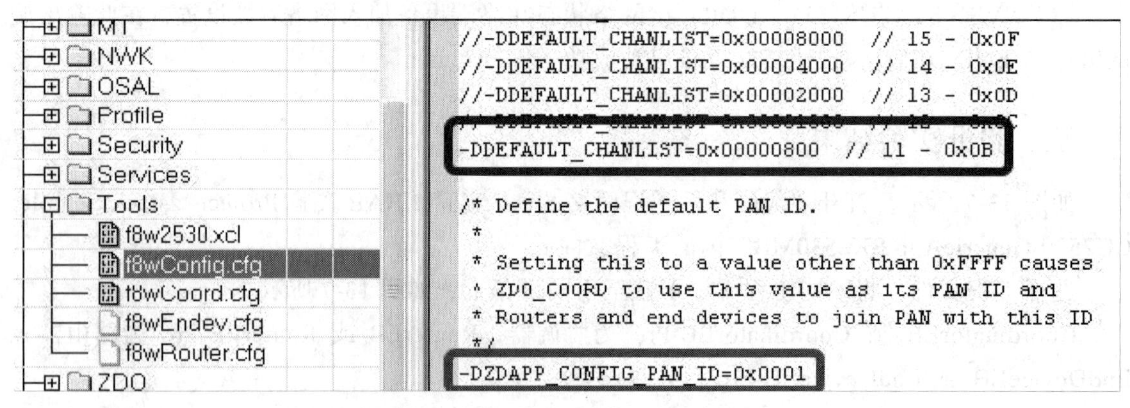

图 13-8 选择信道和设置 PAN ID 号

分别编译后，把协调器、路由器与终端设备的程序下载至 3 个节点，并为每个节点标记不同标志。例如：下载协调器程序的节点标记为协调器。

打开协调器节点的电源开关，液晶显示如图 13-9 所示。

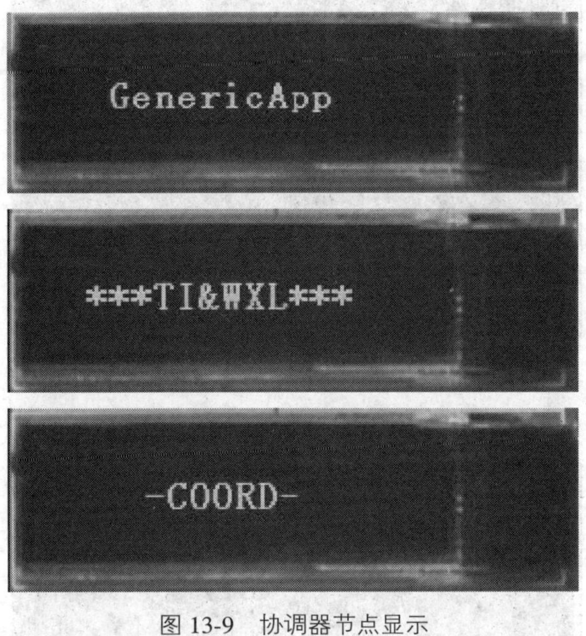

图 13-9　协调器节点显示

打开路由器节点的电源开关，液晶依次显示如图 13-10 所示内容。

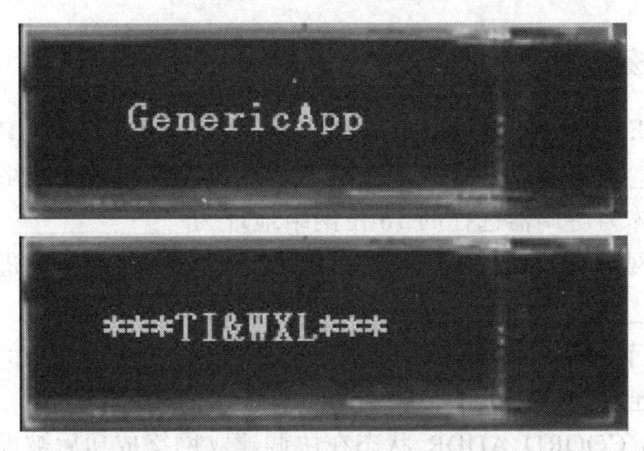

图 13-10　打开路由器节点的电源开关后显示

路由节点加入网络成功后显示如图 13-11 所示内容。

图 13-11　路由节点加入网络成功后显示

打开终端设备节点的电源开关，液晶依次显示如图 13-12 所示内容。

图 13-12　打开终端设备节点的电源开关后显示

终端节点加入网络成功后显示如图 13-13 所示内容。

图 13-13　终端节点加入网络成功后显示

三、知识点考核

1. 发起 NLME_NETWORK_FORMATION.request 原语的节点必须具备两个条件：一是这个节点具有__________________功能，二是这个节点没有加入其他网络中。

2. 网络层管理实体为协调器选择的 16 位网络地址为____________。

3. 一个节点加入网络有两种方法：一种是通过使用 MAC 层关联进程加入网络；另一种是通过与事先指定__________________连接而加入网络。

4. 一个合适的父节点需要满足三个条件：匹配的___________标志符、链路成本最大为__________、允许连接。

5. NWK_STATUS_COORD_ADDR 状态在协调建立网络成功后被设置，在此输出调试信息“-COORD-”，说明协调器____________。

项目十四　简单绑定实验

第一部分　教学要求

<table>
<tr><td>一、目的要求</td><td colspan="3">1. 学习 Z-Stack 的 HAL 原理；
2. 了解如何在 Z-Stack 中调用 HAL 驱动 UART</td></tr>
<tr><td rowspan="6">二、工具、器材</td><td>实验设备</td><td>数量</td><td>备　注</td></tr>
<tr><td>CC2530 网关板，SMBD-V12</td><td>1</td><td>网关板与 PC 的通信</td></tr>
<tr><td>USB 线</td><td>1</td><td>连接网关板与 PC</td></tr>
<tr><td>CC2530 节点模块</td><td>2</td><td>无线数据的收发</td></tr>
<tr><td>节点底板，SMBD-V11-1</td><td>1</td><td>连接传感器和节点模块</td></tr>
<tr><td>C51RF-3 仿真器</td><td>1</td><td>下载和调试程序</td></tr>
<tr><td>三、重难点分析</td><td colspan="3">如何在 Z-Stack 中调用 HAL 驱动 UART</td></tr>
</table>

<table>
<tr><td colspan="3">四、教学过程</td></tr>
<tr><td>教学步骤/知识或单元结构</td><td>教学方式/方法/策略</td><td>学生活动安排/过程</td></tr>
<tr><td>1. 绑定原理</td><td>1. 分析绑定的原理；
2. 分析绑定实现的办法</td><td>讨论绑定的对象，实现的方法</td></tr>
<tr><td>2. 分析重要的数据结构</td><td>分析如何设定绑定的类型</td><td>讨论设备绑定类型匹配</td></tr>
<tr><td>3. Z-Stack 绑定流程分析</td><td>1. 源节点发起绑定请求；
2. 协调器处理绑定请求；
3. 建立绑定实体/解除绑定实体</td><td>打开项目工程文件，寻找 Z-Stack 绑定流程的踪迹</td></tr>
<tr><td>4. 编写程序</td><td>打开样例工程，找到相关函数和重要参数，进行分析</td><td>打开工程文件，编译文件，针对故障点分析故障原因和正确的设定的办法</td></tr>
<tr><td>5. 验证实验结果</td><td>下载和调试程序</td><td>烧写程序，观察实验现象，并分析问题</td></tr>
<tr><td>6. 考核</td><td>对照技能训练考核学生，并给出成绩</td><td></td></tr>
<tr><td>7. 布置作业</td><td>练习</td><td>强化课堂认知技能</td></tr>
</table>

<table>
<tr><td colspan="4">五、成绩评定</td></tr>
<tr><td>评定等级</td><td></td><td>教师签名</td><td></td></tr>
</table>

第二部分　教学内容

一、绑定原理

绑定是一种控制两个或者多个设备应用层之间信息流传递的机制。在 ZigBee 2006 发布版本中，它被称为源绑定，所有的设备都可以执行绑定机制。 绑定允许应用程序发送一个数据包而不需要知道目标设备的短地址。应用支持子层（APS）从它的绑定表中确定目标设备的短地址，然后将数据发送给目标应用或者目标组。如果在绑定表中找到的短地址不止一个，协议栈会向所有找到的短地址发送数据。

绑定只能在互为“补充的”设备间被创建。也就是说，只有当两个设备已经在他们的简单描述符结构中登记为一样的簇 ID，并且一个作为输入，另一个作为输出时，绑定才能成功。

绑定服务是针对设备端点上的簇，用户程序只需要提供端点号和簇 ID，就可以通过绑定表找到对应的被绑定的节点的网络地址和端点号，从而实现无线数据的发送。每一对绑定的簇，都会在输出簇所在设备上建立一个标定表实体，而与之对应的输入簇所在设备不会建立绑定表实体。

二、重要的数据结构

1. 设备绑定类型

```
typedef struct
{
   uint8    TransSeq;
   byte SecurityUse;
   uint16 srcAddr;
   uint16 localCoordinator;
   uint8    ieeeAddr[Z_EXTADDR_LEN];
   uint8    endpoint;
   uint16 profileID;
   uint8    numInClusters;
   uint16 *inClusters;
   uint8    numOutClusters;
   uint16 *outClusters;
} ZDEndDeviceBind_t;
```

该例程采用了绑定方式，参与绑定的两个节点需要借助协调器协助绑定，该数据类型在发送绑定请求后，由协调器接收，其中主要包含以下内容：发送绑定请求的源地址、IEEE 地址、端点号、协议 ID、输入簇个数、输入簇列表、输出簇个数、输出簇列表。其中输入输出簇个数和列表在匹配描述符时需要使用。该数据类型将作为建立绑定表的重要依据。

2. 设备绑定匹配类型

```
typedef struct
{
  ZDEndDeviceBind_t ed1;
  ZDEndDeviceBind_t ed2;
  uint8   state;           // One of the above states
  uint8   sending;         // 0 - not sent, 1 - unbind, 2 bind - expecting response
  uint8   transSeq;
  uint8   ed1numMatched;
  uint16 *ed1Matched;
  uint8   ed2numMatched;
  uint16 *ed2Matched;
} ZDMatchEndDeviceBind_t;
```

该数据类型主要用于绑定时的描述匹配，其中包含了两个 ZDEndDeviceBind_t 类型，分别保存参与绑定的两个设备端点。ed1numMatched、ed1Matched、ed2numMatched、ed2Matched 分别保存了参与绑定的两个节点匹配的簇个数和匹配的簇列表。

三、Z-Stack 绑定流程分析

1. 源节点发起绑定请求

通过按键发送绑定请求，调用函数为 ZDP_EndDeviceBindReq，该函数的申明如下：

```
afStatus_t ZDP_EndDeviceBindReq( zAddrType_t *dstAddr,
                                 uint16 LocalCoordinator,
                                 byte endPoint,
                                 uint16 ProfileID,
                                 byte NumInClusters, cId_t *InClusterList,
                                 byte NumOutClusters, cId_t *OutClusterList,
                                 byte SecurityEnable )
```

dstAddr：协调器地址，由协调器协助进行绑定。

LocalCoordinator：需要绑定的节点网络地址（本节点地址）。

endPoint：需要绑定的端点号。

ProfileID：协议 ID。

NumInClusters：输入簇个数。

InClusterList：输入簇列表。

NumOutClusters：输出簇个数。

OutClusterList：输出簇列表。

目标地址就是协助完成绑定的节点地址，通常使用协调器协助绑定。簇数量和簇列表是最重要的信息，作为绑定的重要依据。因为在绑定前需要进行簇 ID 匹配，即参与绑定的两个节点需要输出簇和输入簇互补，匹配过程就在源节点的输出簇列表中找目标节点中寻相应的输入簇，在目标节点的输出簇列表中寻找源节点输入簇。

该函数的调用了无线发送函数，将请求消息发送至协调器，委托协调器完成绑定服务。

2. 协调器处理绑定请求

在 ZDO 层，初始化函数（ZDApp_Init）最后调用 ZDApp_RegisterCBs 函数注册一些 ZDO 层响应的回调命令，其中就包括了 End_Device_Bind_req，这就是协调器响应远程节点的绑定请求，在 ZDO 的事件轮询函数中对该命令进行了处理：

```
case End_Device_Bind_req:
  {
    ZDEndDeviceBind_t bindReq;
    ZDO_ParseEndDeviceBindReq( inMsg, &bindReq );
    ZDO_MatchEndDeviceBind( &bindReq );

    // Freeing the cluster lists - if allocated.
    if ( bindReq.numInClusters )
      osal_mem_free( bindReq.inClusters );
    if ( bindReq.numOutClusters )
      osal_mem_free( bindReq.outClusters );
  }
  break;
```

ZDO_ParseEndDeviceBindReq 函数将系统消息转换成 ZDEndDeviceBind_t 类型，然后调用 ZDO_MatchEndDeviceBind 来处理绑定请求。

该函数会被调用两次，分别响应参与绑定的两个节点的绑定请求，参与绑定的节点必须在规定的时限内先向协调器发送绑定请求，默认的终端设备绑定超时时间（APS_DEFAULT_MAXBINDING_TIME）为 16 000 ms（定义在 ZGlobals.h 中），但是可以修改。

绑定过程中，两个节点的信息保存到一个 ZDMatchEndDeviceBind 类型的全局指针 matchED 中，第一次接收到绑定请求时，matchED 为空指针，经过第一次调用后，matchED 将会在堆区分配空间，并将第一个发送请求的节点信息（ZDEndDeviceBind_t 结构）保存到 matchED 的 ed1 域当中。

第二次调用该函数时，matchED 不再是指针，因此进入 else 代码，同样将第二个请求绑定的节点信息保存到 matchED 的 ed2 元素当中，然后开始进行匹配输入输出簇，其匹配部分代码如下：

```
        matchED->ed1numMatched = ZDO_CompareClusterLists(
                    matchED->ed1.numOutClusters, matchED->ed1.outClusters,
                    matchED->ed2.numInClusters, matchED->ed2.inClusters,
ZDOBuildBuf );
```

以上为节点 1 输出簇与节点 2 的输入簇进行比较，将相同的簇个数返回保存到 matchED 的 ed1numMatched 元素，并将相同的簇保存到 ZDOBuildBuf 当中。对节点 2 的输出簇与节点 1 的输入簇也进行相同的比较，如果两次比较中找到了相同的簇，则为两个节点建立绑定服务：

```
        if ( (sendRsp == FALSE) && (matchED->ed1numMatched || matchED->ed2num
Matched) )
        {
          // Do the first unbind/bind state
          ZDMatchSendState( ZDMATCH_REASON_START, ZDP_SUCCESS, 0 );
        }
```

3. 建立绑定实体/解除绑定实体

参与绑定的两个实体如果有簇匹配，接下来的工作就是将匹配的簇 ID 进行绑定或者解除绑定。对匹配簇列表中已经绑定的簇解除绑定，或对没有绑定的簇进行绑定，需要用到核心函数 ZDMatchSendState。

该函数采用了状态机原理实现，通过传递不同的状态，配合事件响应，驱使协调器完成以上绑定、解绑过程。

具体的 ZDMatchSendState 函数可以响应的状态有以下 4 种：

```
  enum
  {
    ZDMATCH_REASON_START,
    ZDMATCH_REASON_TIMEOUT,
    ZDMATCH_REASON_UNBIND_RSP,
    ZDMATCH_REASON_BIND_RSP
  };
```

（1）ZDMATCH_REASON_TIMEOUT 为超时状态，若绑定失败，则将响应状态设置为超时：

```
    if ( reason == ZDMATCH_REASON_TIMEOUT )
    {
      rspStatus = ZDP_TIMEOUT;       // The process will stop
    }
```

然后将绑定状态发送参与绑定的两个节点：

```
        if ( rspStatus == ZDP_SUCCESS && ed )
        {
          …
        }
        else
        {
          dstAddr.addr.shortAddr = matchED->ed1.srcAddr;
          ZDP_EndDeviceBindRsp(   matchED->ed1.TransSeq,   &dstAddr,   rspStatus,
matchED- >ed1.SecurityUse );
          if ( matchED->state == ZDMATCH_SENDING_BINDS )
          {
            dstAddr.addr.shortAddr = matchED->ed2.srcAddr;
            ZDP_EndDeviceBindRsp( matchED->ed2.TransSeq, &dstAddr, rspStatus, match
ED->ed2.SecurityUse );
          }
          debug_str("End_Device_Bind_rsp\r\n");

          // Process ended - release memory used
          ZDO_RemoveMatchMemory(); //处理结束
        }
```

（2）ZDMATCH_REASON_START 状态是在匹配成功之后、第一次调用 ZDMatchSendState 函数时进入的状态。对于该状态需要将匹配的最大的描述符解除绑定。

首先将发送标识设置为解除绑定状态：

```
        if ( reason == ZDMATCH_REASON_START || reason == ZDMATCH_REASON_
BIND_RSP )
        {
          matchED->sending = ZDMATCH_SENDING_UNBIND;
      …
        }
      然后向该簇 ID 对应的节点发送解除绑定请求:
          if ( matchED->sending == ZDMATCH_SENDING_UNBIND )
            msgType = Unbind_req;
          else
            msgType = Bind_req;
              …
          ZDP_BindUnbindReq( msgType, &dstAddr, ed->ieeeAddr, ed->endpoint, clusterID,
              &destinationAddr, dstEP, ed->SecurityUse );
```

（3）ZDMATCH_REASON_UNBIND_RSP 为解除绑定响应状态。对其有两种不同处理途径：对于解除绑定成功的情况，会依次遍历端点 1 和端点 2 的匹配簇表，依次从大到小解除绑定。对于解除绑定失败的情况，说明该簇并没有绑定；将执行绑定请求。

解除绑定成功，继续设置发送标识为解除绑定：

```
else if ( reason == ZDMATCH_REASON_UNBIND_RSP )
  {
    if ( status == ZDP_SUCCESS )
    {
      matchED->sending = ZDMATCH_SENDING_UNBIND;
    }
    …
  }
```

处理下一个簇 ID（先处理 ed1，ed1 全部处理完再处理 ed2）：

```
if ( reason != ZDMATCH_REASON_START && matchED->sending == ZDMATCH_SENDING_UNBIND )
  {
    // Move to the next cluster ID
    if ( matchED->ed1numMatched )
      matchED->ed1numMatched--;
    else if ( matchED->ed2numMatched )
      matchED->ed2numMatched--;
  }
```

同样最后向该簇 ID 对应的节点发送解除绑定请求。

对于解除绑定失败的情况，将发送标识设置为绑定：

```
else if ( reason == ZDMATCH_REASON_UNBIND_RSP )
  {
    if ( status == ZDP_SUCCESS )
      …
    else
    {
      matchED->sending = ZDMATCH_SENDING_BIND;
    }
  }
```

然后发送绑定请求：

```
if ( matchED->sending == ZDMATCH_SENDING_UNBIND )
    msgType = Unbind_req;
  else
    msgType = Bind_req;
      …
  ZDP_BindUnbindReq( msgType, &dstAddr, ed->ieeeAddr, ed->endpoint, clusterID,
      &destinationAddr, dstEP, ed->SecurityUse );
```

（4）处理 ZDMATCH_REASON_BIND_RSP 状态。

如果前一次绑定成功，则设置发送标识为 ZDMATCH_SENDING_UNBIND，即接下来的操作为解除绑定；如果前一次绑定失败，则将响应状态设置为接收到的终端在进行绑定时，失败返回的状态，并发送响应给两个参与绑定的节点，结束本次绑定工程。其相关代码如下：

```
if ( reason == ZDMATCH_REASON_START || reason == ZDMATCH_REASON_BIND_
RSP )
   {
   matchED->sending = ZDMATCH_SENDING_UNBIND;

   if ( reason == ZDMATCH_REASON_BIND_RSP && status != ZDP_SUCCESS )
   {
     rspStatus = status;
   }
   }
```

前面提到 ZDMatchSendState 函数在不同状态下进行不同的工作，那状态是怎样传递到该函数的呢？这就要依靠进行绑定的节点的反馈信息。下面以绑定过程分析状态转换过程。

首先做以下申明，第一个发送绑定请求的节点称为端点 1，第二个称为端点 2。在匹配簇成功后，将进入 ZDMATCH_REASON_START 状态，调用 ZDMatchSendState 函数将发送一次解除绑定请求给端点 1，端点 1 接收到解除绑定请求后，将执行解除绑定。因为初始情况没有进行过绑定，故解除绑定会失败，并将失败信号发送给协调器。其相关代码如下：

```
void ZDO_ProcessBindUnbindReq( zdoIncomingMsg_t *inMsg, ZDO_BindUnbindReq_t
*pReq )
  {
   …
     else // Unbind_req
     {
       if ( APSME_UnBindRequest( pReq->srcEndpoint, pReq->clusterID,
                       &(pReq->dstAddress), pReq->dstEndpoint ) == ZSuccess )
       {
```

```
            // Notify to save info into NV
            ZDApp_NVUpdate();
          }
          else
            bindStat = ZDP_NO_ENTRY;
        }
      }

      // Send back a response message
      ZDP_SendData( &(inMsg->TransSeq), &(inMsg->srcAddr),
                    (inMsg->clusterID | ZDO_RESPONSE_BIT), 1, &bindStat,
                    inMsg->SecurityUse );
    }
```

协调器处理端点 1 的反馈信息：

```
        case Bind_rsp:
        case Unbind_rsp:
          if ( matchED )
          {
            ZDMatchSendState(
                  (uint8)((inMsg->clusterID == Bind_rsp) ? ZDMATCH_REASON_BIND_
RSP : ZDMATCH_REASON_UNBIND_RSP),
                  ZDO_ParseBindRsp(inMsg), inMsg->TransSeq );
          }
          break;
```

在此又调用了 ZDMatchSendState 函数，并且构成了一个循环，但是每次调用该函数时进入的状态不同，这次调用 ZDMatchSendState 函数进入的状态为 ZDMATCH_REASON_UNBIND_RSP，并且是一个解除绑定失败的响应，此时应该发送绑定请求给端点 1。正常情况端点 1 会绑定成功，并发送绑定成功的反馈给协调器。其相关代码如下：

```
    if ( APSME_BindRequest( pReq->srcEndpoint, pReq->clusterID,
                            &(pReq->dstAddress), pReq->dstEndpoint ) == ZSuccess )
          {
            uint16 nwkAddr;

            // valid entry
            bindStat = ZDP_SUCCESS;
```

```
            // Notify to save info into NV
            ZDApp_NVUpdate();

            // Check for the destination address
            if ( pReq->dstAddress.addrMode == Addr64Bit )
            {
              if ( APSME_LookupNwkAddr( pReq->dstAddress.addr.extAddr, &nw
kAddr ) == FALSE )
              {
                ZDP_NwkAddrReq( pReq->dstAddress.addr.extAddr, ZDP_ADDR_
REQTYPE_SINGLE, 0, 0 );
              }
            }
          }
```

绑定表的建立就发生在 APSME_BindRequest 函数当中，该函数是应用支持子层提供的管理函数，并不是开源函数。

对于绑定成功的情况，协调器会收到 Bing_rsp 的反馈消息，同样会调用 ZDMatchSendState 函数进行处理，对绑定成功的处理是解除绑定端点 1 的下一个簇，如果端点 1 的簇都完成了解除绑定，则接着解除绑定端点 2 的簇。依次循环，完成所有匹配的簇中没有绑定的簇绑定。

第三部分　技能训练

一、验证实验结果

打开“代码和例子程序\Z-Stack 实验\3.组网和绑定实验 Projects\zstack\Samples\GenericApp\CC2530DB”内的工程文件。

1. 启动控制器（协调器）

绿灯闪烁，等待设备类型选择，因为这里协调器和路由器用的是同一代码，所以可以通过按键选择：作为何种设备类型启动，上代表作为协调器，右代表作为路由器。本实验选择上。然后，节点自动运行并自动建立网络，之后依次显示图 14-1 中的信息。

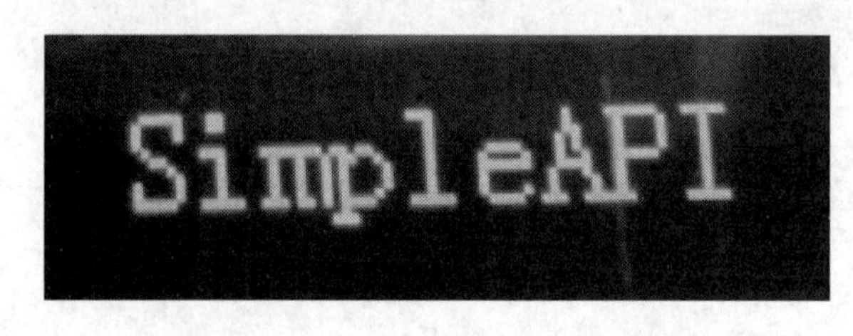

图 14-1　协议器建立网络过程中的显示

自动运行几秒钟后，会显示如图 14-2 所示信息，表明建立网络成功。

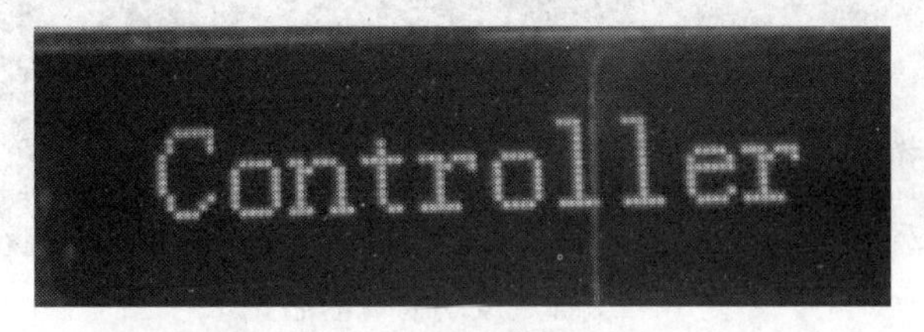

图 14-2　建立网络成功后协调器显示

2. 启动终端节点（switch）并加入网络

启动终端节点后，用向上或者右键跳过功能选择，终端节点依次显示如图 14-3 所示信息。

图 14-3　终端节点启动过程中的显示

终端节点启动后，直到显示如图 14-4 所示的“Switch”，表明终端节点加入网络成功。

图 14-4　终端节点加入网络成功显示

3. 按键功能及演示说明

底板上有个摇杆按键，分为上、下、左、右几种按键操作。

上：设备类型选择和绑定。

右：设备类型选择和灯控制（switch 节点）。

下：解除绑定（switch 节点）。

左：无功能。

操作如下：

（1）按下协调器的上键，允许被绑定。

（2）按下节点的上键，发起绑定，绑定成功协调器的显示如图 14-5 所示。

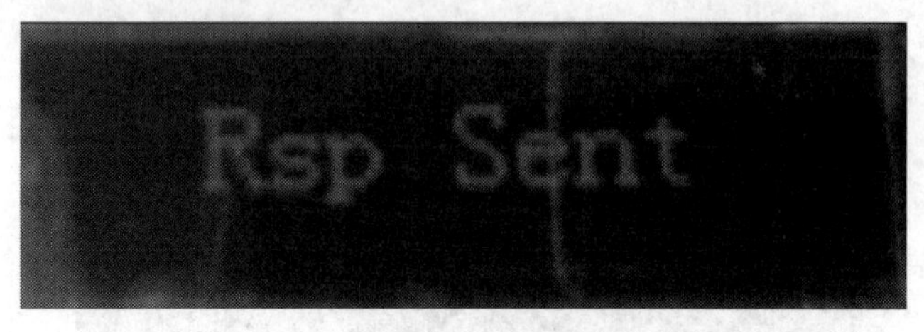

图 14-5　绑定成功协调器后显示

（3）这时，可以通过 switch 设备的右键控制协调器的 LED 灯亮灭。

【思考】

如何解除绑定和重新绑定？

二、知识点考核

1. __________是一种控制两个或者多个设备应用层之间信息流传递的机制。

2. 对于解除绑定响应状态有两种不同的处理途径。在解除绑定成功的情况下，会依次遍历端点 1 和端点 2 的匹配簇表，依次____________解除绑定。在解除绑定失败的情况下，说明该簇并没有绑定，将执行绑定__________。

项目十五　自动匹配实验

第一部分　教学要求

<table>
<tr><td>一、目的要求</td><td colspan="3">1. 学习 Z-Stack 的基本绑定控制；
2. 了解如何在已经建成的网络中收发数据</td></tr>
<tr><td rowspan="6">二、工具、器材</td><td>实 验 设 备</td><td>数 量</td><td>备　注</td></tr>
<tr><td>CC2530 网关板，SMBD-V12</td><td>1</td><td>网关板与 PC 的通信</td></tr>
<tr><td>USB 线</td><td>1</td><td>连接网关板与 PC</td></tr>
<tr><td>CC2530 节点模块</td><td>2</td><td>无线数据的收发</td></tr>
<tr><td>节点底板，SMBD-V11-1</td><td>1</td><td>连接传感器和节点模块</td></tr>
<tr><td>C51RF-3 仿真器</td><td>1</td><td>下载和调试程序</td></tr>
<tr><td>三、重难点分析</td><td colspan="3">如何在已经建成的网络中收发数据</td></tr>
<tr><td colspan="4">四、教学过程</td></tr>
<tr><td>教学步骤/知识或单元结构</td><td>教学方式/方法/策略</td><td colspan="2">学生活动安排/过程</td></tr>
<tr><td>1. 自动匹配分析</td><td>分析如何调用 AF_DataRequest 函数，将打包好的数据通过无线的形式发送出去</td><td colspan="2">熟悉 AF_DataRequest 函数中每个参数的含义及设定</td></tr>
<tr><td>2. 处理匹配描述符请求</td><td>分析 void ZDP_IncomingData()中各参数的含义</td><td colspan="2">分析节点收到 AF_INCOMING_MSG_CMD 消息后的处理方法</td></tr>
<tr><td>3. 处理匹配描述符响应消息</td><td>分析在应用层注册有匹配描述符响应消息</td><td colspan="2">当无线接收到响应数据包，在应用层会产生一个 ZDO_CB_MSG 消息</td></tr>
<tr><td>4. 代码分析</td><td>分析处理周期无线数据发送事件的方法</td><td colspan="2">调试故障程序，正确配置工程，总结故障排查的方法</td></tr>
<tr><td>5. 验证实验结果</td><td>指导学生实现功能，烧写程序</td><td colspan="2">观察实验结果，总结实现过程，分析其关键问题解决要点</td></tr>
<tr><td>6. 考核</td><td>对照技能训练考核学生，并给出成绩</td><td colspan="2"></td></tr>
<tr><td>7. 布置作业</td><td>练习</td><td colspan="2">强化课堂认知技能</td></tr>
<tr><td colspan="4">五、成绩评定</td></tr>
<tr><td>评定等级</td><td></td><td>教师签名</td><td></td></tr>
</table>

第二部分　教学内容

一、自动匹配分析

首先说明，匹配描述请求是在 ZDO 层完成的，使用的设备端点即为 ZDO 设备端点。

1. 发送匹配描述符请求

```
afStatus_t ZDP_MatchDescReq( zAddrType_t *dstAddr, uint16 nwkAddr,
                             uint16 ProfileID,
                             byte NumInClusters, cId_t *InClusterList,
                             byte NumOutClusters, cId_t *OutClusterList,
                             byte SecurityEnable )
```

（1）dstAddr：目标地址，该地址并不是 afAddrType_t 类型，最后在调用无线发送函数时，必须将地址类型进行转换，在发送匹配描述符请求时该地址是一个广播地址，包括：地址模式为 AddrBroadcast 类型，地址为 0xFFFF、0xFFFD、0xFFFC 中的一个。

（2）nwkAddr：感兴趣的网络地址，作为数据包的内容进行发送，该地址不会影响数据的接收方。

（3）ProfileID：协议 ID。

（4）NumInClusters：输入簇个数。

（5）InClusterList：输入簇列表。

（5）NumOutClusters：输出簇个数。

（7）OutClusterList：输出簇列表。

（8）SecurityEnable：安全使能，没有使用，为无效参数。

所谓自动匹配，就和网络中所有的节点，进行簇 ID 配对，因此地址域应该填写一个广播地址，也就是该数据包能够发送给网络中所有的节点。

实际上，如果需要正确地匹配到描述符，需要将期望匹配的输出簇填到输入簇列表域（InClusterList）中，期望匹配的输入簇填写到输出簇列表域（OutClusterList）当中，因为匹配是发生在一对互补的簇中，也就是输出簇应该与输入簇配对。

该函数最后调用了 fillAndSend 函数，而 fillAndSend 函数调用了 AF_DataRequest 函数，从函数参数来看，该函数中并没有传递设备描述符相关参数，但是在 AF_DataRequest 函数中却需要一个端点描述符的参数，该参数是从何得来的呢？查看 fillAndSend 函数代码：

```
static afStatus_t fillAndSend( uint8 *transSeq, zAddrType_t *addr, cId_t clusterID, byte
len )
{
    afAddrType_t afAddr;
```

```
    osal_memset( &afAddr, 0, sizeof(afAddrType_t) );
    ZADDR_TO_AFADDR( addr, afAddr );

    *(ZDP_TmpBuf-1) = *transSeq;

    return AF_DataRequest( &afAddr, &ZDApp_epDesc, clusterID,
                          (uint16)(len+1), (uint8*)(ZDP_TmpBuf-1),
                          transSeq, ZDP_TxOptions,   AF_DEFAULT_RADIUS );

  }
```

该函数就是将打包好的数据通过无线的形式发送出去。调用 AF_DataRequest 函数时，在端点描述符域填写的实参为 ZDApp_epDesc，该参数就是在 ZDO 层注册的端点描述符，也就是 ZDO 设备对象对应端点描述符。由此可见 ZDP_MatchDescReq 函数是将无线消息发送到了 ZDO 层。

2. 处理匹配描述符请求

（1）ZDO 层接收到无线数据包后，会产生一个 AF_INCOMING_MSG_CMD 消息。该消息的处理函数原型如下：

```
void ZDP_IncomingData( afIncomingMSGPacket_t *pData )
{
    uint8 x = 0;
    uint8 handled;
    zdoIncomingMsg_t inMsg;

    inMsg.srcAddr.addrMode = Addr16Bit;
    inMsg.srcAddr.addr.shortAddr = pData->srcAddr.addr.shortAddr;
    inMsg.wasBroadcast = pData->wasBroadcast;
    inMsg.clusterID = pData->clusterId;
    inMsg.SecurityUse = pData->SecurityUse;

    inMsg.asduLen = pData->cmd.DataLength-1;
    inMsg.asdu = pData->cmd.Data+1;
    inMsg.TransSeq = pData->cmd.Data[0];
    inMsg.macDestAddr = pData->macDestAddr;

    handled = ZDO_SendMsgCBs( &inMsg );     //处理 ZDO 回调消息
```

```
#if (defined MT_ZDO_CB_FUNC)
#if !defined MT_TASK
  if (zgZdoDirectCB)
#endif
  {
    MT_ZdoDirectCB( pData, &inMsg );
  }
#endif

  while ( zdpMsgProcs[x].clusterID != 0xFFFF )
  {
    if ( zdpMsgProcs[x].clusterID == inMsg.clusterID )
    {
      zdpMsgProcs[x].pFn( &inMsg );
      return;
    }
    x++;
  }

  // Handle unhandled messages
  if ( !handled )
    ZDApp_InMsgCB( &inMsg );
}
```

该函数的主要功能包括将消息按指定格式提取出来，并将消息路由到不同函数进行处理：将在 ZDO 注册过的回调消息转交到回调消息响应部分处理；将指定的簇交由对应函数处理。

（2）处理匹配请求（Match_Desc_req），对应的处理函数相关代码如下：

```
void ZDO_ProcessMatchDescReq( zdoIncomingMsg_t *inMsg )
{
  …
  while ( epDesc )
  {
    if (epDesc->epDesc->endPoint != ZDO_EP && (epDesc->flags&eEP_Allow Match))
    {
        …
      if ( sDesc && sDesc->AppProfId == profileID )
      {
        uint8 *uint8Buf = (uint8 *)ZDOBuildBuf;
```

```
            // Are there matching input clusters?
            if ((ZDO_AnyClusterMatches( numInClusters, inClusters,
                                sDesc->AppNumInClusters, sDesc->pAppInClusterList )) ||
                // Are there matching output clusters?
                (ZDO_AnyClusterMatches( numOutClusters, outClusters,
                                sDesc->AppNumOutClusters, sDesc->pAppOutClusterList )))
            {
              …
            }

            uint8Buf[epCnt++] = sDesc->EndPoint;
          }
        }
    …
      }
      epDesc = epDesc->nextDesc;
    }

    if ( epCnt )
    {
      // Send the message if at least one match found.
      if ( ZSuccess == ZDP_MatchDescRsp( inMsg->TransSeq, &(inMsg->srcAddr),
ZDP_SUCCESS,
                    ZDAppNwkAddr.addr.shortAddr, epCnt, (uint8 *)ZDOBuildBuf,
inMsg- >SecurityUse ) )
    }
    …
  }
```

该函数功能是遍历本设备中注册过的端点描述符，使每个端点描述符的簇列表与无线收到的簇列表进行匹配。即执行以下代码：

```
  if ((ZDO_AnyClusterMatches( numInClusters, inClusters,
                          sDesc->AppNumInClusters, sDesc->pAppInClusterList )) ||
              // Are there matching output clusters?
              (ZDO_AnyClusterMatches( numOutClusters, outClusters,
                          sDesc->AppNumOutClusters, sDesc->pAppOutClusterList )))
            如果发现存在匹配的簇 ID，则记录该端点号:
  uint8Buf[epCnt++] = sDesc->EndPoint;
```

依次找到匹配成功的所有端点，之后向发送匹配请求的端点发送反馈消息。其中反馈消息包含了该节点的匹配成功的端点个数和响应端点号，这是发起匹配的节点与该节点通信的重要依据（作为地址信息）。从匹配过程来看，匹配并不是匹配无线收到的所有的簇，而只是配对的簇才返。如果发送匹配的簇有多个，会不知道匹配成功的是哪个簇，因此最好的处理方法是在发送匹配请求时，簇列表中只放一个簇。

3. 处理匹配描述符响应消息

在应用层注册有匹配描述符响应消息，当无线接收到响应数据包，在应用层会产生一个ZDO_CB_MSG 消息。并调用 GenericApp_ProcessZDOMsgs 函数进行处理，其函数原型如下：

```
void GenericApp_ProcessZDOMsgs( zdoIncomingMsg_t *inMsg )
{
  switch ( inMsg->clusterID )
  {
    …
    case Match_Desc_rsp:
      {
        ZDO_ActiveEndpointRsp_t *pRsp = ZDO_ParseEPListRsp( inMsg );
        if ( pRsp )
        {
          if ( pRsp->status == ZSuccess && pRsp->cnt )
          {
            GenericApp_DstAddr.addrMode = (afAddrMode_t)Addr16Bit;
            GenericApp_DstAddr.addr.shortAddr = pRsp->nwkAddr;
            // Take the first endpoint, Can be changed to search through endpoints
            GenericApp_DstAddr.endPoint = pRsp->epList[0];

            // Light LED
            HalLedSet( HAL_LED_4, HAL_LED_MODE_ON );
          }
          osal_mem_free( pRsp );
        }
      }
      break;
  }
}
```

对于匹配描述符响应，调用 ZDO_ParseEPListRsp 函数对接收到的信息包进行解析，并将解析得到地址信息保存起来，作为通信的依据。

二、代码分析

在“Projects\zstack\Samples\ GenericApp\Source”目录下的“GenericApp.c”文件中可以看到图 15-1 所示的界面。

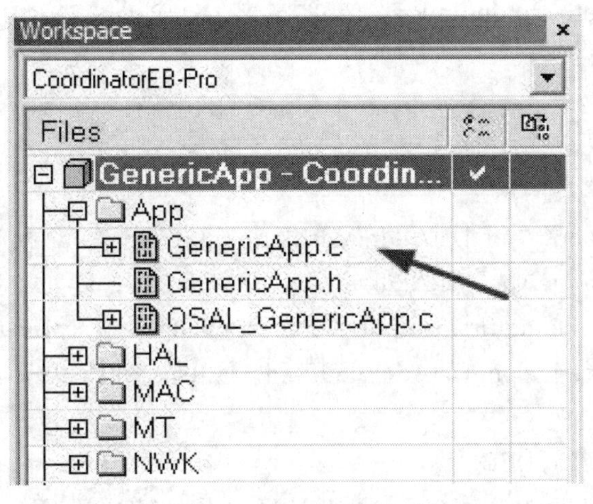

图 15-1　“GenericApp.c”的位置

1. 定义左键为发送匹配描述符请求的入口

```
void GenericApp_HandleKeys( byte shift, byte keys )
{
  if ( keys & HAL_KEY_SW_4 )
  {
    HalLedSet ( HAL_LED_4, HAL_LED_MODE_OFF );
    // Initiate a Match Description Request (Service Discovery)
    dstAddr.addrMode = AddrBroadcast;
    dstAddr.addr.shortAddr = NWK_BROADCAST_SHORTADDR;
    ZDP_MatchDescReq( &dstAddr, NWK_BROADCAST_SHORTADDR,
                GENERICAPP_PROFID,
                GENERICAPP_MAX_CLUSTERS, (cId_t *)GenericApp_ClusterList,
                GENERICAPP_MAX_CLUSTERS, (cId_t *)GenericApp_ClusterList,
                FALSE );
  }
}
```

2. 在应用层注册匹配描述符响应

```
ZDO_RegisterForZDOMsg( GenericApp_TaskID, Match_Desc_rsp );
```

3. 处理匹配描述符响应，启动周期无线数据发送事件

```
        case Match_Desc_rsp:
          {
            ZDO_ActiveEndpointRsp_t *pRsp = ZDO_ParseEPListRsp( inMsg );
            if ( pRsp )
            {
              if ( pRsp->status == ZSuccess && pRsp->cnt )
              {
                GenericApp_DstAddr.addrMode = (afAddrMode_t)Addr16Bit;
                GenericApp_DstAddr.addr.shortAddr = pRsp->nwkAddr;
                // Take the first endpoint, Can be changed to search through endpoints
                GenericApp_DstAddr.endPoint = pRsp->epList[0];

                // Light LED
                HalLedSet( HAL_LED_4, HAL_LED_MODE_ON );
              }
              osal_mem_free( pRsp );
            }
          }
```

4. 处理周期无线数据发送事件

```
    void GenericApp_SendTheMessage( void )
    {
      char theMessageData[] = "Hello World";

      if ( AF_DataRequest( &GenericApp_DstAddr, &GenericApp_epDesc,
                           GENERICAPP_CLUSTERID,
                           (byte)osal_strlen( theMessageData ) + 1,
                           (byte *)&theMessageData,
                           &GenericApp_TransID, AF_ACK_REQUEST | AF_DISCV_
ROUTE,
                           AF_DEFAULT_RADIUS ) == afStatus_SUCCESS )
      {
        // Successfully requested to be sent.
      }
      else
      {
```

```
            // Error occurred in request to send.
        }
    }
```

第三部分　技能训练

一、验证实验结果

第一步：打开工程文件。

把"\演示及开发例子程序\ZigBee2007Pro"内文件夹"ZStack-CC2530-2.2.0-1.3.0ZB"复制到 IAR 安装盘根目录（如 C：\ Texas Instruments）下。使用 IAR7.51 打开"Projects\zstack\Samples\ GenericApp \CC2530DB"中工程文件"GenericApp.eww"。

第二步：打开工程后选择对应的设备类型。

打开工程后选择当前要烧写设备的类型，如图 15-2 所示。表 15-1 列出了不同过程对应的网络和节点功能。

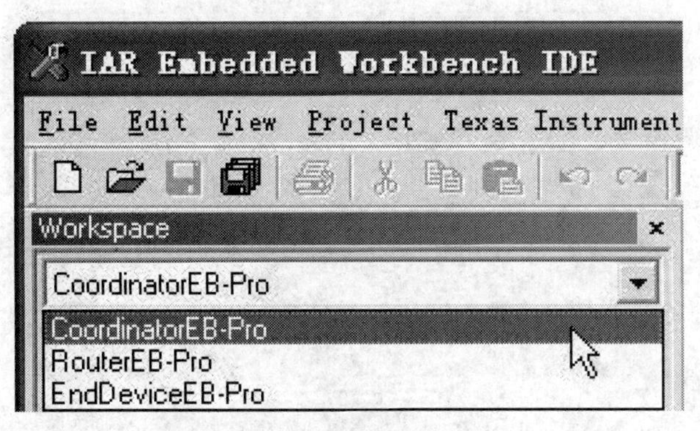

图 15-2　选择设备类型

表 15-1　不同工程对应的网络和节点功能

工程名称	ZigBee 网络功能	CC2530-WSN 节点功能
CoordinatorEB-Pro	协调器	网关
RouterEB-Pro	路由器	路由器节点、传感器节点
EndDeviceEB-Pro	终端节点	传感器节点

第三步：编译工程并下载到目标板。

点击菜单 Project，选择"Rebuild All"，等待工程文件编译完成。工程文件编译完成后将仿真器与网关通过仿真器下载线连接起来。确保仿真器与计算机、仿真器与网关底板连接正确，ZigBee 无线模块正确地插在网关底板后。

点击菜单 Project，选择"Debug"，等待程序下载完成。

重复进行第二步和第三步，将“RouterEB-Pro”设备对应的程序下载到带传感器模块的传感器节点底板中（SMBD-V11-1）。

第四步：修改 IEEE 地址。

在物理地址烧写软件中首先通过“Read IEEE”把物理地址（IEEE 地址）读出来，如果节点物理地址为“0xFF FF FF FF FF FF FF FF”或在网络中有相同地址，则需要通过“Write IEEE”修改 ZigBee 网络节点的物理地址。在此例中，我们把网关的物理地址修改为“0x31，0x30，0x30，0x30，0x30，0x30，0x30，0x30”。按照第二步至第四步的方法下载传感器节点模块的程序，选择“RouterEB”或“EndDevice”，如有多组在同一实验室进行实验，请修改为各不相同的 IEEE 地址。

第五步：组网和绑定。

先开启烧写了协调器程序“CoordinatorEB-Pro”的节点板的电源，开机会显示“GenericApp”，如果初始化成功会显示“COORD”，如下图 15-3 所示。

图 15-3　协调器开机

用同样的方法开启烧写了路由器（RouterEB-Pro）程序的节点板电源，开机初始化成功后会显示“Router”。按照下图的方法绑定两个设备。

（1）先按下协调器的右方向键。

（2）再按下路由器的右方向键，绑定成功后红色 LED 亮。

（3）设备互相发送字符串“Hello World”，接收成功的会在 OLED 上显示出来，如图 15-4 所示。

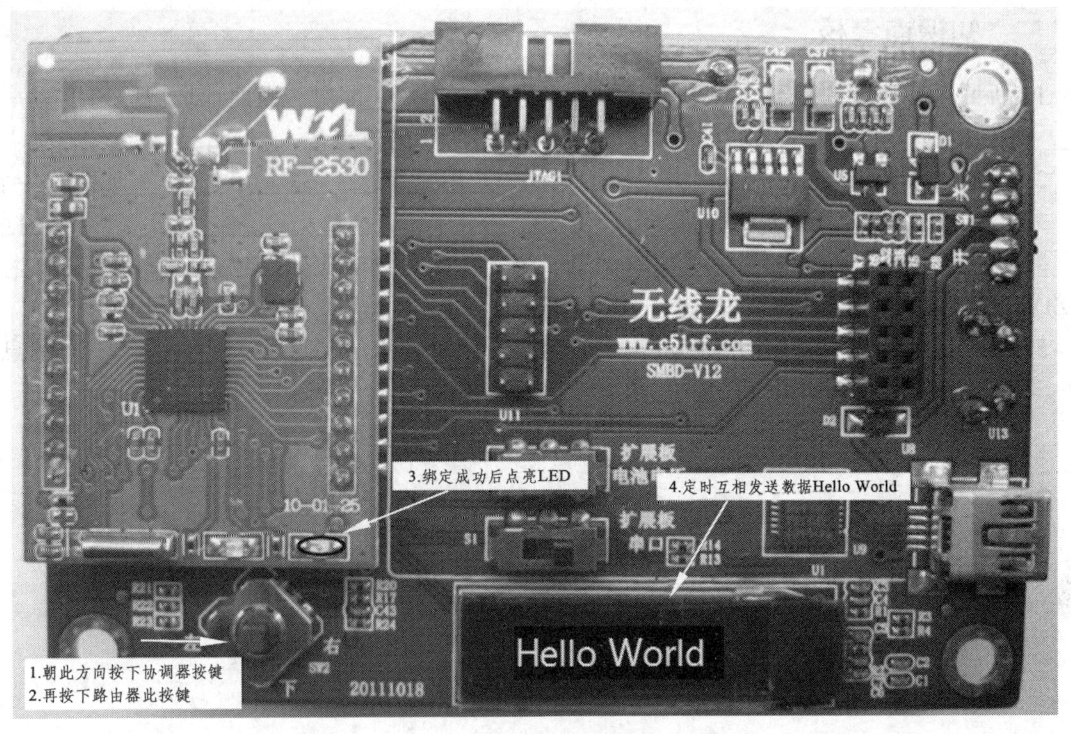

图 15-4　绑定操作

按下设备的左方向键进行匹配操作，匹配成功显示“Rsp Sent”，如图 15-5 所示。

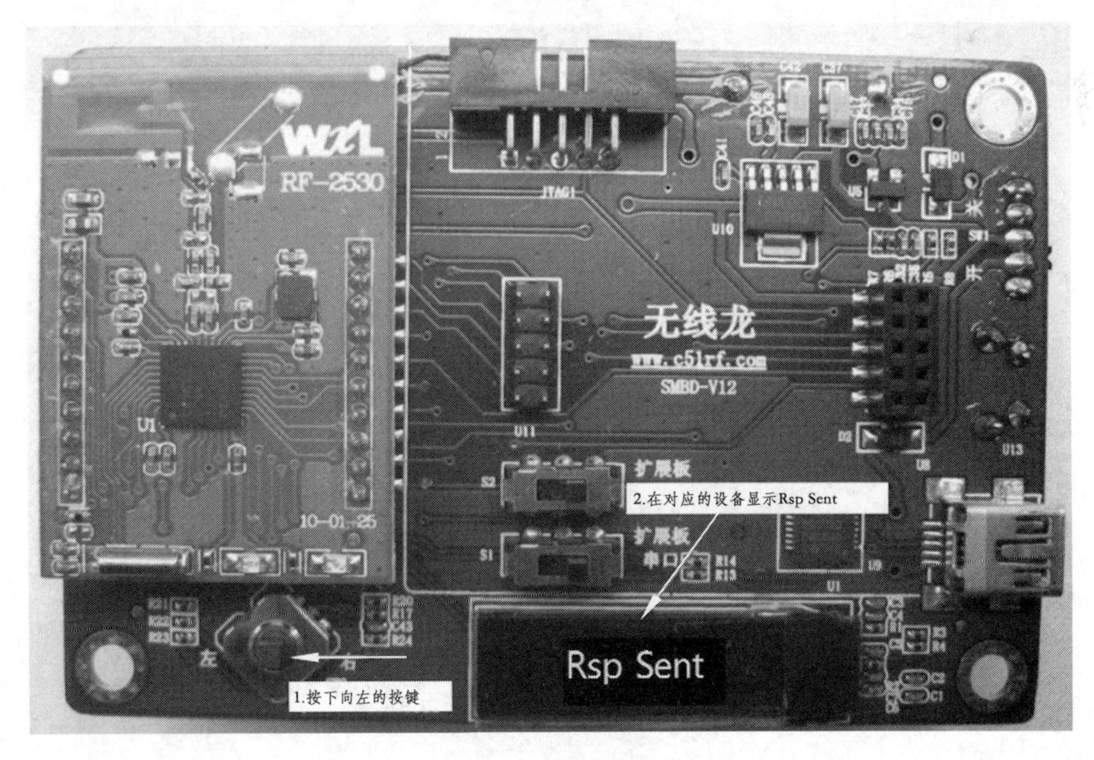

图 15-5　按键匹配

二、知识点考核

1. 所谓自动匹配，就和网络中所有的节点进行________配对，因此地址域应该填写一个________地址，也就是该数据包能够发送给网络中所有的节点。

2. 地址模式为 AddrBroadcast 类型，地址为__________、__________、__________中的一个。

3. ZDO 层接收到无线数据包后，会产生一个____消息。

4. 在应用层注册有匹配描述符响应消息，当无线接收到响应数据包，在应用层会产生一个 ZDO_CB_MSG 消息。并调用____________________________________函数进行处理。

5. 依次找到匹配成功的所有端点，之后向发送匹配请求的端点发送______________消息。

项目十六　单播与广播实验

第一部分　教学要求

<table>
<tr><td>一、目的要求</td><td colspan="4">1. 学习 Z-Stack 的广播与单播的方法；
2. 以广播与单播的形式通信</td></tr>
<tr><td rowspan="6">二、工具、器材</td><td colspan="2">实验设备</td><td>数量</td><td>备　注</td></tr>
<tr><td colspan="2">CC2530 网关板，SMBD-V12</td><td>1</td><td>网关板与 PC 的通信</td></tr>
<tr><td colspan="2">USB 线</td><td>1</td><td>连接网关板与 PC</td></tr>
<tr><td colspan="2">CC2530 节点模块</td><td>3</td><td>无线数据的收发</td></tr>
<tr><td colspan="2">节点底板，SMBD-V11-1</td><td>2</td><td>连接传感器和节点模块</td></tr>
<tr><td colspan="2">C51RF-3 仿真器</td><td>1</td><td>下载和调试程序</td></tr>
<tr><td>三、重难点分析</td><td colspan="4">如何设置不同的参数来选择数据发送方式</td></tr>
<tr><td colspan="5">四、教学过程</td></tr>
<tr><td>教学步骤/知识或单元结构</td><td>教学方式/方法/策略</td><td colspan="3">学生活动安排/过程</td></tr>
<tr><td>1. 三种通信方式的设置</td><td>讲授 afStatus_t AF_DataRequest 函数中各参数的含义</td><td colspan="3">讨论三种通信方式的应用场景，分别如何设置</td></tr>
<tr><td>2.单播</td><td>讲解单播实现的两种方法</td><td colspan="3">听讲并做笔记</td></tr>
<tr><td>3. 广播</td><td>讲解广播实现的两种方法</td><td colspan="3">听讲并做笔记</td></tr>
<tr><td>4. 协调器程序设计</td><td>讲解协调器程序设计的关键代码的含义</td><td colspan="3">总结步骤并编写相关代码</td></tr>
<tr><td>5. 终端节点程序设计</td><td>讲解终端节点程序设计的关键代码的含义</td><td colspan="3">总结步骤并编写相关代码</td></tr>
<tr><td>6. 验证实验结果</td><td>烧写和修改程序，实现实验要求部分的功能</td><td colspan="3">理解实验原理和实验要求，并不断调试程序，完成相应功能</td></tr>
<tr><td>7. 考核</td><td>对照技能训练考核学生，并给出成绩</td><td colspan="3"></td></tr>
<tr><td>8. 布置作业</td><td>练习</td><td colspan="3">强化课堂认知技能</td></tr>
<tr><td colspan="5">五、成绩评定</td></tr>
<tr><td>评定等级</td><td></td><td colspan="2">教师签名</td><td></td></tr>
</table>

第二部分　教学内容

一、单播、组播、广播

在 ZigBee 网络中进行数据通信主要有三种类型：广播（broadcast）、单播（unicast）和组播（multicast）。

广播通信如图 16-1 所示，描述的是一个节点发送的数据包，网络中的所有节点都可以收到。类似于开会时领导讲话，每个与会者都可以听到。

单播通信如图 16-2 所示，描述的是网络中两个节点之间进行数据包的收发过程。这就类似于任意两个与会者之间进行的讨论。

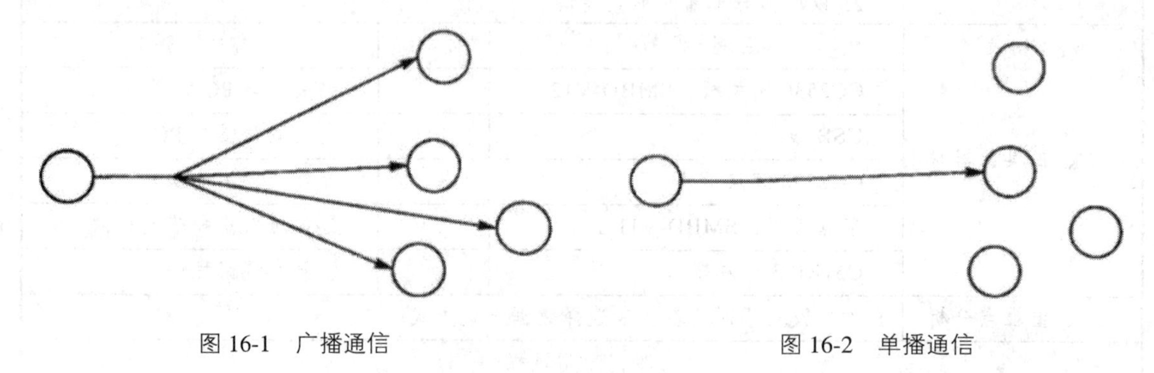

图 16-1　广播通信　　　　图 16-2　单播通信

组播通信如图 16-3 所示，又称为多播，描述的是一个节点发送的数据包只有和该节点属于同一组的节点才能收到。这类似于大会之后，各小组进行讨论，只有本小组的成员才能听到相关的讨论内容，不属于该小组的成员不需要听取相关的内容。

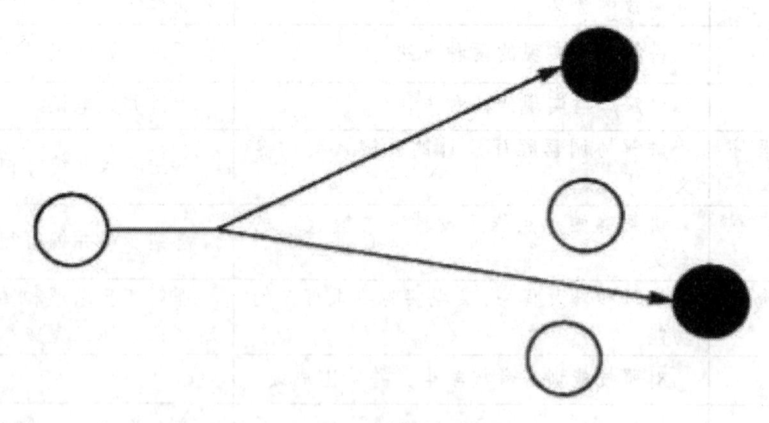

图 16-3　组播通信

那么，ZigBee 协议栈是如何实现上述通信方式的呢？

通俗地讲，ZigBee 协议栈将数据通信过程高度抽象，使用一个函数完成数据的发送，以不同的参数来选择数据发送方式（广播、组播还是单播）。ZigBee 协议栈中数据发送函数原型如下：

```
afStatus_t AF_DataRequest( afAddrType_t *dstAddr,
                          endPointDesc_t *srcEP,
                          uint16 cID,
                          uint16 len,
                          uint8 *buf,
                          uint8 *transID,
                          uint8 options,
                          uint8 radius )
```

在此，读者不必关心该函数的调用形式，只需要理解 ZigBee 协议栈的设计者是使用一个函数实现广播、组播和单播三种数据发送形式即可。

在 AF_ DataRequest 函数中，第一个参数是一个指向 afAddrType_t 类型的结构体的指针，该结构体的定义如下：

```
typedef struct
{
  union
  {
    uint16        shortAddr;
    ZLongAddr_t extAddr;
  } addr;
  afAddrMode_t addrMode;
  uint8 endPoint;
  uint16 panId;
} afAddrType_t;
```

注意观察加粗字体部分的 addrMode，该参数是一个 afAddrMode_t 类型的变量，afAddrMode_t 类型的定义如下：

```
typedef enum
{
  afAddrNotPresent = AddrNotPresent,
  afAddr16Bit      = Addr16Bit,
  afAddr64Bit      = Addr64Bit,
  afAddrGroup      = AddrGroup,
  afAddrBroadcast  = AddrBroadcast
} afAddrMode_t;
```

可见，该类型是一个枚举类型：

（1）当 addrMode= AddrBroadcast 时，对应的是广播方式发送数据。

（2）当 addrMode= AddrGroup 时，对应的是组播方式发送数据。

（3）当 addrMode= Addr16Bit 时，对应的是单播方式发送数据。

上面使用到的 AddrBroadcast、AddrGroup、Addr16Bit 是一个常数，在 ZigBee 协议栈里面定义如下：

```
enum
{
  afAddrNotPresent = 0,
AddrGroup=1,
Addr16Bit=2,
Addr64Bit=3,
AddrBroadcast=15
};
```

到此为止，只是讲解了 AF DataRcquest 函数的第一个参数，该参数决定了以哪种数据发送方式发送数据。

首先，需要定义一个 afAddfrype_t 类型的变量。

afAddrType_t SendDataAddr；

然后，将其 addrMode 参数设置为 Addr16Bit。

SendDataAddr.addrMode= (afAddrMode_t) Addr16Bit；

SendDataAddr.addr.shortAddr =XXXX；

其中：XXXX 代表目的节点的网络地址，如协调器的网络地址为 0x0000。

最后，调用 AF_DataRequest 函数发送数据即可。

AF_DataRequest (&SendDataAddr, ...)

注意：上述过程只是展示了如何以单播的方式发送数据，至于发送什么数据，发送长度等信息都省略了，这里主要是讲解单播方式发送数据是如何实现的。同理，当使用广播方式发送时，只需要将 addrMode 参数设置为 AddrBroadcast 即可。

上面讲解了网络通信的三种模式，下面结合具体实验，向读者展示如何在具体的项目开发中实现上述通信模式，只有在实验中真正地体会到各种通信模式的区别与联系，才能更好地掌握 ZigBee 网络数据传输的基本原理。

二、实验原理

协调器周期性以广播的形式向终端节点发送数据（每隔 5 s 广播一次），终端节点收到数据后，使开发板上的 LED 状态翻转（如果 LED 原来是亮，则熄灭 LED；如果 LED 原来是灭的，则点亮 LED），同时向协调器发送字符串“EndDevice received!”，协调器收到终端节点发回的数据后，通过串口输出到 PC 机，用户可以通过串口调试助手查看该信息。

广播和单播通信实验原理图如图 16-4 所示。

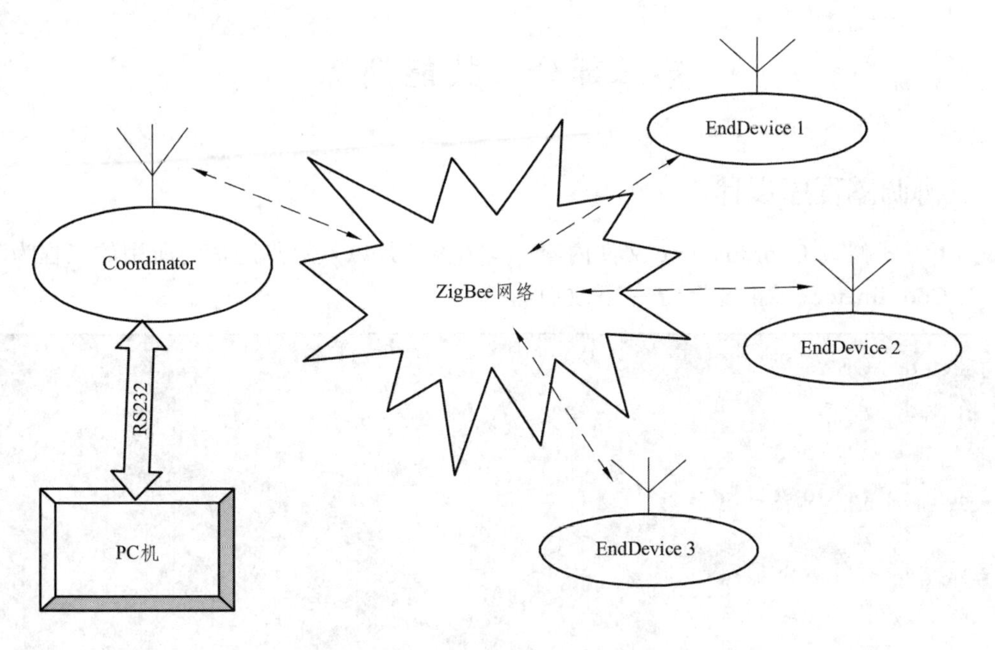

图 16-4　广播和单播通信实验原理图

广播和单播通信实验协调器程序流程图如 16-5 所示。

广播和单播通信实验终端节点程序流程图如 16-6 所示。

协调器周期性以广播的形式向终端节点发送数据，如何实现周期性地发送数据呢？

这里又需要用到定时函数 osal_start- timcrEx0，定时 5 s，定时时间达到后，向终端节点发送数据，发送完数据再定时 5 s，这样就实现了周期性地发送数据。

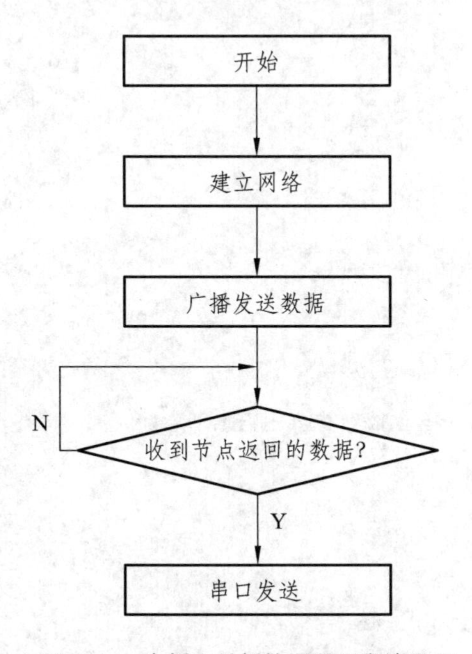

图 16-5　广播和单播协调器程序流程图

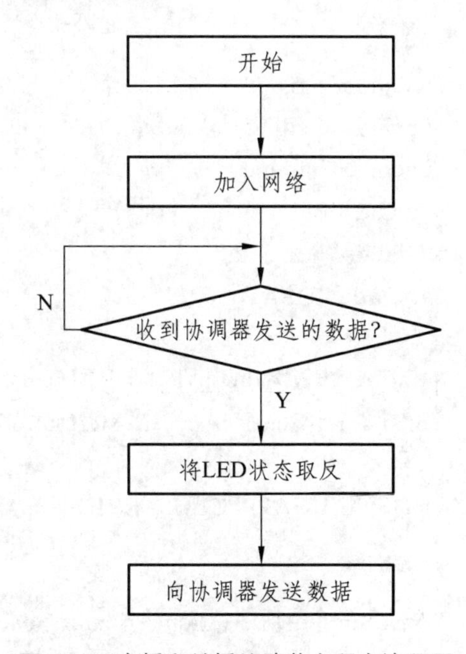

图 16-6　广播和单播终端节点程序流程图

第三部分　技能训练

一、协调器程序设计

按如下方式修改 Coordinator.c 文件内容（本实验还是以点对点通信时所用的工程为基础，主要是对 Coordinator.c 文件进行了一下改动）。

```
#include "OSAL.h"
#include "AF.h"
#include "ZDApp.h"
#include "ZDObject.h"
#include "ZDProfile.h"
#include <string.h>

#include "Coordinator.h"
#include "DebugTrace.h"

#if !defined( WIN32 )
#include "OnBoard.h"
#endif

/* HAL */
#include "ugOled9616.h"
#include "LcdDisp.h"
#include "hal_led.h"
#include "hal_key.h"
#include "hal_uart.h"
#include "OSAL_Nv.h"

#define SEND_TO_ALL_EVENT 0x01              //定义发送事件
const cId_t GenericApp_ClusterList[GENERICAPP_MAX_CLUSTERS] =
{
  GENERICAPP_CLUSTERID
};

const SimpleDescriptionFormat_t GenericApp_SimpleDesc =
{
  GENERICAPP_ENDPOINT,
```

```
    GENERICAPP_PROFID,
    GENERICAPP_DEVICEID,
    GENERICAPP_DEVICE_VERSION,
    GENERICAPP_FLAGS,
    GENERICAPP_MAX_CLUSTERS,
    (cId_t *)GenericApp_ClusterList,
    0,
    (cId_t *)NULL
};
```

以上是节点描述符部分的初始化。

```
endPointDesc_t GenericApp_epDesc;
devStates_t GenericApp_Nwkstate;        //存储网络状态的变量
byte GenericApp_TaskID;
byte GenericApp_TransID;

void GenericApp_MessageMSGCB( afIncomingMSGPacket_t *pckt );
void GenericApp_SendTheMessage( void );

void GenericApp_Init( byte task_id )
{
    halUARTCfg_t uartConfig;
    GenericApp_TaskID = task_id;
    GenericApp_TransID = 0;
    GenericApp_epDesc.endPoint = GENERICAPP_ENDPOINT;
    GenericApp_epDesc.task_id = &GenericApp_TaskID;
    GenericApp_epDesc.simpleDesc
              = (SimpleDescriptionFormat_t *)&GenericApp_SimpleDesc;
    GenericApp_epDesc.latencyReq = noLatencyReqs;
    afRegister( &GenericApp_epDesc );
    uartConfig.baudRate=HAL_UART_BR_115200;
    uartConfig.flowControl=FALSE;
    uartConfig.callBackFunc=NULL;
    HalUARTOpen(0, &uartConfig);
}
```

以上是任务初始化函数部分，因为没有使用串口的回调函数，所以将其初始化为 NULL 即可。

```
UINT16 GenericApp_ProcessEvent( byte task_id, UINT16 events )
{
  afIncomingMSGPacket_t *MSGpkt;
  if ( events & SYS_EVENT_MSG )
  {
    MSGpkt = (afIncomingMSGPacket_t *)osal_msg_receive( GenericApp_TaskID );
    while ( MSGpkt )
    {
      switch ( MSGpkt->hdr.event )
      {
          case AF_INCOMING_MSG_CMD:           //收到新数据事件
            GenericApp_MessageMSGCB( MSGpkt );
          break;
          case ZDO_STATE_CHANGE:
            GenericApp_Nwkstate=(devStates_t)(MSGpkt->hdr.status);
            if(GenericApp_Nwkstate==DEV_ZB_COORD)
            {
              osal_set_event(GenericApp_TaskID, SEND_TO_ALL_EVENT);
            }
           break;
           default:
           break;
      }
      osal_msg_deallocate( (uint8 *)MSGpkt );
      MSGpkt = (afIncomingMSGPacket_t *)osal_msg_receive( GenericApp_TaskID );
    }
    return (events ^ SYS_EVENT_MSG);
  }
  if(events&SEND_TO_ALL_EVENT)       //数据发送事件处理
  {
    GenericApp_SendTheMessage();
    osal_start_timerEx(GenericApp_TaskID, SEND_TO_ALL_EVENT, 5000);
    return (events^SEND_TO_ALL_EVENT);
  }
    return 0;
}
```

当网络状态发生变化时，启动定时器定时 5 s，定时时间到达后，设置 SEND_TO_ALL_EVENT 事件，在 SEND_TO_ALL_EVENT 事件处理函数中，调用发送数据函数 GenericApp_

SendTheMessage()，发送完数据后，再次启动定时器，定时 5 s。

```
void GenericApp_MessageMSGCB( afIncomingMSGPacket_t *pkt )
{
  unsigned char buf[20];
  unsigned char buffer[2]={0x0A, 0x0D};
  switch ( pkt->clusterId )
  {
    case GENERICAPP_CLUSTERID:
      osal_memcpy(buf, pkt->cmd.Data, 20);
      HalUARTWrite(0, buf, 20);
      HalUARTWrite(0, buffer, 2);
      break;
  }
}
```

当收到终端节点发回的数据后，读取该数据，然后发送到串口。

```
void GenericApp_SendTheMessage(void)
{
  unsigned char *theMessageData="Coordinator send!";
  afAddrType_t my_DstAddr;
  my_DstAddr.addrMode=(afAddrMode_t)AddrBroadcast;
  my_DstAddr.endPoint=GENERICAPP_ENDPOINT;
  my_DstAddr.addr.shortAddr=0xFFFF;
  AF_DataRequest(&my_DstAddr, &GenericApp_epDesc,
                 GENERICAPP_CLUSTERID,
                 osal_strlen(theMessageData)+1,
                 theMessageData,
                 &GenericApp_TransID,
                 AF_DISCV_ROUTE,
                 AF_DEFAULT_RADIUS);
}
```

使用广播方式发送数据。注意，此时发送模式是广播，代码如下所示：

```
my_DstAddr.addrMode=（afAddrMode_t）AddrBroadcast;
```

相应的网络地址可以设为 0xFFFF，代码如下所示：

```
my_DstAddr.addr.shortAddr=0xFFFF;
```

注意：使用广播通信时，网络地址可以有三种：0xFFFF、0xFFFD、0xFFFC，其中 0xFFFF

表示该数据包将在全网广播，包括处于休眠状态的节点；0xFFFD 表示该数据包将只发往所有未处于休眠状态的节点；0xFFFC 表示该数据包发往网络中的所有路由器节点。

将上述代码编译后下载到开发板。

二、终端节点程序设计

Enddevice.c 文件内容如下：

```
#include "OSAL.h"
#include "AF.h"
#include "ZDApp.h"
#include "ZDObject.h"
#include "ZDProfile.h"
#include <string.h>

#include "Coordinator.h"
#include "DebugTrace.h"

#if !defined( WIN32 )
#include "OnBoard.h"
#endif

#include "ugOled9616.h"
#include "LcdDisp.h"
#include "hal_led.h"
#include "hal_key.h"
#include "hal_uart.h"

const cId_t GenericApp_ClusterList[GENERICAPP_MAX_CLUSTERS] =
{
  GENERICAPP_CLUSTERID
};

const SimpleDescriptionFormat_t GenericApp_SimpleDesc =
{
  GENERICAPP_ENDPOINT,
  GENERICAPP_PROFID,
  GENERICAPP_DEVICEID,
  GENERICAPP_DEVICE_VERSION,
  GENERICAPP_FLAGS,
```

```
    0,
   (cId_t *)NULL,
   GENERICAPP_MAX_CLUSTERS,
   (cId_t *)GenericApp_ClusterList
};

endPointDesc_t GenericApp_epDesc;
byte GenericApp_TaskID;
byte GenericApp_TransID;
devStates_t GenericAPP_NwkState;
void GenericApp_MessageMSGCB( afIncomingMSGPacket_t *pkt );
void GenericApp_SendTheMessage( void );

void GenericApp_Init( byte task_id )
{
   halUARTCfg_t uartConfig;
   GenericApp_TaskID = task_id;
   GenericAPP_NwkState=DEV_INIT;
   GenericApp_TransID = 0;

   GenericApp_epDesc.endPoint = GENERICAPP_ENDPOINT;
   GenericApp_epDesc.task_id = &GenericApp_TaskID;
   GenericApp_epDesc.simpleDesc
                = (SimpleDescriptionFormat_t *)&GenericApp_SimpleDesc;
   GenericApp_epDesc.latencyReq = noLatencyReqs;

   afRegister( &GenericApp_epDesc );
      uartConfig.configured=TRUE;
   uartConfig.baudRate=HAL_UART_BR_38400;
   uartConfig.flowControl=FALSE;
   uartConfig.callBackFunc=NULL;
   HalUARTOpen(0, &uartConfig);
}

UINT16 GenericApp_ProcessEvent( byte task_id, UINT16 events )
{
   afIncomingMSGPacket_t *MSGpkt;
   if ( events & SYS_EVENT_MSG )
   {
```

```
      MSGpkt = (afIncomingMSGPacket_t *)osal_msg_receive( GenericApp_TaskID );
      while ( MSGpkt )
      {
        switch ( MSGpkt->hdr.event )
        {
              case AF_INCOMING_MSG_CMD:
              GenericApp_MessageMSGCB(MSGpkt);
              break;
            default:
              break;
        }

        osal_msg_deallocate( (uint8 *)MSGpkt );
        MSGpkt = (afIncomingMSGPacket_t *)osal_msg_receive( GenericApp_TaskID );
      }
      return (events^SYS_EVENT_MSG);
    }
      return 0;
  }
```

上述代码是事件处理函数，如果接收到协调器发送过来的数据，则调用 GenericApp_MessageMSGCB()函数对接收到的数据进行处理。

```
void GenericApp_MessageMSGCB(afIncomingMSGPacket_t *pkt)
{
  char *recvbuf;
  unsigned char buffer[2]={0x0A, 0x0D};
  switch(pkt->clusterId)
  {
  case GENERICAPP_CLUSTERID:
    osal_memcpy(recvbuf, pkt->cmd.Data, osal_strlen("Coordinator send!")+1);
    if(osal_memcmp(recvbuf, "Coordinator send!", osal_strlen("Coordinator send!")+1))
    {
      HalUARTWrite(0, recvbuf, 18);
      HalUARTWrite(0, buffer, 2);
      GenericApp_SendTheMessage();
    }
  }
}
```

上述代码对接收到的数据进行处理，当正确接收到协调器发送的字符串“Coordinator send!”时，调用函数 GenericApp_SendTheMessage()发送返回消息。

注意：osal_memcmp()函数用于比较两个内存单位中的数据是否相等，如果相等则返回 TRUE。

```
void GenericApp_SendTheMessage(void)
{
    unsigned char *theMessageData = "EndDevice received!";
    afAddrType_t my_DstAddr;
    my_DstAddr.addrMode =(afAddrMode_t)Addr16Bit;
    my_DstAddr.endPoint=GENERICAPP_ENDPOINT;
    my_DstAddr.addr.shortAddr=0x0000;
    AF_DataRequest(&my_DstAddr, &GenericApp_epDesc, GENERICAPP_ CLUSTERID,
osal_strlen(theMessageData)+1, theMessageData, &GenericApp_TransID, AF_DISCV_ROUTE,
AF_DEFAULT_RADIUS);
    HalLedSet(HAL_LED_2, HAL_LED_MODE_TOGGLE);
}
```

以上代码是向协调器发送单播数据，注意加粗字体部分的代码实现的是单播通信。

注意：HalLedSet()函数可以设置 LED 的状态进行翻转。

将上述代码编译以后下载到 3 块开发板中。

三、实例测试

1. 终端节点的串口发送

设置串口调试助手，打开协调器电源，然后打开两个终端节点的电源，此时可以看到如图 16-7 所示界面。

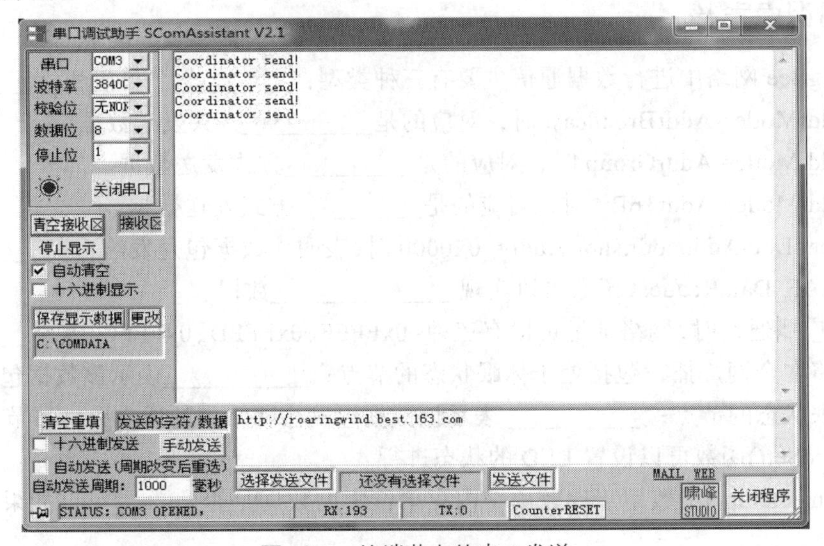

图 16-7　终端节点的串口发送

实验现象主要表现为以下两点：① 每隔 5 s，串口显示一个字符串“Coordinator send!”；② 终端节点的 LED 每隔 5 s 点亮一次。

2. 协调器节点的串口发送

设置串口调试助手，打开协调器电源，然后打开两个终端节点的电源，此时可以看到如图 16-8 所示界面。

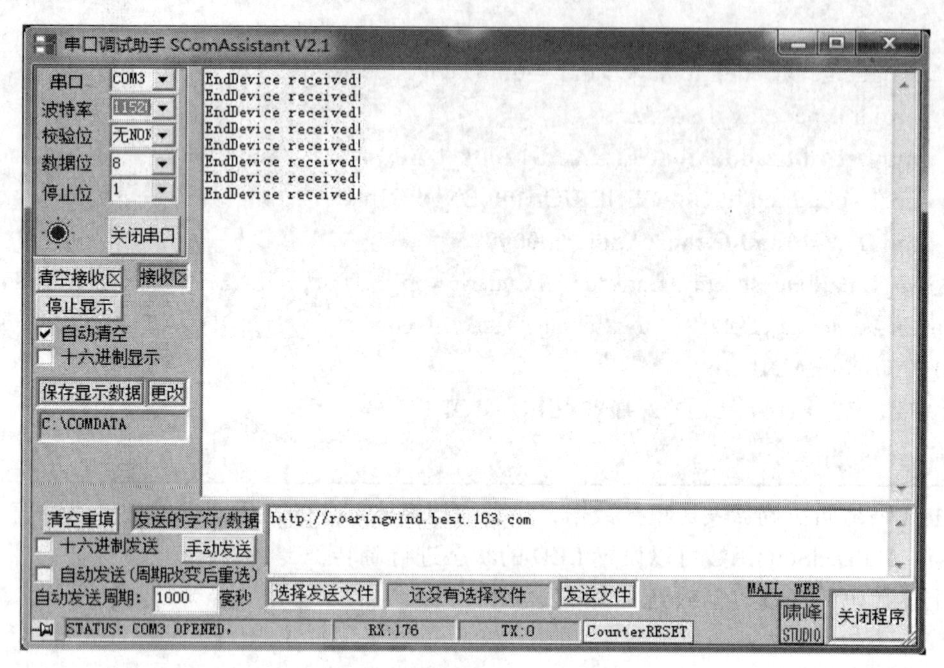

图 16-8　协调器的串口发送

主要实验现象表现如下：① 每隔 5 s，串口会显示三个字符串“EndDevice received!”；② 终端节点的 LED 每隔 5s 点亮一次。

四、知识点考核

1. 在 ZigBee 网络中进行数据通信主要有三种类型：________、单播和__________。

2. 当 addrMode= AddrBroadcast 时，对应的是_________方式发送数据。

3. 当 addrMode= AddrGroup 时，对应的是_________方式发送数据。

4. 当 addrMode= Addr16Bit 时，对应的是_________方式发送数据。

5. 当 SendDataAddr.addr.shortAddr = 0x0000 时，表明该数据包是发给_______________。

6. 调用 AF_DataRequest 函数可以实现_____________数据。

7. 使用广播通信时，网络地址可以有三种：0xFFFF、0xFFFD、0xFFFC，其中__________表示该数据包将在全网广播，包括处于休眠状态的节点；__________表示该数据包将只发往所有未处于休眠状态的节点；__________表示该数据包发往网络中的所有路由器节点。

8. HalLedSet()函数可以设置 LED 的状态进行___________。

9. osal_memcmp()函数用于比较两个内存单位中的数据是否________，如果相等则返回 TRUE。

项目十七　组播实验

第一部分　教学要求

<table>
<tr><td>一、目的要求</td><td colspan="3">1. 学习 Z-Stack 的建立组和加入组的方法；
2. 以组播的形式通信</td></tr>
<tr><td rowspan="6">二、工具、器材</td><td>实验设备</td><td>数量</td><td>备注</td></tr>
<tr><td>CC2530 网关板，SMBD-V12</td><td>1</td><td>实现网关板与 PC 的通信</td></tr>
<tr><td>USB 线</td><td>1</td><td>连接网关板与 PC</td></tr>
<tr><td>CC2530 节点模块</td><td>3</td><td>实现无线数据的收发</td></tr>
<tr><td>节点底板，SMBD-V11-1</td><td>2</td><td>连接传感器和节点模块</td></tr>
<tr><td>C51RF-3 仿真器</td><td>1</td><td>含下载和调试程序</td></tr>
<tr><td>三、重难点分析</td><td colspan="3">Z-Stack 的建立组和加入组的方法。</td></tr>
<tr><td colspan="4">四、教学过程</td></tr>
<tr><td>教学步骤/知识或单元结构</td><td colspan="2">教学方式/方法/策略</td><td>学生活动安排/过程</td></tr>
<tr><td>1. 实验原理及程序流程分析</td><td colspan="2">讲解组播和广播及单播的区别，说明实验要求</td><td>讨论何时应用三种通信方式中的某一种，分别如何设置</td></tr>
<tr><td>2. 组播实现过程的代码分析</td><td colspan="2">分步骤地介绍组播的实现过程</td><td>总结步骤并阅读相关代码</td></tr>
<tr><td>3. 协调器程序设计</td><td colspan="2">讲解协调器程序设计的关键代码的含义，如何实现组播功能，重点设置步骤</td><td>总结步骤并编写相关代码</td></tr>
<tr><td>4. 终端节点程序设计</td><td colspan="2">讲解终端节点程序设计的关键代码的含义</td><td>总结步骤并编写相关代码</td></tr>
<tr><td>5. 验证实验结果</td><td colspan="2">烧写和修改程序，实现实验要求部分的功能</td><td>理解实验原理和实验要求，并不断调试程序，完成相应功能</td></tr>
<tr><td>6. 考核</td><td colspan="2">对照技能训练考核学生，并给出成绩</td><td></td></tr>
<tr><td>7. 布置作业</td><td colspan="2">练习</td><td>强化课堂认知技能</td></tr>
<tr><td colspan="4">五、成绩评定</td></tr>
<tr><td>评定等级</td><td></td><td>教师签名</td><td></td></tr>
</table>

第二部分　教学内容

一、ZigBee 网络通信方式

ZigBee 网络中的数据通信主要有三种类型：单播、组播、广播。那这三种方式如何设置呢？在哪里设置呢？还记得之前学习的 ZigBee 协议栈进行数据发送是调用 AF_DataRequest 这个函数：

```
afStatus_t AF_DataRequest
(
afAddrType_t *dstAddr;        //目的地址指针
endPointDesc_t *srcEP;        //发送节点的端点描述符指针
uint16 cID;                   //ClusID 簇 ID 号
uint16 len;                   //发送数据的长度
uint8 *buf;                   //指向存放发送数据的缓冲区指针
uint8 *transID;               //传输序列号，该序列号随着信息的发送而增加
uint8 options,                //发送选项
uint8 radius                  //最大传输半径(发送的跳数)
  )
```

参数 1：afAddrType_t *dstAddr，该参数包含了目的节点的网络地址、端点号及数据传送的模式，如单播、广播或多播等。

afAddrType_t 结构体如下：

```
typedef struct
  {
   Union
   {
    uint16 shortAddr;         //用于标识该节点网络地址的变量
   } addr;
afAddrMode_t addrMode;        //用于指定数据传送模式，单播、多播还是广播
   byte endPoint;             //端点号
  } afAddrType_t;             // 其定义在 AF.h 中
```

在 ZigBee 中，数据包可以单点传送（unicast），多点传送（multicast）或者广播传送，所以必须有地址模式参数。一个单点传送数据包只发送给一个设备，多点传送数据包则要传送给一组设备，而广播数据包则要发送给整个网络的所有节点。因此上述结构体中的 afAddrMode_t addrMode 就是用于指定数据传送模式，是个枚举类型，可以设置为以下几个值。

```
typedef enum
{
  afAddrNotPresent = AddrNotPresent,        //表示通过绑定关系指定目的地址
        afAddr16Bit = Addr16Bit,            //单播发送
  afAddrGroup = AddrGroup,                  //组播
  afAddrBroadcast = AddrBroadcast           //广播
} afAddrMode_t;
Enum
{
AddrNotPresent = 0,
  AddrGroup = 1,
  Addr16Bit = 2,
  Addr64Bit = 3,
  AddrBroadcast = 15
};
```

现在我们知道通信方式在哪里设置了，那不同的通信模式要设置哪些参数呢？

1. 单播通信

注意，其实单播有两种方式：一种是绑定传输，my_DstAddr.addrMode=（afAddrMode_t）AddrNotPresent；一种是直接指定目标地址的单播传输，比如协调器就是 0x0000。

1）单播绑定传输

```
my_DstAddr.addrMode=(afAddrMode_t)Addr16Bit;        //单播发送
my_DstAddr.endPoint=GENERICAPP_ENDPOINT;            //目的端口号
my_DstAddr.addr.shortAddr=0;                        //按照绑定的方式进行单播，
不需要指定目标地址，需要先将两个设备绑定，将两个设备绑定后即可通信
```

2）直接指定目标地址的单播传输

采用标准寻址模式，它将数据包发送给一个已经知道网络地址的网络设备，将 afAddrMode 设置为 Addr16Bit，并且在数据包中携带目标设备地址。

```
my_DstAddr.addrMode=(afAddrMode_t)Addr16Bit;        //单播发送
my_DstAddr.endPoint=GENERICAPP_ENDPOINT;            //目的端口号
my_DstAddr.addr.shortAddr=0x0000;                   //目标设备网络地址
```

2. 广播通信

当应用程序需要将数据包发送给网络的每一个设备时，就使用这种模式。地址模式设置为 AddrBroadcast。目标地址 my_DstAddr.addr.shortAddr 可以根据需求设置为下面广播地址的一种。

NWK_BROADCAST_SHORTADDR_DEVALL（0xFFFF）：数据包将被传送到网络上的所有设备，包括睡眠中的设备。对于睡眠中的设备，数据包在被查询到之前将被保留在其父亲节点，直到消息超时（NWK_INDIRECT_MSG_TIMEOUT 在 f8wConifg.cfg 中）。

NWK_BROADCAST_SHORTADDR_DEVRXON（0xFFFD）：数据包将被传送到网络上所有在空闲时打开接收的设备（RXONWHENIDLE），也就是说，除了睡眠中的所有设备。

NWK_BROADCAST_SHORTADDR_DEVZCZR（0xFFFC）：数据包发送给所有的路由器，包括协调器。

```
my_DstAddr.addrMode=(afAddrMode_t)AddrBroadcast;  //广播发送
my_DstAddr.endPoint=GENERICAPP_ENDPOINT;          //目的端口号
my_DstAddr.addr.shortAddr=0xFFFF;                 //协调器网络地址
```

3. 组播

当应用程序需要将数据包发送给网络上的一组设备时，就使用该模式。地址模式设置为 afAddrGroup，addr.shortAddr 设置为组 ID。使用组播方式需要加入特定的组。

（1）首先声明一个组对象 aps_Group_t SampleApp_Group。

aps_Group_t 结构体的定义：

```
typedef struct
{  uint16 ID;                          // Unique to this table
   uint8  name[APS_GROUP_NAME_LEN];    // #define APS_GROUP_NAME_LEN  16
} aps_Group_t;
```

每个组有特定的 ID 和组名，组名存放在 name 数组中，name 数组的第一个元素是组名的长度，第二个元素开始存放组名字符串。

（2）对 SampleApp_Group 赋值。

```
// By default, all devices start out in Group 1
SampleApp_Group.ID = 0x0003;   //初始化组 ID
osal_memcpy( SampleApp_Group.name, "Group 3", 7 );  //将组名的长度写入 name 数组的
第一个元素位置处。
```

（3）在本任务里将端点加入到组中。

```
aps_AddGroup( SAMPLEAPP_ENDPOINT, &SampleApp_Group );
```

（4）设定通信的目标地址及模式。

```
// Setup for the flash command's destination address - Group 1
SampleApp_Flash_DstAddr.addrMode = (afAddrMode_t)afAddrGroup;
SampleApp_Flash_DstAddr.endPoint = SAMPLEAPP_ENDPOINT;
SampleApp_Flash_DstAddr.addr.shortAddr = SampleApp_Group.ID ;
```

通信时，发送设备的输出 cluster 设定为接收设备的输入 cluster，且 profileID 设定相同，即可通信。

（5）若要把一个设备加入组中的端点从组中移除，调用 aps_RemoveGroup。

```
aps_Group_t *grp;
grp = aps_FindGroup( SAMPLEAPP_ENDPOINT, SAMPLEAPP_FLASH_GROUP );
if ( grp )
{
  // Remove from the group
  aps_RemoveGroup( SAMPLEAPP_ENDPOINT, SAMPLEAPP_FLASH_GROUP );
}
```

注意：组可以用来关联间接寻址。在绑定表中找到的目标地址可能是单点传送或者是一个组地址。另外，广播发送可以看作是一个组寻址的特例。

二、代码分析

在“Projects\zstack\Samples\ SampleApp\Source”目录下找到“SampleApp.c”文件，如图 17-1 所示。

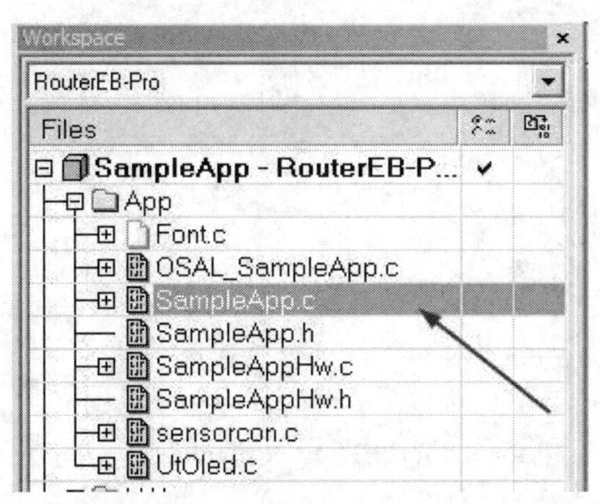

图 17-1　工程目录下的“SampleApp.c”文件

1. 定义并加入一个组

组在 zstack 中用 aps_Group_t 类型进行描述，该类型定义如下：

```
typedef struct
{
    uint16 ID;                              // Unique to this table
    uint8   name[APS_GROUP_NAME_LEN];       // Human readable name of group
} aps_Group_t;
```

在组的描述结构中包含了两个部分：一个是组 ID，用来唯一标识一个组；另一个是组名，可以用一个字符串表示，方便阅读。

在应用层定义了一个全局组，在初始化函数中对组进行初始化，并将一个端点加入该组当中，其相应代码如下：

```
void SampleApp_Init( uint8 task_id )
{
  ……
  // By default, all devices start out in Group 1
  SampleApp_Group.ID = 0x0001;
  osal_memcpy( SampleApp_Group.name, "Group 1", 7  );
  aps_AddGroup( SAMPLEAPP_ENDPOINT, &SampleApp_Group );
……
}
```

可以看到组 ID 为 0x0001，组名为“Group1”，通过调用 aps_AddGroup 函数将应用层注册的一个端点（端点号为 SAMPLEAPP_ENDPOINT 宏定义）加入该组。

2. 在组中进行通信

在 Z-Stack 中对地址的描述如下：

```
typedef struct
{
  union
  {
    uint16        shortAddr;
    ZLongAddr_t extAddr;
  } addr;
  afAddrMode_t addrMode;
  uint8 endPoint;
  uint16 panId;   // used for the INTER_PAN feature
} afAddrType_t;
```

其中 addrMode 表示使用的地址模式，地址模式在 Z-Stack 中定义了如下几种：

```
typedef enum
{
  afAddrNotPresent = AddrNotPresent,
  afAddr16Bit      = Addr16Bit,
  afAddr64Bit      = Addr64Bit,
  afAddrGroup      = AddrGroup,
  afAddrBroadcast  = AddrBroadcast
} afAddrMode_t;
```

以上代码包含了 5 种地址模式，第 1 种 AddrNotPresent 为不知道目标地址模式，用于绑定通信，接着是 16 位短地址模式、64 位 IEEE 地址模式、组地址模式、广播地址模式。

要在组内进行通信，需要将目标地址模式设置为组地址模式，此时地址的短地址域需要设置为组 ID。该实验中定义组播地址如下：

```
SampleApp_Flash_DstAddr.addrMode = (afAddrMode_t)afAddrGroup;
SampleApp_Flash_DstAddr.endPoint = SAMPLEAPP_ENDPOINT;
SampleApp_Flash_DstAddr.addr.shortAddr = SAMPLEAPP_FLASH_GROUP;
```

有了组地址后，就可以在组内进行数据通信了。将摇杆开关拨到上键，在上键的处理代码中将向各组中所有成员发送一个闪烁灯的命令：

```
if ( keys & HAL_KEY_SW_1 )        //上键
{
   /* This key sends the Flash Command is sent to Group 1.
    * This device will not receive the Flash Command from this
    * device (even if it belongs to group 1).
    */
     LcdPutString16_8(0, 0, " SendFlash    ", 12, 1);
    SampleApp_SendFlashMessage( SAMPLEAPP_FLASH_DURATION );
}
```

发送数据是通过 SampleApp_SendFlashMessage 函数进行的：

```
void SampleApp_SendFlashMessage( uint16 flashTime )
{
  uint8 buffer[3];
  buffer[0] = (uint8)(SampleAppFlashCounter++);
  buffer[1] = LO_UINT16( flashTime );
  buffer[2] = HI_UINT16( flashTime );

  if ( AF_DataRequest( &SampleApp_Flash_DstAddr, &SampleApp_epDesc,
                       SAMPLEAPP_FLASH_CLUSTERID,
                       3,
                       buffer,
                       &SampleApp_TransID,
                       AF_DISCV_ROUTE,
                       AF_DEFAULT_RADIUS ) == afStatus_SUCCESS )
  {
  }
  else
```

```
    {
      // Error occurred in request to send.
    }
  }
```

3. 组中成员接收组消息

组中成员接收组消息和接收其他无线消息一样，即向应用层发送 AF_INCOMING_MSG_CMD 消息，处理该消息调用了 SampleApp_MessageMSGCB 函数，该函数对闪烁灯命令的处理如下：

```
    case SAMPLEAPP_FLASH_CLUSTERID:
      flashTime = BUILD_UINT16(pkt->cmd.Data[1], pkt->cmd.Data[2] );
      HalLedBlink( HAL_LED_4, 4, 50, (flashTime / 4) );
      break;
```

从消息包中将闪烁周期提取出来，将 LED 设置为闪烁状态。

4. 移除组项

将摇杆开关拨到右键，可以将实现组项移除。首先调用 API 函数 aps_FindGroup 在系统组表中查找相应组项是否在组表中已经存在。如果存在，则调用 aps_RemoveGroup 移除该组项，否则调用 aps_AddGroup 增加一个组项。其代码如下：

```
  if ( keys & HAL_KEY_SW_2 )        //右键
  {
    /* The Flashr Command is sent to Group 1.
     * This key toggles this device in and out of group 1.
     * If this device doesn't belong to group 1, this application
     * will not receive the Flash command sent to group 1.
     */
    aps_Group_t *grp;
    grp = aps_FindGroup(SAMPLEAPP_ENDPOINT, SAMPLEAPP_FLASH_GROUP);
    if ( grp )
    {
      // Remove from the group
      aps_RemoveGroup(SAMPLEAPP_ENDPOINT, SAMPLEAPP_FLASH_GROUP);
          LcdPutString16_8(0, 0, "RemoveGroup ", 12, 1);
    }
    else
    {
      // Add to the flash group
```

```
        aps_AddGroup( SAMPLEAPP_ENDPOINT, &SampleApp_Group );
        LcdPutString16_8(0, 0, "   AddGroup    ", 12, 1);
    }
```

第三部分　技能训练

一、验证实验结果

第一步：打开工程文件。

把“\演示及开发例子程序\ZigBee2007Pro”文件夹中的“ZStack-CC2530-2.2.0-1.3.0ZB”复制到 IAR 安装盘根目录（如 C：\ Texas Instruments）下。使用 IAR7.51 打开“Projects\zstack\Samples\SampleApp\CC2530DB”中的工程文件“SampleApp.eww”。

第二步：组网和绑定

开启烧写了协调器程序“CoordinatorEB-Pro”的节点板的电源，开机会显示“SampleApp”，如果初始化成功会显示“COORD”，如图 17-2 所示。

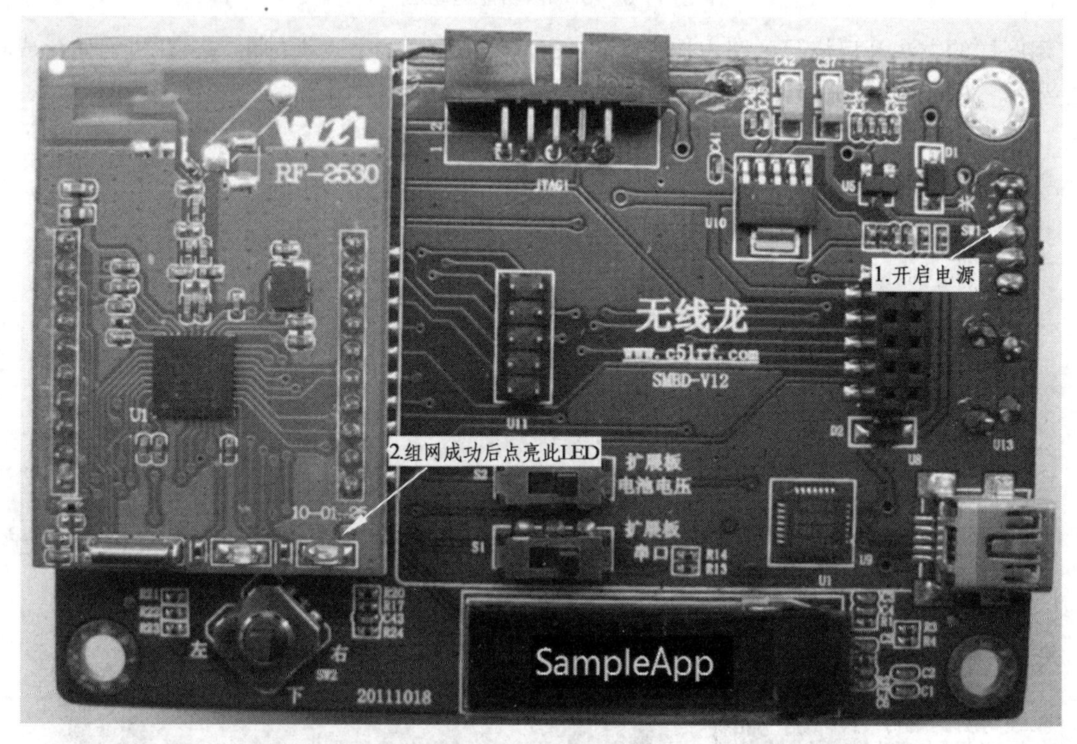

图 17-2　协调器开机

先按下协调器的上方向键，路由器的红色 LED 闪烁，再按下路由器的上方向键，协调器的红色 LED 闪烁，协调器功能启动后会显示如图 17-3 所示信息。

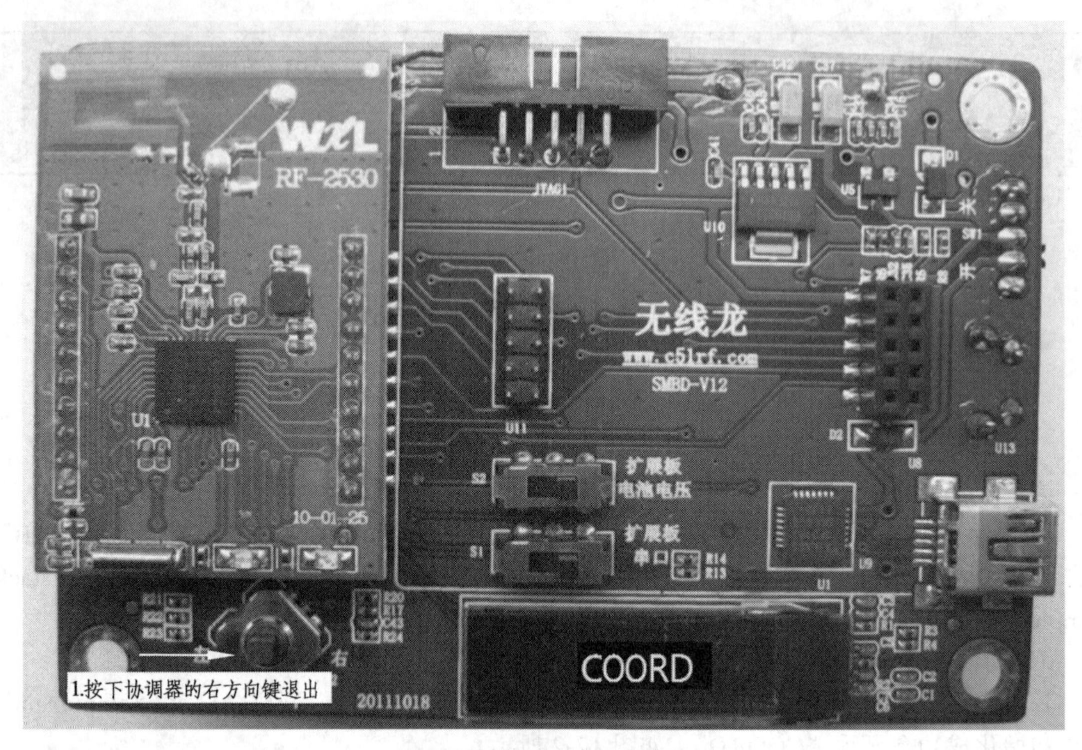

图 17-3　协调器功能启动后

用同样的方法开启烧写了路由器（RouterEB-Pro）程序的节点板的电源，开机初始化成功后会显示“Router”如图 17-4 所示。

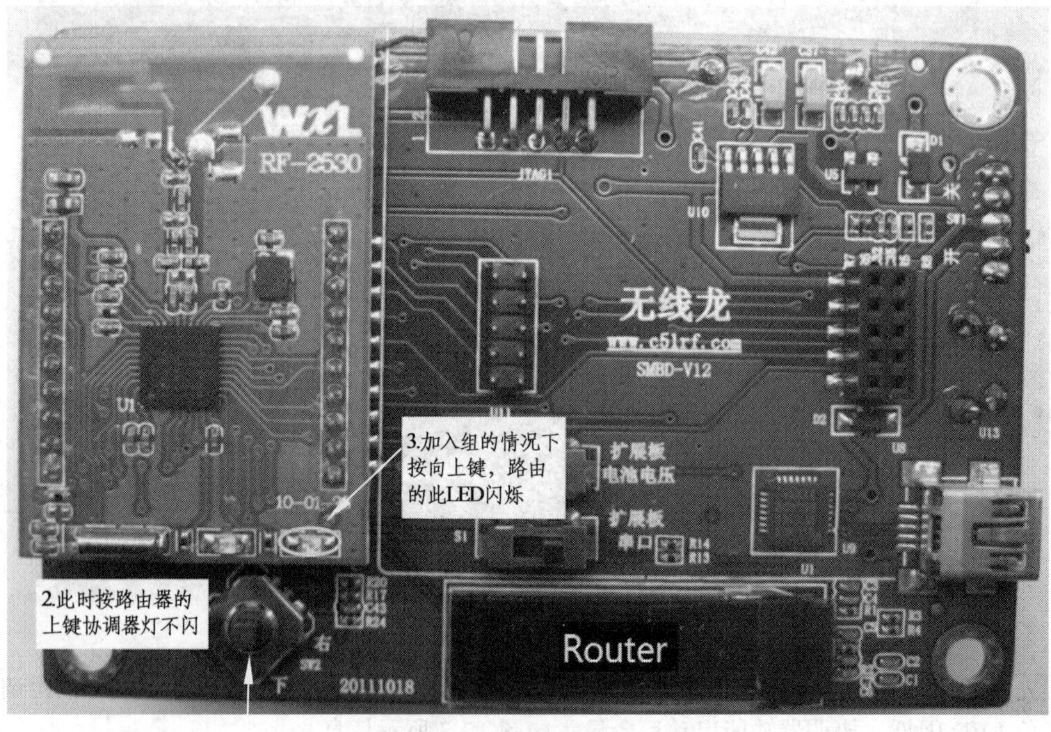

图 17-4　路由器按键匹配后显示

二、知识点考核

1. 单播通信有两种方式：一种是______传输，一种是直接指定________地址的单播传输。

2. 当应用程序需要将数据包发送给网络上的一组设备时，使用__________模式，该地址模式设置为______________________。

3. 每个组有个特定的 ID 和组名，组名存放在___________数组中，name 数组的第一个元素是组名的__________，第二个元素开始存放组名字符串。

4.用 aps_AddGroup（SAMPLEAPP_ENDPOINT，&SampleApp_Group ）可将__________加入到组中。

5. 可以通过调用___________函数将应用层注册的一个端点加入该组。

项目十八　传感器采集 SensorDemo 实验

第一部分　教学要求

<table>
<tr><td>一、目的要求</td><td colspan="5">1. 学习 Z-Stack 的 HAL 原理；
2. 了解如何在 Z-Stack 中调用 HAL 驱动 UART</td></tr>
<tr><td rowspan="6">二、工具、器材</td><td colspan="2">实 验 设 备</td><td>数 量</td><td colspan="2">备　注</td></tr>
<tr><td colspan="2">CC2530 网关板，SMBD-V12</td><td>1</td><td colspan="2">实现网关板与 PC 的通信</td></tr>
<tr><td colspan="2">USB 线</td><td>1</td><td colspan="2">连接网关板与 PC</td></tr>
<tr><td colspan="2">CC2530 节点模块</td><td>2</td><td colspan="2">实现无线数据的收发</td></tr>
<tr><td colspan="2">节点底板，SMBD-V11-1</td><td>1</td><td colspan="2">连接传感器和节点模块</td></tr>
<tr><td colspan="2">C51RF-3 仿真器</td><td>1</td><td colspan="2">含下载和调试程序</td></tr>
<tr><td>三、重难点分析</td><td colspan="5">Z-Stack 的建立组和加入组的方法。</td></tr>
<tr><td colspan="6">四、教学过程</td></tr>
<tr><td colspan="2">教学步骤/知识或单元结构</td><td colspan="2">教学方式/方法/策略</td><td colspan="2">学生活动安排/过程</td></tr>
<tr><td colspan="2">1. 在应用层启动网络</td><td colspan="2">边操作边讲解如何在应用层启动网络功能，在应用层启动网络涉及的主要函数，以及函数的具体实现方法</td><td colspan="2">查阅资料，思考除了在应用层启动网络，还有哪些方法可以启动网络，各自如何应用</td></tr>
<tr><td colspan="2">2. 启动传感节点网关</td><td colspan="2">讲解并分析传感器节点的启动方式，以及如何启动传感节点网关功能</td><td colspan="2">分析传感器以协调器方式启动采集节点的核心代码</td></tr>
<tr><td colspan="2">3. 采集节点和传感节点的绑定</td><td colspan="2">分别讲解采集节点绑定传感节点、采集节点汇报传感数据和传感节点通过串口发送信息给 PC 的代码</td><td colspan="2">了解采集节点和传感节点绑定的代码</td></tr>
<tr><td colspan="2">4. 验证实验结果</td><td colspan="2">烧写和修改程序，实现实验要求部分的功能</td><td colspan="2">理解实验原理和实验要求，并不断调试程序，完成相应功能</td></tr>
<tr><td colspan="2">5. 考核</td><td colspan="2">对照技能训练考核学生，并给出成绩</td><td colspan="2"></td></tr>
<tr><td colspan="2">6. 布置作业</td><td colspan="2">练习</td><td colspan="2">强化课堂认知技能</td></tr>
<tr><td colspan="6">五、成绩评定</td></tr>
<tr><td>评定等级</td><td colspan="2"></td><td>教师签名</td><td colspan="2"></td></tr>
</table>

第二部分　教学内容

一、在应用层启动网络

1. 在应用层启动网络功能

正常的启动在 ZDO 层就已经完成网络启动，这是因为在编译时，没有定义禁止自动启动的宏 HOLD_AUTO_START，如果定义了该宏，会进行以下编译控制：

```
#if defined( HOLD_AUTO_START )
  devStates_t devState = DEV_HOLD;
#else
  devStates_t devState = DEV_INIT;
#endif
```

该宏决定了设备状态的初值，如果不在 ZDO 层启动网络功能，需要将设备状态设置为 DEV_HOLD 状态，相应地在“project→options→c/c++compiler→extraOptions”中设置该宏，如图 18-1 所示。

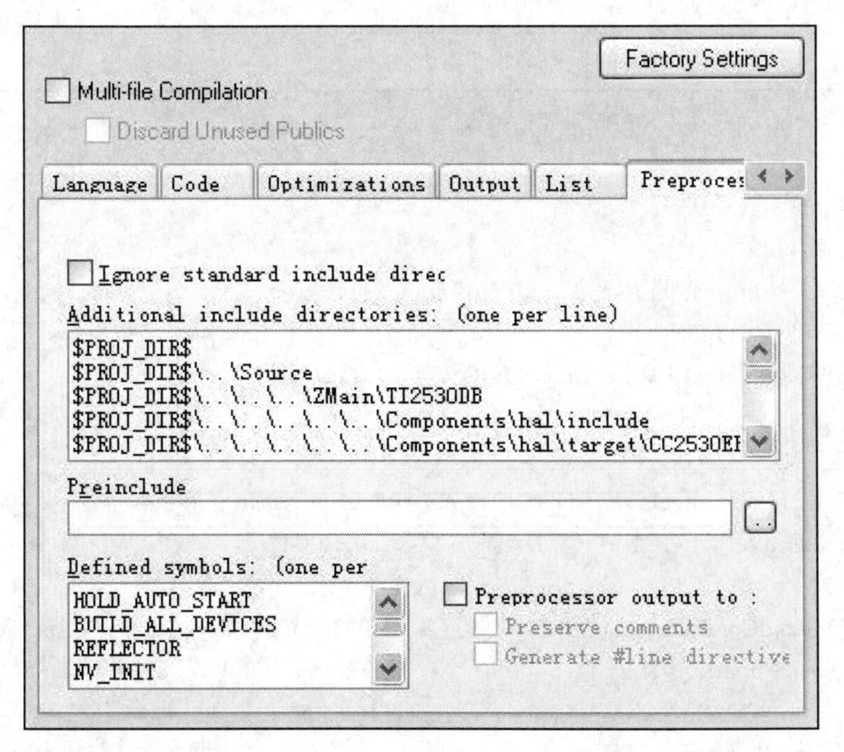

图 18-1　在 project->options->c/c++compiler->extraOptions 中设置宏

宏设置完成后，在 ZDO 层初始化函数中做如下处理：

```
    if ( devState != DEV_HOLD )
    {
      ZDOInitDevice( 0 );
    }
    else
    {
      ZDOInitDevice( ZDO_INIT_HOLD_NWK_START );
      // Blink LED to indicate HOLD_START
      HalLedBlink ( HAL_LED_4, 0, 50, 500 );
    }
```

也就是调用了ZDOInitDevice（ZDO_INIT_HOLD_NWK_START）函数，并传递了一个延时值。该延时值为0xFFFF，是个特殊值，在此并不会启动网络功能。

2. 在应用层启动网络

应用层启动网络需要借助进入事件（ZB_ENTRY_EVENT），在应用层初始化函数中设置了该事件：

```
  osal_set_event(task_id, ZB_ENTRY_EVENT);
```

相应地在应用层处理该事件：

```
    if ( events & ZB_ENTRY_EVENT )
    {
      uint8 startOptions;

      // Give indication to application of device startup
  #if ( SAPI_CB_FUNC )
      zb_HandleOsalEvent( ZB_ENTRY_EVENT );
  #endif

      // LED off cancels HOLD_AUTO_START blink set in the stack
      HalLedSet (HAL_LED_4, HAL_LED_MODE_OFF);

     zb_ReadConfiguration(ZCD_NV_STARTUP_OPTION, sizeof(uint8), &startOptions);
      if ( startOptions & ZCD_STARTOPT_AUTO_START )
      {
        zb_StartRequest();
      }
      else
```

```
    {
      // blink leds and wait for external input to config and restart
      HalLedBlink(HAL_LED_2, 0, 50, 500);
    }

    return (events ^ ZB_ENTRY_EVENT );
  }
```

上述代码中重要的是 zb_HandleOsalEvent 函数，该函数在采集节点和传感节点做了不同的定义，实质是将应用层的部分事件分发至不同设备处理。下面先分析在应用层的处理：首先从 NV（非易失性存储介质）中读出启动选项，如果启动选项为自动启动，则会调用 zb_StartRequest 来启动网络，否则闪烁 LED2（对应开发板绿灯），在 NV 中并没有保存自动启动选项，所以并不会启动设备。所以设备启动是在 zb_HandleOsalEvent 中进行的。在传感节点和采集节点中都调用过 zb_StartRequest 函数来启动设备：

```
void zb_StartRequest()
{
  uint8 logicalType;
  zb_ReadConfiguration( ZCD_NV_LOGICAL_TYPE, sizeof(uint8), &logicalType );
  sprintf(buf, "logicalType = 0x%04x\r\n", logicalType);
  HalUARTWrite(HAL_UART_PORT_0, buf, strlen(buf));

  // Check for bad combinations of compile flag definitions and device type setting.
  if ((logicalType > ZG_DEVICETYPE_ENDDEVICE)              ||
#if !ZG_BUILD_ENDDEVICE_TYPE      // Only RTR or Coord possible.
        (logicalType == ZG_DEVICETYPE_ENDDEVICE)           ||
#endif
#if !ZG_BUILD_RTR_TYPE            // Only End Device possible.
        (logicalType == ZG_DEVICETYPE_ROUTER)              ||
        (logicalType == ZG_DEVICETYPE_COORDINATOR)         ||
#elif ZG_BUILD_RTRONLY_TYPE       // Only RTR possible.
        (logicalType == ZG_DEVICETYPE_COORDINATOR)         ||
#elif !ZG_BUILD_JOINING_TYPE      // Only Coord possible.
        (logicalType == ZG_DEVICETYPE_ROUTER)              ||
#endif
        (0))
  {
    logicalType = ZB_INVALID_PARAMETER;
```

```
    SAPI_SendCback(SAPICB_START_CNF, logicalType, 0);
    }
    else
    {
        logicalType = ZB_SUCCESS;
        ZDOInitDevice(zgStartDelay);
    }


    return;
}
```

首先从 NV 中读出设备类型，同预定义宏的设备类型进行校验，保证设备类型是一个有效的类型（因此可通过写 NV，来改变设备类型），初始状态设备类型是正确的，则调用启动网络的入口函数 ZDOInitDevice 来启动网络功能。

二、启动传感节点网关

1. 传感器节点的启动方式

传感节点身兼两责，既可作为网络协调器启动，又可作为路由器启动。

从配置文件来看，传感节点使用的配置文件是 f8wCoord.cfg，可见传感节点被定义为网络协调器，之所以可以作为路由器启动，是因为在

project->options->c/c++compiler->extraOptions 中做了如下配置：

BUILD_ALL_DEVICES

DEVICE_LOGICAL_TYPE=ZG_DEVICETYPE_ROUTER

第一个宏 BUILD_ALL_DEVICES 的作用是在调用 ZDO_StartDevice 函数时，保证控制启动类型的宏同时为真，即构建网络类型宏（ZG_BUILD_COORDINATOR_TYPE）和加入网络类型宏（ZG_BUILD_JOINING_TYPE）同时成立，相关代码如下：

```
    if ( ZG_BUILD_COORDINATOR_TYPE && logicalType == NODETYPE_
COORDINATOR )
    {
    …//建立网络
    }
    if ( ZG_BUILD_JOINING_TYPE && (logicalType == NODETYPE_ROUTER ||
logicalType == NODETYPE_DEVICE) )
    {
        …//加入网络
    }
```

则相应代码可以改写成下面的形式：

```
if (logicalType == NODETYPE_COORDINATOR )
  {
     ...//建立网络
  }
  if ( logicalType == NODETYPE_ROUTER || logicalType == NODETYPE_DEVICE )
  {
    ...//加入网络
  }
```

究竟是建立网络还是加入网络，由指示设备逻辑类型变量 logicalType 控制，而该变量的值是从 NV 中读取出来的设备类型条目，因此只要改变 NV 中设备类型条目的值，就可以实现传感节点的不同设备类型修改。

第二个宏 DEVICE_LOGICAL_TYPE=ZG_DEVICETYPE_ROUTER 的作用是将传感节点默认的启动设备类型设置为路由类型，具体的 NV 初始化参见 zgInit 函数，该函数在 main 函数中被调用，在此不做具体分析。

以下是以协调器方式启动采集节点的核心代码。

在采集节点的按键处理函数中，通过上键改变节点的设备类型：

```
      if ( keys & HAL_KEY_SW_1 )   //Up
      {
        if ( appState == APP_INIT   )
        {
          // Key 1 starts device as a coordinator
          logicalType = ZG_DEVICETYPE_COORDINATOR;      //协调其类型
          zb_WriteConfiguration(ZCD_NV_LOGICAL_TYPE,                  sizeof(uint8),
&logicalType);

          // Reset the device with new configuration
          zb_SystemReset();
        }
    }
```

将设备逻辑类型写入 NV 中，并重启系统。

2. 启动传感节点网关功能

右键是实现网关功能的开关，所谓启动网关功能就是允许绑定，而关闭网关功能就是禁止绑定，其相关代码如下：

```
    if ( keys & HAL_KEY_SW_2 )    //Right
    {
      allowBind ^= 1;
      if (allowBind)
      {
        zb_AllowBind( 0xFF );
        isGateWay = TRUE;
    …
      }
      else
      {
        zb_AllowBind( 0x00 );
        HalLedSet( HAL_LED_2, HAL_LED_MODE_OFF );
        isGateWay = FALSE;
        …
      }
  }
```

允许绑定函数代码如下：

```
  void zb_AllowBind ( uint8 timeout )
  {

    osal_stop_timerEx(sapi_TaskID, ZB_ALLOW_BIND_TIMER);

    if ( timeout == 0 )
    {
      afSetMatch(sapi_epDesc.simpleDesc->EndPoint, FALSE);
    }
    else
    {
      afSetMatch(sapi_epDesc.simpleDesc->EndPoint, TRUE);
      if ( timeout != 0xFF )
      {
        if ( timeout > 64 )
        {
          timeout = 64;
        }
        osal_start_timerEx(sapi_TaskID, ZB_ALLOW_BIND_TIMER, timeout*1000);
```

```
            }
        }
        return;
    }
```

允许绑定就是在一段时间内使应用层注册的端点描述符 sapi_epDesc 允许匹配描述符，即可以与网络中其他节点发送过来的匹配描述符请求进行簇配对。反之，禁止绑定就是不允许进行描述符匹配。

三、采集节点和传感节点的绑定

1. 采集节点绑定传感节点

传感节点启动网关功能后，就可以接收启动节点匹配描述符请求，在自动匹配实验中已经说明，发起匹配请求的采集节点在匹配成功后会收到反馈信息，反馈信息包含了匹配成功的节点地址信息，通过该信息在采集节点中即可建立绑定表。

采集节点加入网络后会设置一个发现协调器事件（MY_FIND_COLLECTOR_EVT），对该事件处理就是调用 zb_BindDevice 函数发送绑定请求，该函数的实质是发送匹配描述符请求，采集节点处理匹配描述符响应部分代码如下：

```
        case Match_Desc_rsp:
          {
              …
              if ( APSME_BindRequest( sapi_epDesc.simpleDesc->EndPoint,
                          sapi_bindInProgress, &dstAddr, pRsp->epList[0] ) == ZSuccess )
              {
            ….
                zb_BindConfirm( sapi_bindInProgress, ZB_SUCCESS );
              }
            }
          }
          break;
```

显然，在此段代码中建立了绑定表，处理了一些绑定确认信息。

2. 采集节点汇报传感数据

采集节点通过按下键设置用户事件 MY_REPORT_EVT 来实现传感器数据回拨，采集节点处理该事件的代码如下：

```
      if ( event & MY_REPORT_EVT )
      {
        if ( appState == APP_REPORT )
```

```
    {
      sendReport();
      osal_start_timerEx( sapi_TaskID, MY_REPORT_EVT, myReportPeriod );
    }
  }
```

真正读取传感器和发送无线数据的代码是在 sendReport 函数中完成的。以 SensorEB 中的代码为例：

```
static void sendReport(void)
{
  uint8 pData[SENSOR_REPORT_LENGTH];
  static uint8 reportNr=0;
  uint8 txOptions;

  // Read and report temperature value
  pData[SENSOR_TEMP_OFFSET] = readTemp();

  // Read and report voltage value
  pData[SENSOR_VOLTAGE_OFFSET] = readVoltage();

  pData[SENSOR_PARENT_OFFSET] = HI_UINT16(parentShortAddr);
  pData[SENSOR_PARENT_OFFSET + 1] = LO_UINT16(parentShortAddr);

  // Set ACK request on each ACK_INTERVAL report
  // If a report failed, set ACK request on next report
  if ( ++reportNr<ACK_REQ_INTERVAL && reportFailureNr==0 )
  {
    txOptions = AF_TX_OPTIONS_NONE;
  }
  else
  {
    txOptions = AF_MSG_ACK_REQUEST;
    reportNr = 0;
  }
  // Destination address 0xFFFE: Destination address is sent to previously
  // established binding for the commandId.
  //LcdPrint8( 0, 0, pData[SENSOR_TEMP_OFFSET], 1 );
```

```
    zb_SendDataRequest( 0xFFFE, SENSOR_REPORT_CMD_ID, SENSOR_REPORT_
LENGTH, pData, 0, txOptions, 0 );

  }
```

readTemp 函数就是采集温度的函数，对于外接传感器需要编写相应驱动函数，传感器数据及父节点信息打包后，调用 zb_SendDataRequest 函数将数据包发送到传感节点。因为采集节点已经绑定了传感节点，此时地址使用 0xFFFE，为无效地址，数据包通过绑定表信息发送到传感节点。

3. 传感节点通过串口发送信息给 PC

传感节点接收到采集节点的汇报信息，将调用下面的函数进行处理：

```
  void zb_ReceiveDataIndication( uint16 source, uint16 command, uint16 len, uint8
*pData )
  {
    gtwData.parent = BUILD_UINT16(pData[SENSOR_PARENT_OFFSET+ 1], pData
[SENSOR_PARENT_OFFSET]);
    gtwData.source=source;
    gtwData.temp=*pData;
    gtwData.voltage=*(pData+1);

    // Flash LED 2 once to indicate data reception
    HalLedSet ( HAL_LED_2, HAL_LED_MODE_FLASH );

    // Update the display
    #if defined ( LCD_SUPPORTED )
    //HalLcdWriteScreen( "Report", "rcvd" );

    #endif

    // Send gateway report
    sendGtwReport(&gtwData);
  }
```

将传感器数据打包到 gtwData 结构中，调用 sendGtwReport 函数通过串口进行数据发送：

```
  static void sendGtwReport(gtwData_t *gtwData)
  {
    uint8 pFrame[ZB_RECV_LENGTH];
```

```
// Start of Frame Delimiter
pFrame[FRAME_SOF_OFFSET] = CPT_SOP; // Start of Frame Delimiter

// Length
pFrame[FRAME_LENGTH_OFFSET] = 10;

// Command type
pFrame[FRAME_CMD0_OFFSET] = LO_UINT16(ZB_RECEIVE_DATA_INDICATION);
pFrame[FRAME_CMD1_OFFSET] = HI_UINT16(ZB_RECEIVE_DATA_INDICATION);

// Source address
pFrame[FRAME_DATA_OFFSET + ZB_RECV_SRC_OFFSET]= LO_UINT16
(gtwData- >source);
pFrame[FRAME_DATA_OFFSET + ZB_RECV_SRC_OFFSET+1] = HI_UINT16 (gtw
Data->source);

// Command ID
pFrame[FRAME_DATA_OFFSET+ ZB_RECV_CMD_OFFSET] = LO_UINT16
(SENSOR_REPORT_CMD_ID);
pFrame[FRAME_DATA_OFFSET+ ZB_RECV_CMD_OFFSET+ 1] = HI_UINT16
(SENSOR_REPORT_CMD_ID);

// Length
pFrame[FRAME_DATA_OFFSET+ ZB_RECV_LEN_OFFSET] = LO_UINT16(4);
pFrame[FRAME_DATA_OFFSET+ ZB_RECV_LEN_OFFSET+ 1] = HI_UINT16(4);

// Data
pFrame[FRAME_DATA_OFFSET+ ZB_RECV_DATA_OFFSET] = gtwData->temp;
pFrame[FRAME_DATA_OFFSET+ ZB_RECV_DATA_OFFSET+ 1] = gtwData->
voltage;
pFrame[FRAME_DATA_OFFSET+ ZB_RECV_DATA_OFFSET+ 2] = LO_UINT16
(gtwData->parent);
pFrame[FRAME_DATA_OFFSET+ ZB_RECV_DATA_OFFSET+ 3] = HI_UINT16
(gtwData->parent);

// Frame Check Sequence
pFrame[ZB_RECV_LENGTH - 1] = calcFCS(&pFrame[FRAME_LENGTH_OFFSET],
(ZB_RECV_LENGTH - 2) );
```

```
    // Write report to UART
    HalUARTWrite(HAL_UART_PORT_0, pFrame, ZB_RECV_LENGTH);
}
```

第三部分　技能训练

一、验证实验结果

第一步：打开工程文件。

打开工程文件“代码和例子程序\Z-Stack 实验\4.ZStack 综合实验\ZStack-CC2530-2.5.0\Projects\zstack\Samples\SensorDemo\CC2530DB\SensorDemo 工程文件”。

第二步：建立网络。

用 MINI USB 线连接网关节点到计算机，开电，当模块上两个 LED 灯闪烁时拨摇杆的上键（选定作为协调器启动，每次下载完程序第一次上电需要操作，后续复位后可自动选定）。此时液晶会显如下图 18-2 所示信息。

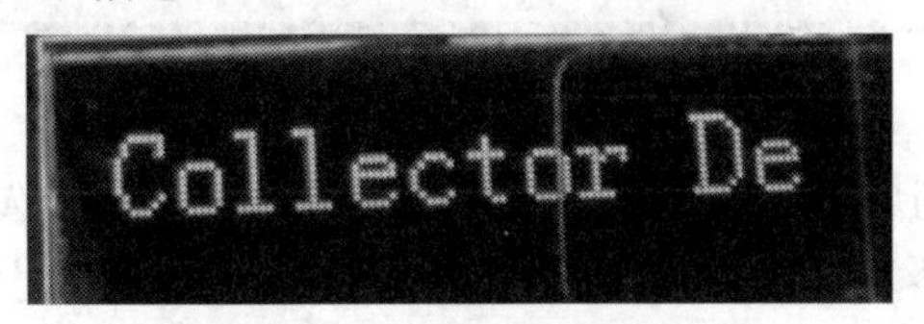

图 18-2　协调器建立网络成功

第三步：运行 PC 监控软件。

运行“D：\Program Files\Texas Instruments\ZigBee SensorMonitor\bin\zsensormonitor.exe”，启动界面如图 18-3 所示。

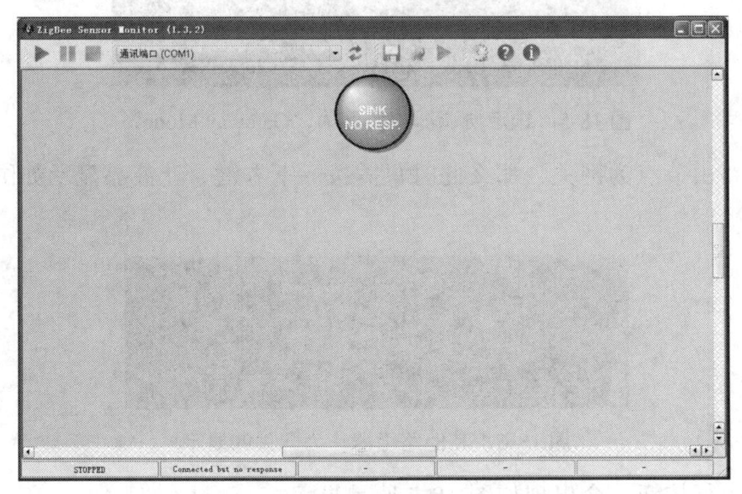

图 18-3　PC 端监控软件启动后视图

此时，图中节点为灰色显示，并且有“SINK NO RESP”字样，表明PC软件与节点通信异常。因为默认为串口 0，由于该系统采用 USB 转串口（驱动安装之前已介绍），所以需要查询串口号，打开计算机管理，查看端口，如图 18-4 所示。

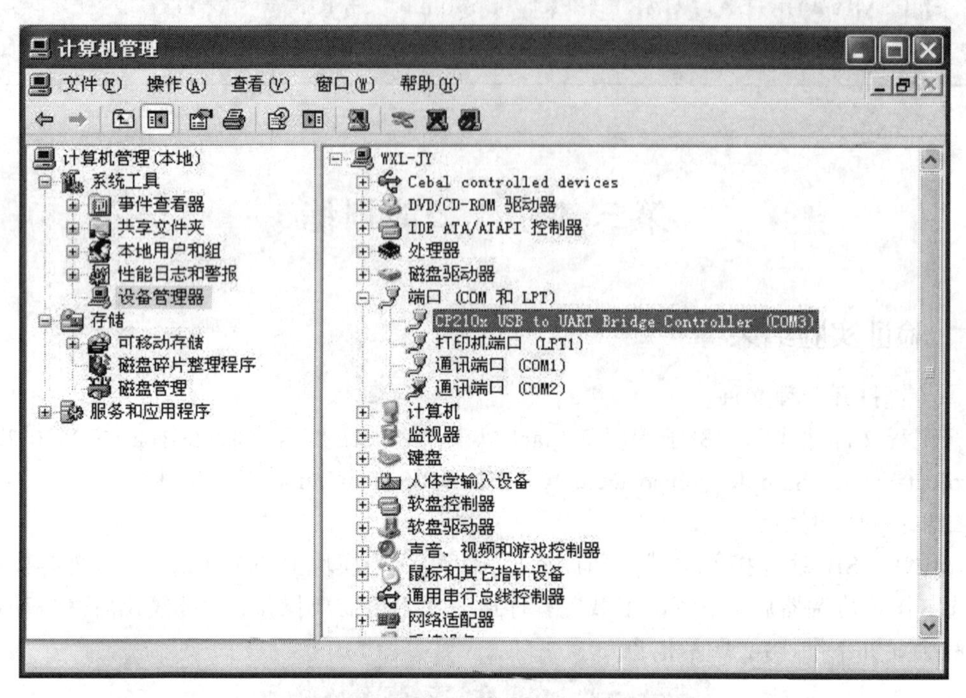

图 18-4　查看 PC 端软件占用端口号

可以在设备管理上看到此时虚拟串口号为 COM3，可以手动选定串口。

由于协调器默认采集器不是网关类型（应用类型），所以此时需要拨一下按键“右”，当液晶出现如图 18-5 所示信息即可。

图 18-5　选定协调器的类型为“Gateway Mode”

如果以其他路由节点为网关，那么此时只需拨一下右键，让液晶显示如图 18-6 所示信息即可。

图 18-6　其他路由器作为网关的显示

然后，点击运行按钮，会出现如图 18-7 所示界面。

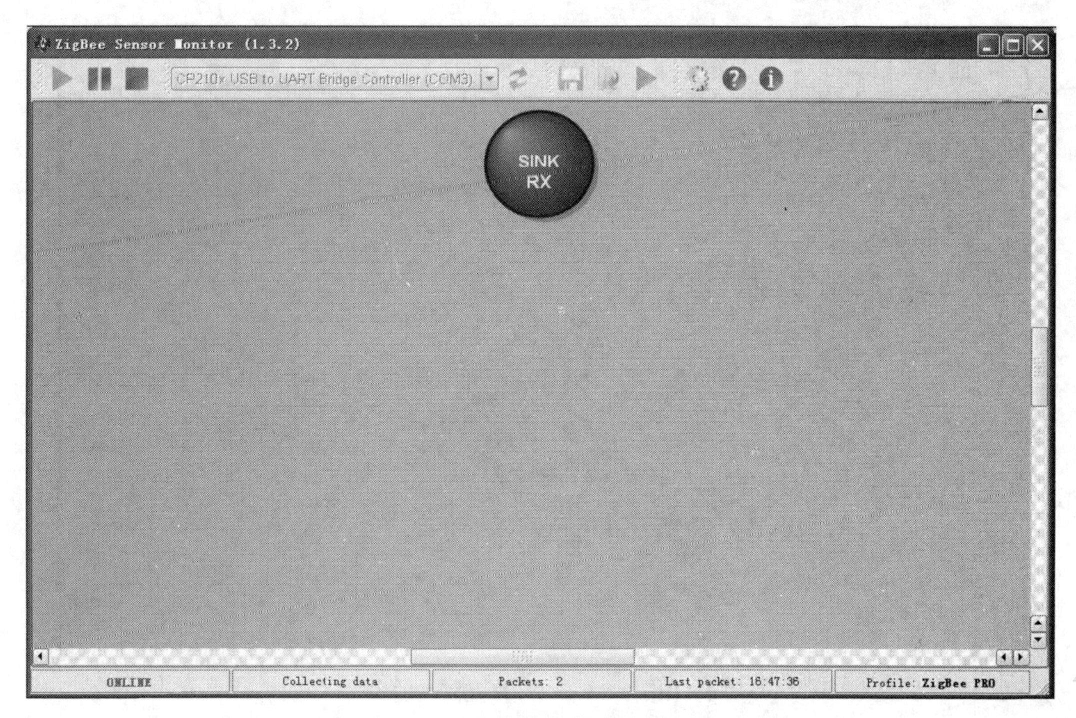

图 18-7　网关节点启动后的界面

此时可以看到，图中有个红色按钮图示，上有“SINK RX” 字样，表示 PC 软件连接网关成功。

第四步：运行终端节点 1。

使一个终端节点（这里先上电采集芯片内传感器的节点）上电，液晶显示如图 18-8 所示。

图 18-8　终端节点上电后显示

图 19-8 所示表示终端节点已成功加入网络。此时只需拨一下节点的下键，即开始绑定并传输传感器数据信息。网关液晶显示如图 18-9 所示。

图 18-9　网关节点收到数据收显示

PC 软件显示如图 18-10 所示。

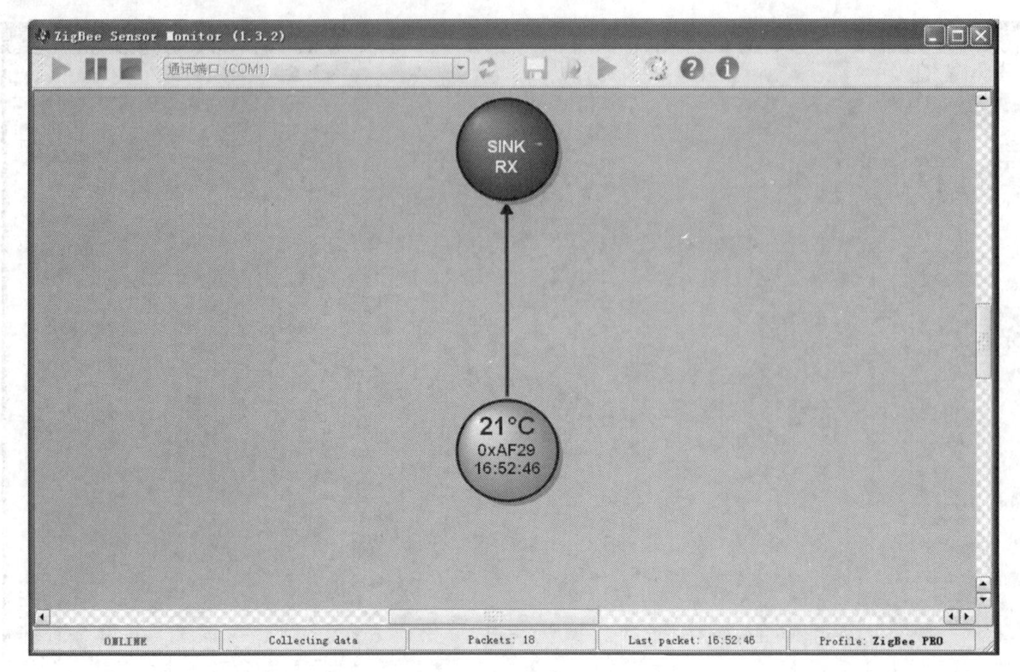

图 18-10　终端节点连接上网关的显示

可以看到，此时已经有一个黄色节点，上面有温度值和节点网络地址显示。

第五步：运行终端节点 2（带扩展板传感器模块节点）。

操作方式同上。先上电自动加入网络，液晶显示如图 18-11 所示。

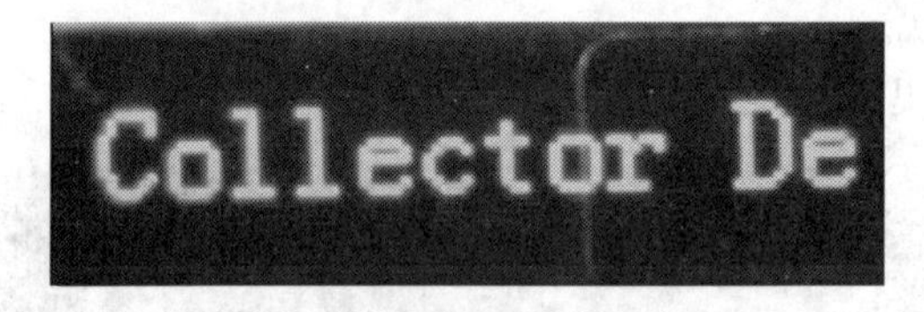

图 18-11　上电带扩展板传感器模块节点的显示

然后拨下键，此时液晶显示如图 18-12 所示。

图 18-12　带扩展板传感器模块节点加入网络成功的显示

同时，PC 软件会有如下变化，如图 18-13 所示。

可以看到，图中多了一个节点，如果用手指按住温度传感器，会显示温度的变化。

第六步：路由演示。

由于节点数量受限，可以将以上终端之一用于烧写程序，烧写过程同上。上电/复位启动该节点，它会自动检测周围是否存在相同网络，如果存在，它将作为路由器自动启动并加入该网络。按一下下键，该节点会自动与协调器绑定。那么此时 PC 软件将显示如图 18-14 所示界面。

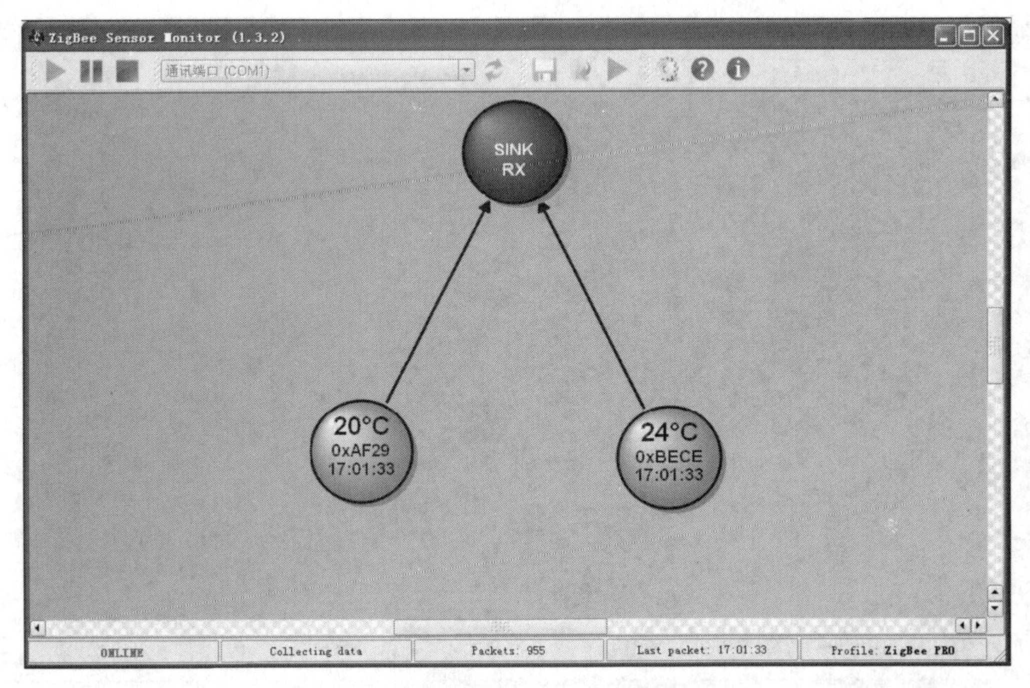

图 18-13　多个终端节点加入网关网络的视图

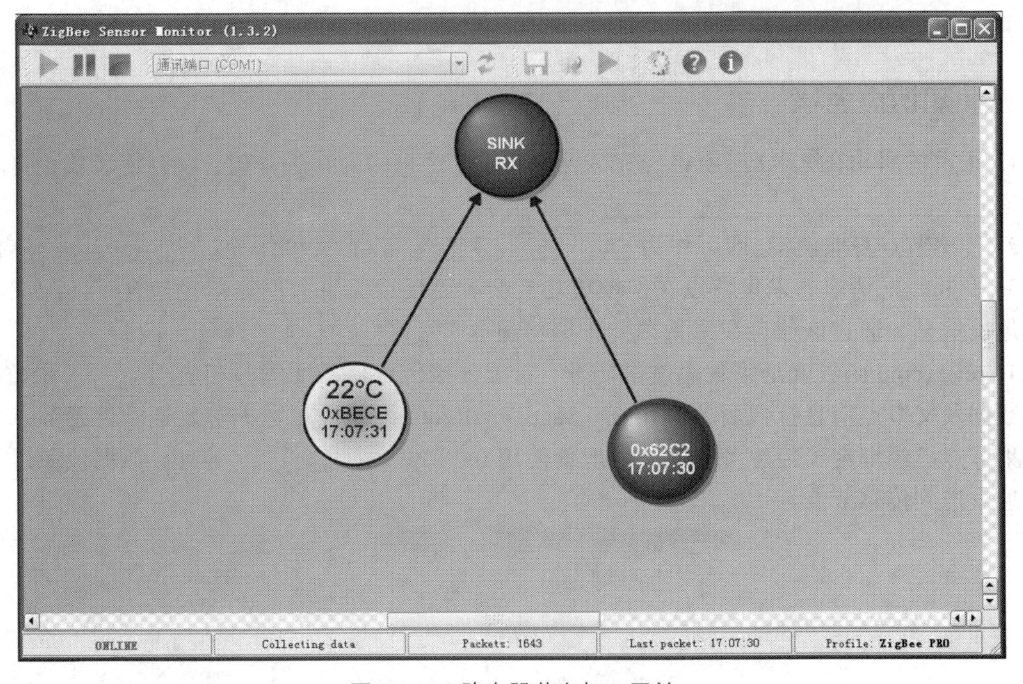

图 18-14　路由器节点加入网关

其中蓝色节点即为路由节点，如果控制距离合适，可以呈现如图 18-15 所示效果。

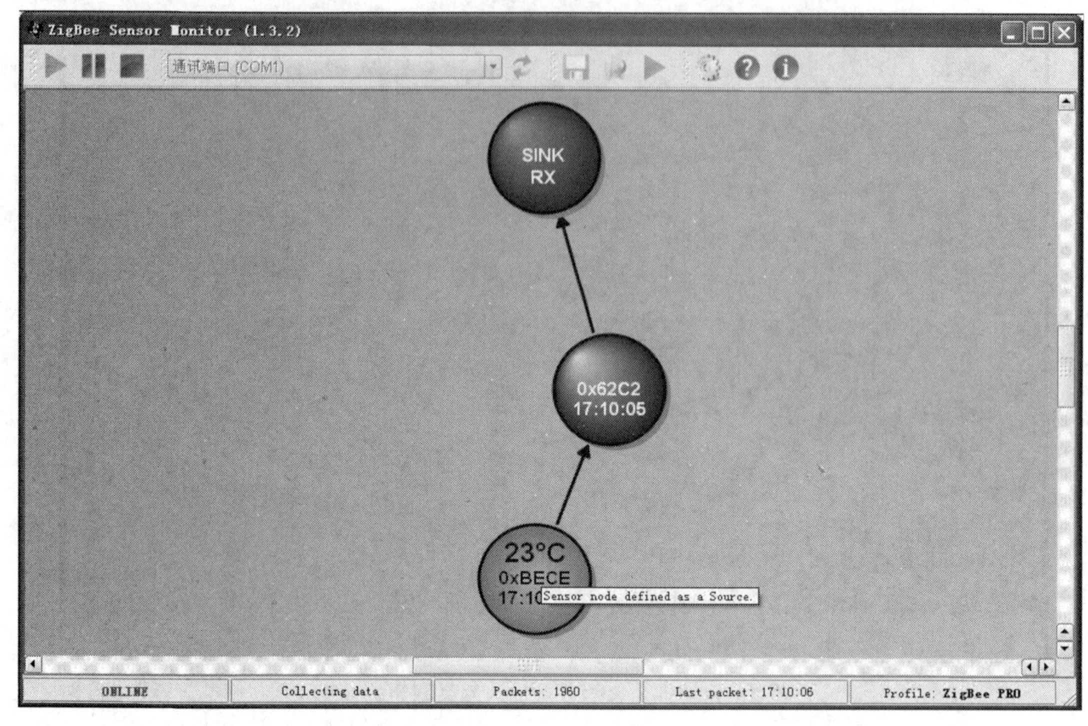

图 18-15　控制距离后，终端节点经过路由器转接到网关的视图

二、知识点考核

1. 正常的启动在 ZDO 层就已经完成网络启动，这是因为在编译时，没有定义禁止自动启动的宏______________________________。

2. 传感节点身兼两责，即可作为__________________启动，又可作为__________________启动。

3. 发起匹配请求的采集节点在匹配成功后会收到反馈信息，反馈信息包含了匹配成功的节点地址信息，通过该信息在采集节点中即可建立_______________。

4. readTemp 函数就是采集温度的函数，对于外接传感器需要编写相应_________函数，传感器数据及父节点信息打包后，调用 zb_SendDataRequest 函数将数据包发送到传感节点。因为采集节点已经绑定了传感节点，此时地址使用 0xFFFE，为_________地址，数据包通过绑定表信息发送到传感节点。

项目十九　温度传感器实验

第一部分　教学要求

<table>
<tr><td>一、目的要求</td><td colspan="3">1. 了解温度传感采集的原理；
2. 学习 TC77 温度传感器从而掌握温度传感器的原理；
3. 掌握“传感器节点板”模块的原理和使用方法</td></tr>
<tr><td rowspan="8">二、工具、器材</td><td>实 验 设 备</td><td>数 量</td><td>备　注</td></tr>
<tr><td>EXPLORERF-CC2530 网关板</td><td>1</td><td>实现网关板与 PC 的通信</td></tr>
<tr><td>USB 线</td><td>1</td><td>连接网关板与 PC</td></tr>
<tr><td>CC2530 节点模块</td><td>1</td><td>实现无线数据的收发</td></tr>
<tr><td>传感器节点板</td><td>1</td><td>连接传感器和节点模块</td></tr>
<tr><td>温度传感器</td><td>1</td><td>感知环境中气温的变化</td></tr>
<tr><td>系统底板</td><td>1</td><td>把各模块板组成一个系统</td></tr>
<tr><td>C51RF-3 仿真器</td><td>1</td><td>含下载和调试程序</td></tr>
<tr><td>三、重难点分析</td><td colspan="3">Z-Stack 建立组和加入组的方法。</td></tr>
<tr><td colspan="4">四、教学过程</td></tr>
<tr><td>教学步骤/知识或单元结构</td><td>教学方式/方法/策略</td><td colspan="2">学生活动安排/过程</td></tr>
<tr><td>1. 温度传感器 TC77 特性</td><td>讲授温度传感器 TC77 的特性、结构及应用</td><td colspan="2">查阅资料，并讨论 TC77 芯片的特性</td></tr>
<tr><td>2. 分析硬件电路</td><td>参看硬件电路的原理图</td><td colspan="2">查看温度节点的实现方式、连接接口及访问方式</td></tr>
<tr><td>3. 代码分析</td><td>分析传感器采集的函数，并分析如何在协议栈文件中调用该函数</td><td colspan="2">分析在 WSN 网络里 PC 机、网关、路由器和传感器节点的作用</td></tr>
<tr><td>4. 数据结构格式解析</td><td>分析解释 ASCII 的表达形式；
引导学生思考发送读取数据的命令的格式</td><td colspan="2">打开串口调试助手，配置正确的串口号和通信波特率，填入测试的数据指令，点击发送，分析收到的数据</td></tr>
<tr><td>5. 功能验证</td><td>指导学生排查实验功能故障</td><td colspan="2">排查故障，使用测试工具</td></tr>
<tr><td>6. 考核</td><td>对照技能训练考核学生，并给出成绩</td><td colspan="2"></td></tr>
<tr><td>7. 布置作业</td><td>练习</td><td colspan="2">强化课堂认知技能</td></tr>
<tr><td colspan="4">五、成绩评定</td></tr>
<tr><td>评定等级</td><td></td><td>教师签名</td><td></td></tr>
</table>

第二部分　教学内容

一、温度传感器 TC77 特性

温度传感器采用的是 TC77 控制器，TC77 是一款 13 位串行接口输出的集成数字温度传感器，其温度数据由热传感单元转换得来。TC77 内部含有一个 13 位 ADC，温度分辨率为 0.0625℃/LSB。在正常工作条件下，静态电流为 250 μA（典型值）。其他设备与 TC77 的通信由 SPI 串行总线或兼容接口实现，该总线可用于连接多个 TC77，实现多区域温度监控。配置寄存器 CONFIG 中的 SHDN 位可激活低功耗关断模式，此时电流消耗仅为 0.1 μA（典型值）。TC77 具有体积小巧、装配成本低和易于操作的特点，是系统热管理的理想选择。

1. TC77 内部结构

数字温度传感器 TC77 从固态（PN 结）传感器获得温度并将其转换成数字数据。再将转换后的温度数字数据存储在其内部的寄存器中，并能在任何时候通过 SPI 串行总线接口或兼容接口读取该数据。TC77 有两种工作模式，即连续温度转换模式和关断模式。连续温度转换模式用于温度的连续测量和转换，关断模式用于降低电源电流的功耗敏感型应用，其内部结构如图 19-1 所示。

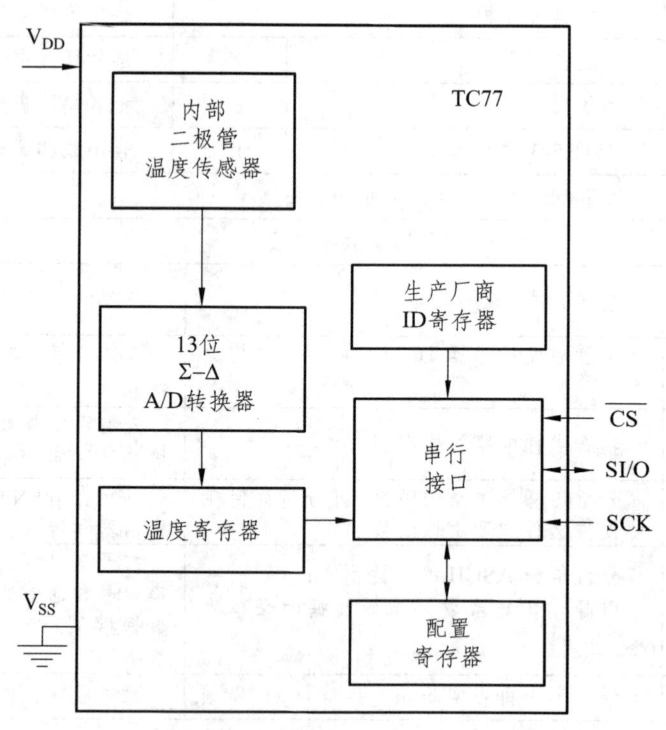

图 19-1　TC77 内部结构

上电或电压复位时，TC77 即处于连续温度转换模式，上电或电压复位时的第一次有效温度转换会持续大约 300 ms，在第一次温度转换结束后，温度寄存器的第 2 位被置为逻辑“1”，而在第一次温度转换期间，温度寄存器的第 2 位是被置为逻辑“0”的。因此，可以通过监测温度寄存器第 2 位的状态，判断第一次温度转换是否结束。

在得到 TC77 允许后，主机可将其置为低功耗关断模式，此时，A/D 转换器被中止，温度数据寄存器被冻结，但 SPI 串行总线端口仍然正常运行。通过设置配置寄存器 CONFIG 中的 SHDN 位，可将 TC77 置于低功耗关断模式：即设置 SHDN=0 时为正常模式；SHDN=1 时为低功耗关断模式。

二、硬件电路

光敏/温度传感器模块如图 19-2 所示。

图 19-2　温度传感器模块

硬件采集电路如图 19-3 所示。

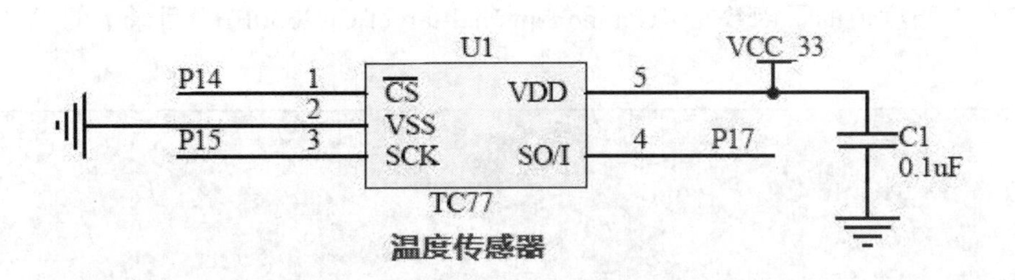

图 19-3　温度传感器的硬件电路原理图

温度传感器通过 SPI 串行数据总线采集数据，硬件连接在 CC2530 的 P15、P17 接口，CS_TC77（P14）作为片选控制。

三、代码分析

在“Projects\zstack\Samples\SampleApp\Source”目录下的“SampleApp.c”文件中，可以看到工程文件。

传感器采集函数在 void SampleApp_MessageMSGCB（afIncomingMSGPacket_t *pkt）中。

```
case 4: //普通温度、光敏、蜂鸣器
            if(DispState == 0)
            {
                LcdPutString16_8(0, 0,  (void*)" Temp/Light ", 12, 1);
            }
            else if(DispState == 1)
            {
                temp = ReadTc77();          //读取温度
                sprintf(msg, "TEMP: %2d        ", temp);

                LcdPutString16_8(0, 0,  (void*)msg, 12, 1);
            }
            else if(DispState == 2)         //读取光照
            {
                temp = ReadSensorAdc(1);
                sprintf(msg, "Light: %03d      ", temp);

                LcdPutString16_8(0, 0,  (void*)msg, 12, 1);
            }

        break;
```

读取 TC77 温度值的子函数在“Components\hal\target\CC2530EB”目录下的“TC77.c”文件中。

```
/*****************************************************
函数名: INT8U Read Tc77(void)
功能: 温度传感器
输入: 无
返回: 温度值
*****************************************************/
INT8U ReadTc77(void)
{
INT16U temp=0;
INT8U i;
        P1DIR &=  ~0x80;
        MISO = 1;
```

```
            SCK = 0;
    CS_TC77 = 0;

    for(i=0; i<16; i++)
    {
        temp <<= 1;
        SCK = 1;
        asm("nop");
        if(MISO)temp++;
        SCK = 0;
        asm("nop");
    }
    CS_TC77 = 1;
            i = temp >> 7;
```

四、数据格式解析

若读取的原始十六进制数据为：

265241533330303030303230eced474432327878787878787878787878e32a

解释成 ASCII 的表达：

帧头	节点地址	短地址	数据帧	CRC 校验	帧尾
&RAS	3330303030303230	eced	WD22xxxxxxxxxxxx	?	*

&RAS 为命令头，3330303030303230 为节点地址，eced 为短地址号，WD22xxxxxxxxxxxx 为数据帧内容，? 为一个字节的 CRC 数据，*为帧尾标志。

发送读取数据的命令是：

帧头	节点地址	短地址	数据帧	CRC 校验	帧尾
&RAS	3330303030303230	edec	WDxxxxxxxxxxxxxx	无指定	*

转化为十六进制数据命令是：

265241533330303030303230edec474430303078787878787878787878302a

打开“\软件工具及驱动”中工具“串口调试助手.exe”，配置正确的串口号和通信波特率，填入测试的数据指令，点击发送就可以获取网关返回的读取到的节点数据，如图 19-4 所示。

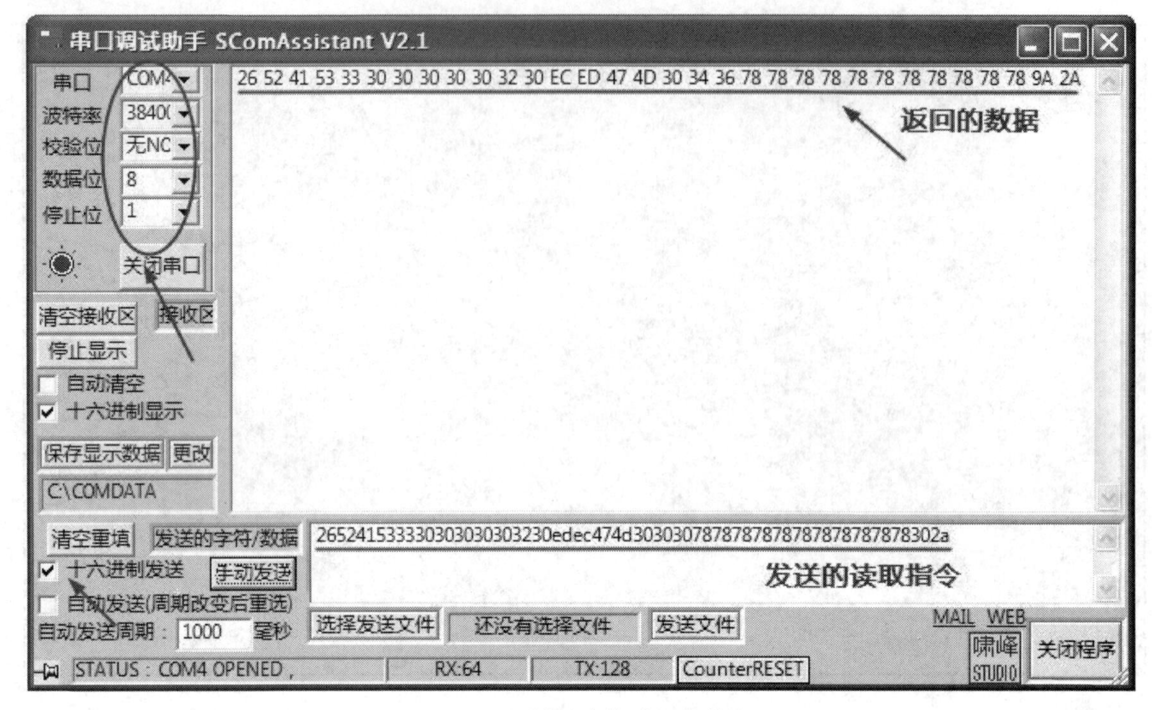

图 19-4　测试温度传感器的数值

注：3330303030303230 和 edec 是当前所选取节点模块对应的地址，实际实验中可能因“实验步骤第四步”中修改的 IEEE 地址或网络随机分配的短地址不同而不同。

第三部分　技能训练

一、验证实验结果

第一步：编译工程并下载到目标板。

点击菜单 Project，选择“Rebuild All”，等待工程文件编译完成。工程文件编译完成后，将仿真器与网关通过仿真器下载线连接起来。确保仿真器与计算机、仿真器与网关底板连接正确，ZigBee 无线模块正确地插在网关底板后。

点击菜单 Project，选择“Debug”，或点击相应图标，等待程序下载完成。

将“RouterEB-Pro”设备对应的程序下载到带传感器模块的传感器节点底板中（SMBD-V11-1）。

第二步：获取和查看温度传感器数据。

用 USB 线连接 PC 机和网关，打开“\软件及驱动\无线龙无线传感器监控软件”目录下的“无线龙监控软件 V1.00.exe”软件。

通过设备管理器查看对应设备的串口号，图 19-5 中显示为 COM3。在监控软件中选择“COM 端口”COM3，波特率：38 400，点击“打开串口”，如图 19-6 所示。

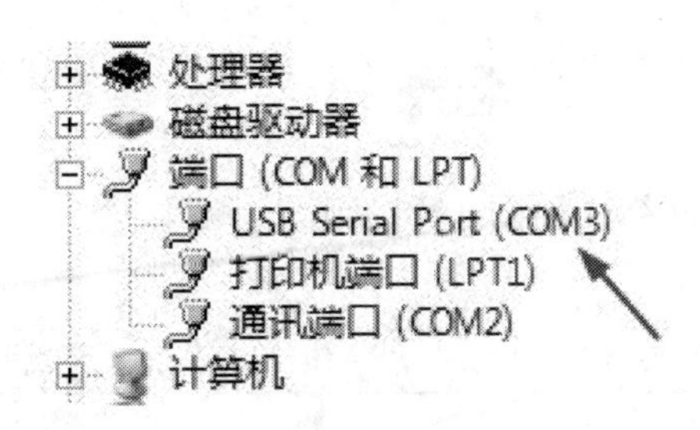

图 19-5　查看设备管理器占用的串口号

图 19-6　选择正确的串口号

正确打开串口后，选择“网络拓扑图”，将显示如图 19-7 所示界面，注意确保网关与计算机连接正确。

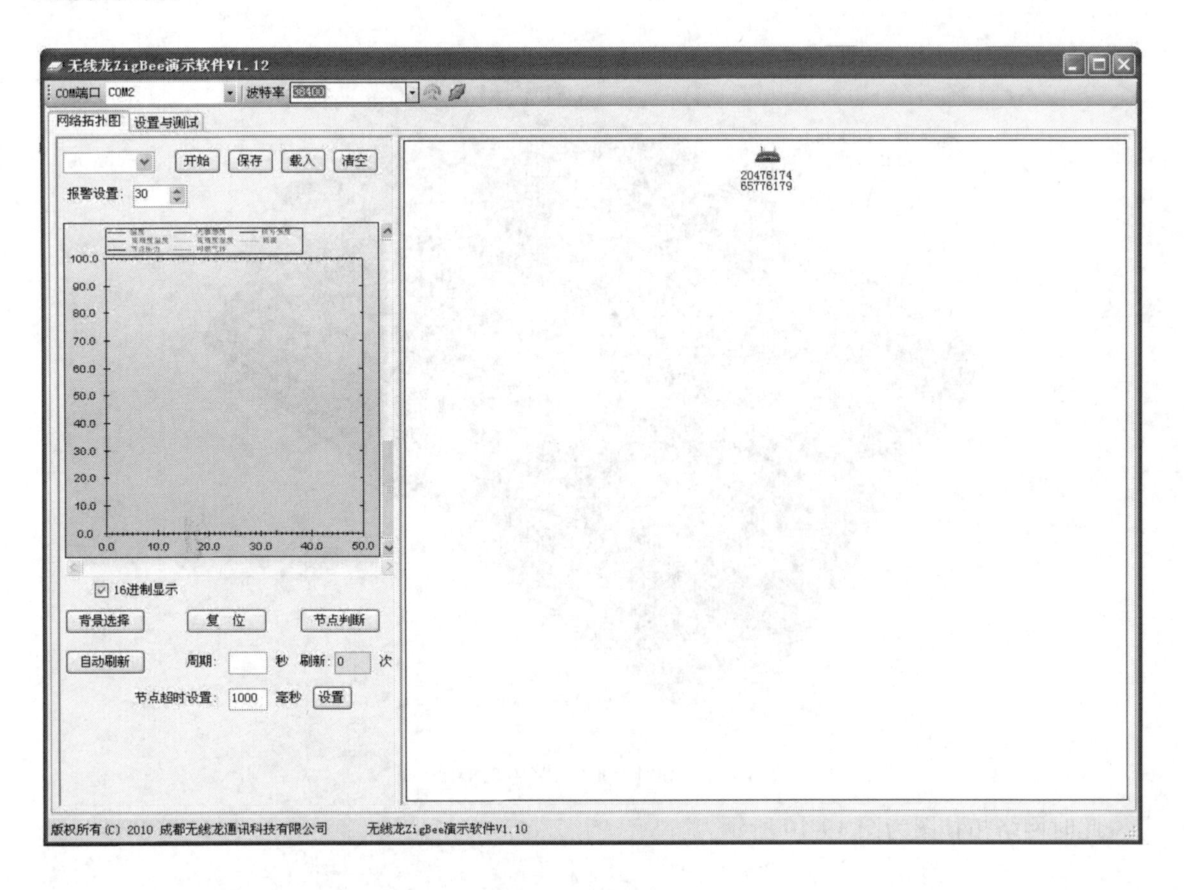

图 19-7　显示网关

如串口打开后在拓扑图中没出现（表示网关），请查看 COM 端口设置是否正确，串口连线是否正常。

打开自动更新以便监控网络，如图 19-8 所示。

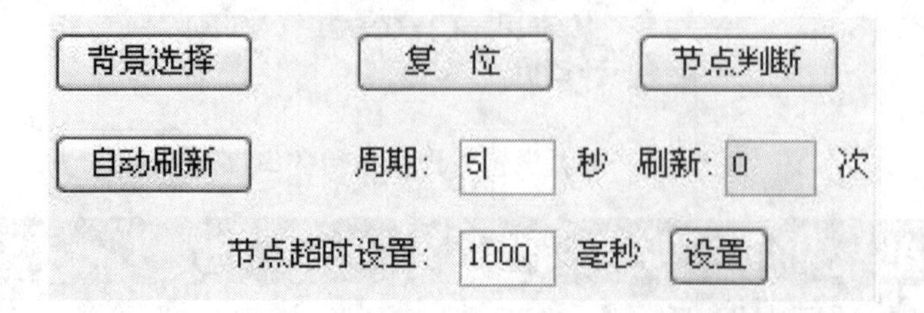

图 19-8　自动刷新设置

打开自动更新后，就可以开始组建网络了。首先将下载有路由器程序（如下图中地址为“00000001”节点）的节点的电源打开，此时节点模块上右边的 LED 灯亮起，表示已接入网络（也可用下载了终端节点程序的节点，由于终端节点不具有下级路由，为了显示多级路由说明，使用路由功能节点）如图 19-9 所示。

图 19-9　“00000001”路由功能节点

此时网络拓扑图为图 19-10 所示。

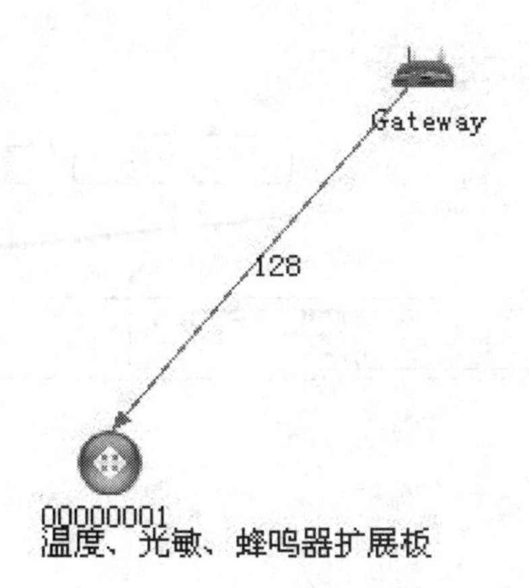

图 19-10　网络拓扑显示

节点如果是路由器，其节点在拓扑图上的图标表示为（表示路由器），如果是终端节点（传感器节点）则表示为或（表示终端节点）。

节点之间的连线表示两节点之间的父子关系，连线的颜色随中间表示信号强度的数字的变化而变化，具体如下：

当信号强度为 0 时，连线显示为灰色。

当信号强度大于 0 小于等于 50 时，连线显示为红色。

当信号强度大于 50 小于等于 100 时，连线显示为黄色。

当信号强度大于 100 时，连线显示为绿色。

第三步：显示温度曲线。

（1）在拓扑图中选中节点，如图 19-11 所示。

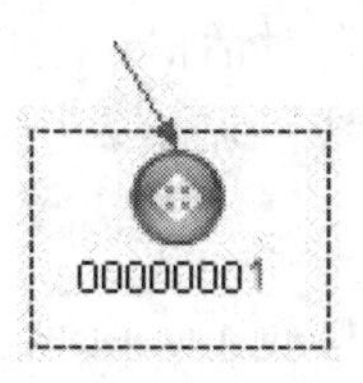

图 19-11　选择节点

（2）在曲线部分中的下拉菜单中选择节点温度，如图 19-12 所示。

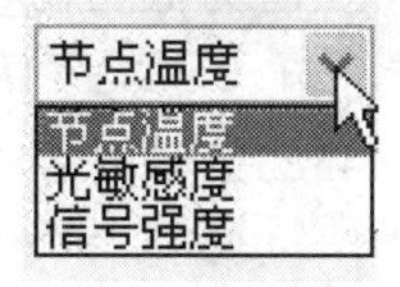

图 19-12　选择节点温度测试项目

（3）点击“开始”按钮，就可显示节点温度的曲线了（注：这时“开始”按钮将变为“关闭”按钮）。为了使显示的曲线效果更明显，可以通过向传感器吹气或将传感器置于空调口来达到明显效果，曲线显示如图 19-13 所示。

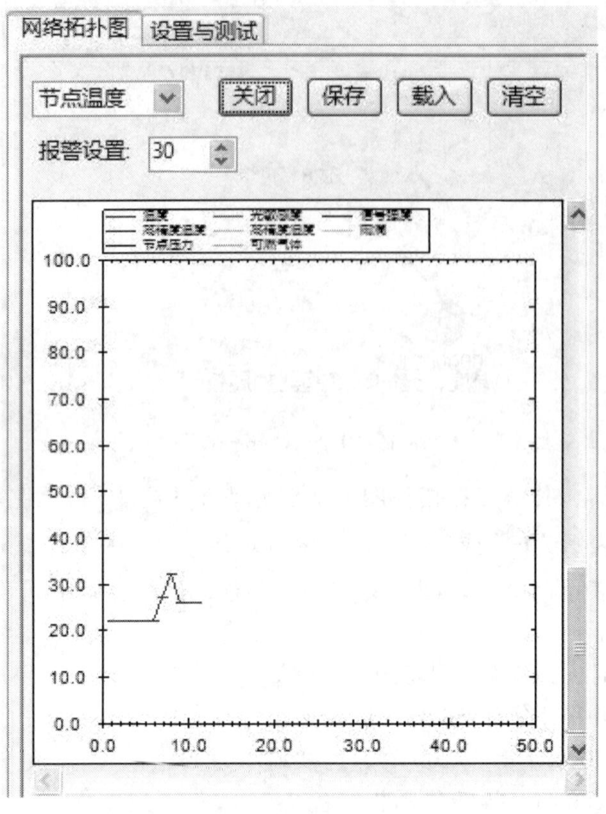

图 19-13 RSS 曲线显示图

点击“关闭”按钮，则曲线停止更新，但不会消失，这时“关闭”按钮将变为“开始”按钮。再次点击“开始”按钮会弹出一个对话框，选择“是”则不清空曲线，继续在图上画曲线。选择“否”则清空曲线，重新在图上画曲线。

二、知识点考核

1. 温度传感器采用的是 TC77 控制器，TC77 是一款________位串行接口输出的集成数字温度传感器。

2. 通过设置配置寄存器 CONFIG 中的 SHDN 位，可将 TC77 置于低功耗关断模式：即设置 SHDN=0 时为________模式；SHDN=1 时为低功耗________模式。

3. 原始的十六进制数据为：

265241533330303030303230eced4744323278787878787878787878787878e32a

解释成 ASCII 的表达：

帧头	节点地址	短地址	数据帧	CRC 校验	帧尾
&RAS	3330303030303230	eced	WD22xxxxxxxxxxxx	?	*

&RAS 帧头为_______；3330303030303230 为节点地址，是一个_________位的________进制数；eced 为短地址，是一个________位的_________进制数；WD22xxxxxxxxxxx 为数据帧的________；？为____个字节的 CRC 数据，*为帧尾标志。_____是对应温度值的参考量。

项目二十　光照传感器实验

第一部分　教学要求

<table>
<tr><td>一、目的要求</td><td colspan="3">1. 了解光照采集的原理
2. 学习 CDS 光照传感器从而掌握光照传感器的原理
3. 掌握“传感器节点板”模块的原理和使用方法</td></tr>
<tr><td rowspan="6">二、工具、器材</td><td>实验设备</td><td>数量</td><td>备　注</td></tr>
<tr><td>CC2530 网关板，SMBD-V12</td><td>1</td><td>网关板与 PC 的通信</td></tr>
<tr><td>USB 线</td><td>2</td><td>连接网关板与 PC</td></tr>
<tr><td>CC2530 节点模块</td><td>2</td><td>无线数据的收发</td></tr>
<tr><td>传感器节点底板，SMBD-V11-1</td><td>1</td><td>连接传感器和节点模块，可使用 V12</td></tr>
<tr><td>光敏/温度传感器模块</td><td>1</td><td>感知由自然可见光的强度</td></tr>
<tr><td>三、重难点分析</td><td colspan="3">“传感器节点板”模块的原理和使用方法</td></tr>
</table>

<table>
<tr><td colspan="3">四、教学过程</td></tr>
<tr><td>教学步骤/知识或单元结构</td><td>教学方式/方法/策略</td><td>学生活动安排/过程</td></tr>
<tr><td>1. CDS 光敏电阻特性</td><td>讲授 CDS 光敏电阻的特性、结构及应用</td><td>查询资料并讨论光敏电阻的特性</td></tr>
<tr><td>2. 分析硬件电路</td><td>参看硬件电路的原理图</td><td>查看光照传感器的实现方式和连接接口及访问方式</td></tr>
<tr><td>3. 代码分析</td><td>分析光照传感器采集的函数，并分析如何在协议栈文件中调用</td><td>分析在 WSN 网络里 PC 机、网关、路由器和传感器节点的作用</td></tr>
<tr><td>4. 数据结构格式解析</td><td>分析解释成 ASCII 的表达形式，引导学生思考发送读取数据的命令的格式</td><td>打开串口调试助手，配置正确的串口号和通信波特率，填入测试的数据指令，点击发送，分析收到的数据</td></tr>
<tr><td>5. 功能验证</td><td>指导学生排查功能故障</td><td>排查故障，使用测试工具</td></tr>
<tr><td>6. 考核</td><td>对照技能训练考核学生，并给出成绩</td><td></td></tr>
<tr><td>7. 布置作业</td><td>练习</td><td>强化课堂认知技能</td></tr>
</table>

<table>
<tr><td colspan="4">五、成绩评定</td></tr>
<tr><td>评定等级</td><td></td><td>教师签名</td><td></td></tr>
</table>

第二部分　教学内容

一、CDS 光敏电阻特性

光照传感器的核心元件是光敏电阻。光敏电阻的工作原理是基于内光电效应。在半导体光敏材料两端装上电极引线，将其封装在带有透明窗的管壳里就构成光敏电阻，为了增加灵敏度，两电极常做成梳状。用于制造光敏电阻的材料主要是金属的硫化物、硒化物和碲化物等半导体。在黑暗环境里，它的电阻值很高，当受到光照时，只要光子能量大于半导体材料的禁带宽度，则价带中的电子吸收一个光子的能量后可跃迁到导带，并在价带中产生一个带正电荷的空穴，这种由光照产生的电子-空穴对决定了半导体材料中载流子的数目，使其电阻率变小，从而造成光敏电阻阻值下降。光照愈强，阻值愈低。入射光消失后，由光子激发产生的电子-空穴对将复合，光敏电阻的阻值也就恢复原值。在光敏电阻两端的金属电极加上电压，其中便有电流通过，受到波长的光线照射时，电流就会随光强的增大而变大，从而实现光电转换。光敏电阻没有极性，纯粹是一个电阻器件，使用时既可加直流电压，也可加交流电压。

CDS 光敏电阻是种薄膜的电子元器件，阻值随着光源强度而变化，其灵敏度高，体积小。5 mm CDS 光敏电阻外形及尺寸如图 20-1 所示。其主要特点是采用环氧树脂或金属密封封装、光谱特性好、可靠性好、灵敏度高、体积小。主要应用在照相机自动测光、工业控制、光电控制、光控开关、电子玩具等场合。

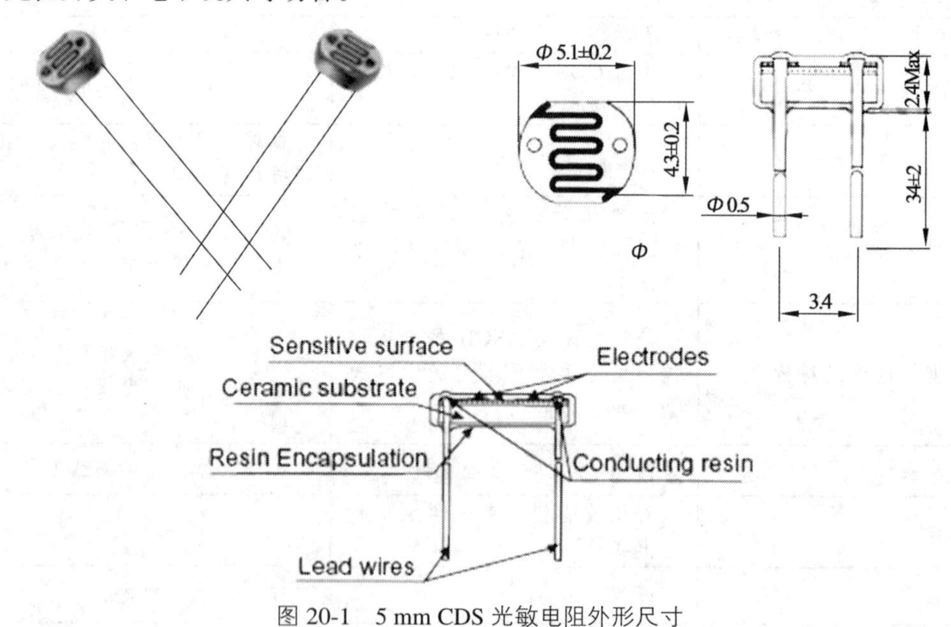

图 20-1　5 mm CDS 光敏电阻外形尺寸

CDS 光敏电阻包含 5 mm，12 mm，20 mm 三种规格，表 20-1 提供了 PGM5 系列 CDS 光敏电阻的电子特性。

表 20-1　PGM5 系列 CDS 光敏电阻的电子特性

型号	最大电压（DC）/V	最大功率/mW	环境温度/°C	光谱峰值/nm	亮电阻（10 Lx）/kΩ	暗电阻（MΩ）min	γ /min	响应时间/ms	
								上升	下降
PGM5506	100	90	−30 ~ +70	540	2 ~ 6	0.15	0.6	30	40
PGM5516	100	90	−30 ~ +70	540	5 ~ 10	0.2	0.6	30	40
PGM5526	150	100	−30 ~ +70	540	8 ~ 20	1.0	0.6	20	30
PGM5537	150	100	−30 ~ +70	540	16 ~ 50	2.0	0.7	20	30
PGM5539	150	100	−30 ~ +70	540	30 ~ 90	5.0	0.8	20	30
PGM5549	150	100	−30 ~ +70	540	45 ~ 140	10.0	0.8	20	30
PGM5616D	150	100	−30 ~ +70	560	5 ~ 10	1.0	0.6	20	30
PGM5626D	150	100	−30 ~ +70	560	8 ~ 20	2.0	0.6	20	30
PGM5637D	150	100	−30 ~ +70	560	16 ~ 50	5.0	0.7	20	30
PGM5639D	150	100	−30 ~ +70	560	30 ~ 90	10.0	0.8	20	30
PGM5649D	150	100	−30 ~ +70	560	50 ~ 160	20.0	0.8	20	30
PGM5659D	150	100	−30 ~ +70	560	150 ~ 300	20.0	0.8	20	30

二、硬件电路

本实验系统中配备的光敏/温度传感器模块如图 20-2 所示。

硬件采集电路如图 20-3 所示。

图 20-2　光敏/温度传感器模块

图 20-3　光敏电阻硬件采集电路

光电传感器通过 ADC 来实现电压值的采集，电路简单实用，可以检测环境的光线。

该光敏电阻主要参数：

- 最大电压：100 V DC
- 最大功率：90 mW
- 环境温度：−30 ~ +70 °C

- 光谱峰值：540 nm
- 亮电阻：2 ~ 6 kΩ（10 Lx）
- 暗电阻：0.15（MΩ）min
- γ：0.6 min
- 响应时间：上升 30 ms

  下降 40 ms

该光敏电阻测试参数说明：

亮电阻：用 400 ~ 600 Lx 光照射 2 h 后，在标准光源 A（色温 2854 K）下，用 10 Lx 光测量。

暗电阻：关闭 10 Lx 光照 10 s 后的电阻值。

γ：γ 是指 10 Lx 照度下和 100 Lx 照度下的标准值。

$\gamma = \log(R_{10}/R_{100}) / \log(100/10) = \log(R_{10}/R_{100})$

R_{10}，R_{100} 分别为 10 Lx，100 Lx 照度下的电阻值。γ 的公差为±0.1。

三、代码分析

打开“Projects\zstack\Samples\SampleApp\Source”目录下的“SampleApp.c”文件（见图 20-4）。

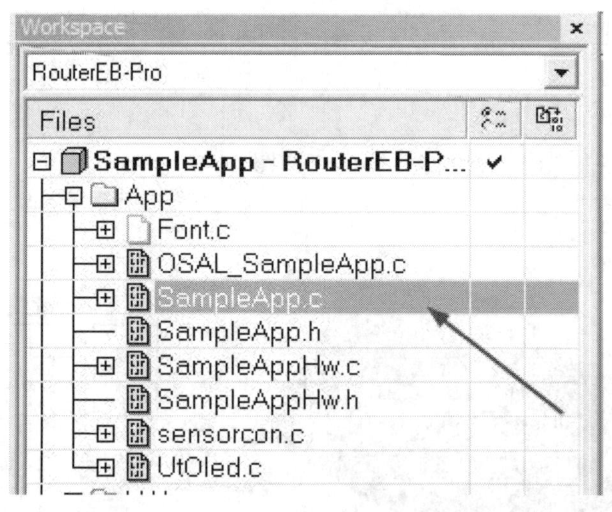

图 20-4　查看工程中的“SampleApp.c”文件

传感器采集的函数在 void SampleApp_MessageMSGCB（afIncomingMSGPacket_t *pkt　）中

```
case 4://普通温度、光敏、蜂鸣器
    if(DispState == 0)
    {
        LcdPutString16_8(0, 0,   (void*)" Temp/Light ", 12 , 1);
    }
    else if(DispState == 1)
    {
```

```
                temp = ReadTc77();          //读取温度
                sprintf(msg,"TEMP:%2d          ",temp);

                LcdPutString16_8(0, 0,  (void*)msg, 12 , 1);
            }
            else if(DispState == 2)          //读取光照
            {
                temp = ReadSensorAdc(1);
                sprintf(msg,"Light:%03d       ",temp);

                LcdPutString16_8(0, 0,  (void*)msg, 12 , 1);
            }

        break;
```

通过 ADC 读取光敏传感器值：

```
temp = ReadSensorAdc（1）; //读取光敏传感器值
```

ReadSensorAdc 子函数位于“Components\hal\target\CC2530EB”目录下的 Sensor.c 文件中

temp = HalAdcRead（channel，HAL_ADC_RESOLUTION_8）;

channel → 光敏传感器对应的 AD 通道 P01

HAL_ADC_RESOLUTION_8 → 采集分辨率 8Bit

ADC 采集子函数在在“Components\hal\target\CC2530EB”目录下的“hal_adc.c”文件

```
/*************************************************************************
 * @fn        HalAdcRead
 *
 * @brief     Read the ADC based on given channel and resolution
 *
 * @param      channel - channel where ADC will be read
 * @param      resolution - the resolution of the value
 *
 * @return    16 bit value of the ADC in offset binary format.
 *              Note that the ADC is "bipolar", which means the GND (0V) level is
mid-scale.

**************************************************************************/
```

```
uint16 HalAdcRead (uint8 channel, uint8 resolution)
{
  int16   reading = 0;

#if (HAL_ADC == TRUE)

  uint8    i, resbits;
  uint8    adctemp;
  volatile  uint8 tmp;
  uint8   adcChannel = 1;

  /*
  * If Analog input channel is AIN0..AIN7, make sure corresponing P0 I/O pin is enabled.
The code
  * does NOT disable the pin at the end of this function. I think it is better to leave the pin
  * enabled because the results will be more accurate. Because of the inherent capacitance
on the
  * pin, it takes time for the voltage on the pin to charge up to its steady-state level. If
  * HalAdcRead() has to turn on the pin for every conversion, the results may show a
lower voltage
  * than actuality because the pin did not have time to fully charge.
  */
  if (channel < 8)
  {
    for (i=0; i < channel; i++)
    {
      adcChannel <<= 1;
    }
  }

  /* Enable channel */
  ADCCFG |= adcChannel;

  /* Convert resolution to decimation rate */
  switch (resolution)
  {
  case HAL_ADC_RESOLUTION_8:
    resbits = HAL_ADC_DEC_064;
```

```
            break;
        case HAL_ADC_RESOLUTION_10:
            resbits = HAL_ADC_DEC_128;
            break;
        case HAL_ADC_RESOLUTION_12:
            resbits = HAL_ADC_DEC_256;
            break;
        case HAL_ADC_RESOLUTION_14:
        default:
            resbits = HAL_ADC_DEC_512;
            break;
    }

    /* read ADCL,ADCH to clear EOC */
    tmp = ADCL;
    tmp = ADCH;

    /* Setup Sample */
    adctemp = ADCCON3;
    adctemp &=  ~ (HAL_ADC_CHN_BITS | HAL_ADC_DEC_BITS | HAL_ADC_REF_
BITS);
    adctemp |= channel | resbits | HAL_ADC_REF_VOLT;

    /* writing to this register starts the extra conversion */
    ADCCON3 = adctemp;

    /* Wait for the conversion to be done */
    while (!(ADCCON1 & HAL_ADC_EOC));

    /* Disable channel after done conversion */
    ADCCFG &= (adcChannel ^ 0xFF);

    /* Read the result */
    reading = (int16) (ADCL);
    reading |= (int16) (ADCH << 8);

    /* Treat small negative as 0 */
    if (reading < 0)
```

```
    switch (resolution)
    {
      case HAL_ADC_RESOLUTION_8:
        reading >>= 8;
        break;
      case HAL_ADC_RESOLUTION_10:
        reading >>= 6;
        break;
      case HAL_ADC_RESOLUTION_12:
        reading >>= 4;
        break;
      case HAL_ADC_RESOLUTION_14:
      default:
      break;
    }
  #else
    // unused arguments
    (void) channel;
    (void) resolution;
  #endif

    return ((uint16)reading);
  }
```

四、数据格式解析

读得原始的 16 进制数据为

26524153333030303030303230eced474d303432787878787878787878787878962a

解释成 ASCII 的表达：

帧头	节点地址	短地址	数据帧	CRC 校验	帧尾
&RAS	3330303030303230	eced	GM042xxxxxxxxxxx	?	*

“&RAS”为命令头，“3330303030303230”为节点地址，“eced”是短地址号，“GM042xxxxxxxxxxx”数据帧内容，“? ”是一个字节的 CRC 数据，“*”是帧尾标志，“042”是采集到对应光敏值的参考量。

发送读取数据的命令是：

帧头	节点地址	短地址	数据帧	CRC 校验	帧尾
&RAS	3330303030303230	edec	GMxxxxxxxxxxxxxx	无指定	*

转化为 16 进制数据命令为

2652415333303030303030323 0edec474d3030307878787878787878787878302a

打开“\软件工具及驱动”中的工具“串口调试助手.exe”，配置正确的串口号和通信波特率，填入测试的数据指令，点击发送就可以获取网关返回的节点数据，返回结果如图 20-5 所示。

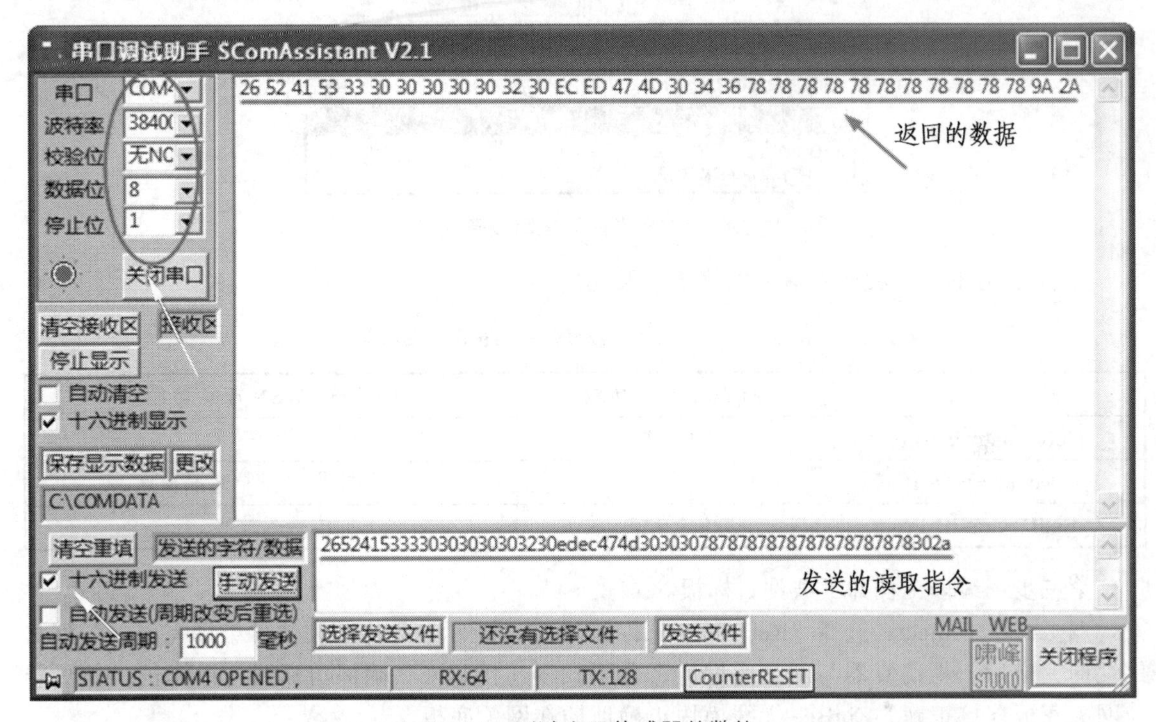

图 20-5　测试光照传感器的数值

注：3330303030303230 和 edec 是当前所选取节点模块对应的地址，实际实验中因“实验步骤第四步”中修改的 IEEE 地址或网络随机分配的短地址不同而不同。

第三部分　技能训练

一、验证实验结果

第一步：打开工程文件。

将“代码和例子程序\Zigbee2007 多传感器”内文件夹“ZStack-CC2530-2.2.0-1.3.0MS”复制到 IAR 安装盘根目录（如 C：\Texas Instruments）下。使用 IAR7.51 打开“Projects\zstack\Samples\SampleApp\CC2530DB”中的工程文件“SampleApp.eww”。

第二步：打开工程后选择对应的设备类型。

打开工程后如图 20-6 所示，选择当前要烧写设备的类型。

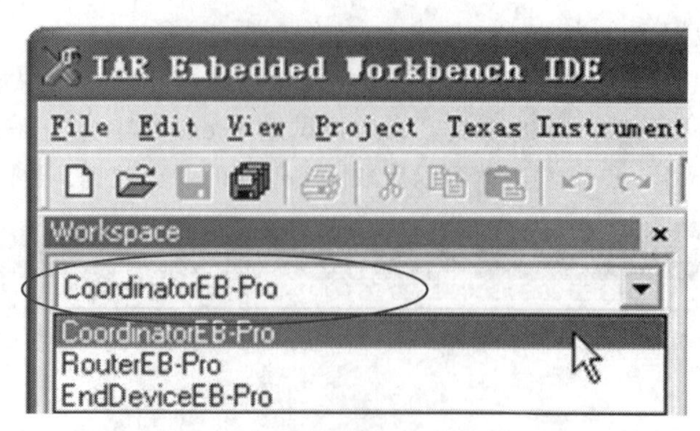

图 20-6　选择当前要烧写设备的类型

表 20-2 为不同工程所对应的网络节点及功能。

表 20-2　不同工程所对应的网络节点及功能

工程名称	ZigBee 网络功能	CC2530-WSN 节点功能
CoordinatorEB-Pro	协调器	网关
RouterEB-Pro	路由器	路由器节点、传感器节点
EndDeviceEB-Pro	终端节点	传感器节点

第三步：编译工程并下载到目标板。

点击菜单 Project，选择“Rebuild All”，如图 20-7 所示，等待工程文件编译完成。工程文件编译完成后，把仿真器与网关通过仿真器下载线连接起来。确保仿真器与计算机、仿真器与网关底板连接正确，ZigBee 无线模块正确地插在网关底板。

点击 Project 菜单，选择“Debug”，如图 20-8 所示，等待程序下载完成。

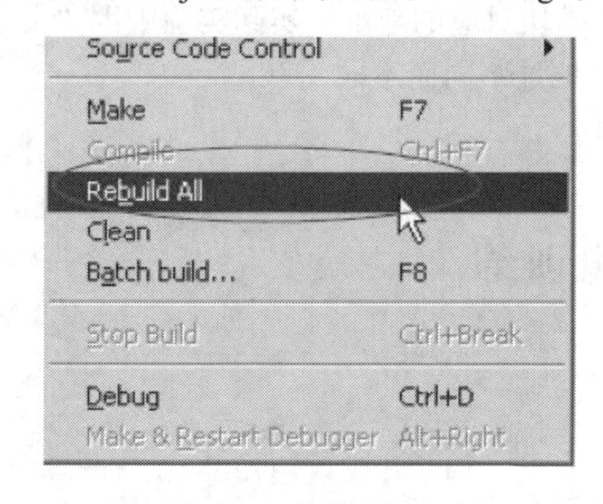

图 20-7　编译工程

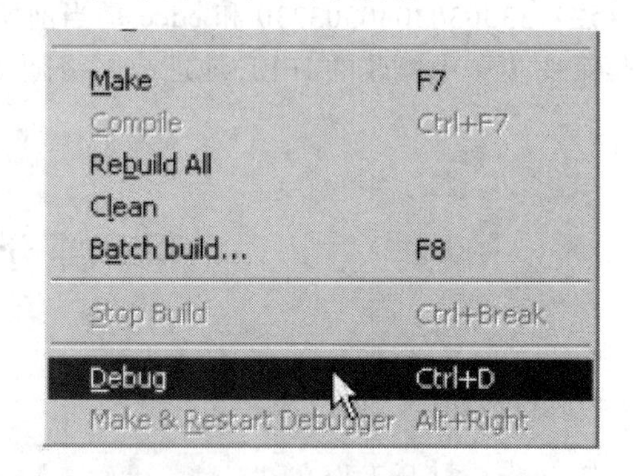

图 20-8　下载和调试目标板

重复第二步和第三步操作，将“RouterEB-Pro”设备对应的程序下载到带传感器模块的传感器节点底板中（SMBD-V11-1）。

第四步：修改 IEEE 地址。

在物理地址烧写软件中，首先通过“Read IEEE”读出物理地址（IEEE 地址），如果节点物理地址为“0xFF FF FF FF FF FF FF FF”或在网络中有相同地址，则需要通过“Write IEEE”修改 ZigBee 网络节点的物理地址。在此例中，我们把网关的物理地址修改为“0x31，0x30，

0x30，0x30，0x30，0x30， 0x30，0x30”，具体设置如图 20-9 所示。按照第二步至第四步的方法下载传感器节点模块的程序，选择“RouterEB”或“EndDevice”，如有多组在同一实验室进行实验，请修改为不同的 IEEE 地址。

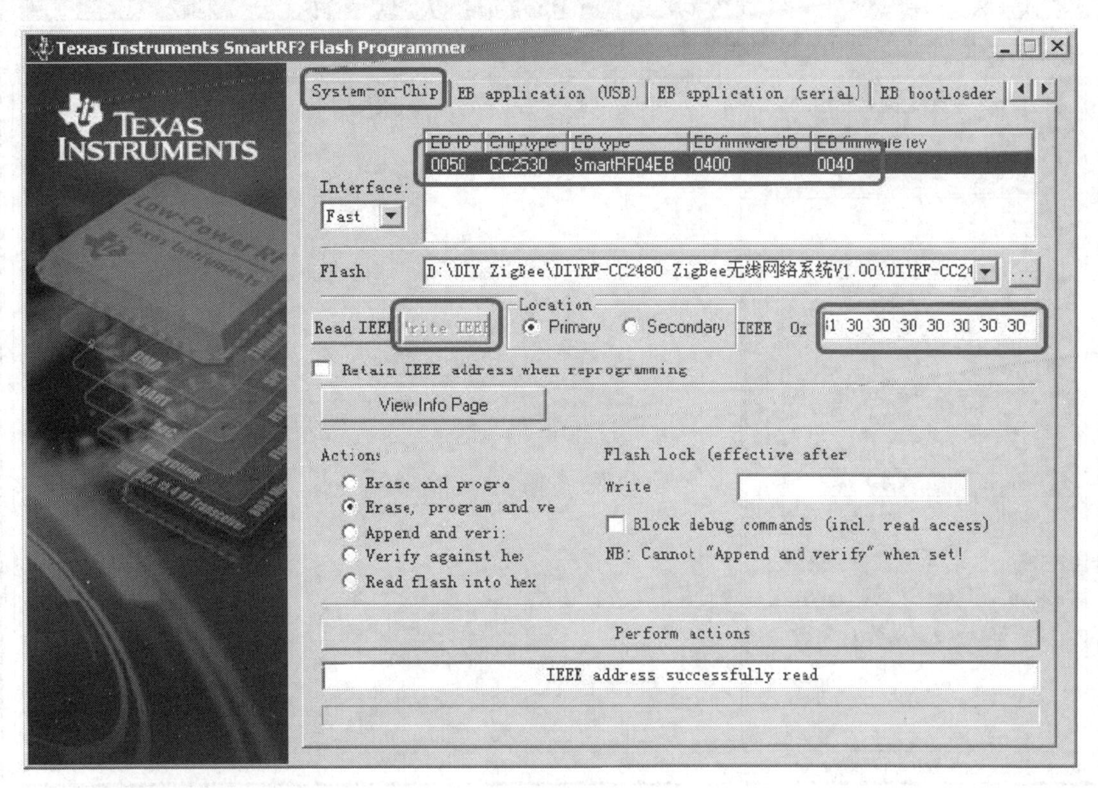

图 20-9　修改 IEEE 地址

第五步：获取和查看光照传感器数据。

用 USB 线连接 PC 机和网关，打开“代码和例子程序\Zigbee2007 多传感器\无线龙 ZigBee 演示软件 V1.21（串口用）”目录下“无线龙 ZigBee 演示软件 V1.21（串口用）.exe”软件。

通过设备管理器查看对应设备的串口号，如图 20-10 所示为 COM3。在监控软件中将“COM 端口”设为 COM3，波特率设为 38400，点击“打开串口”，具体设置如图 20-11 所示。

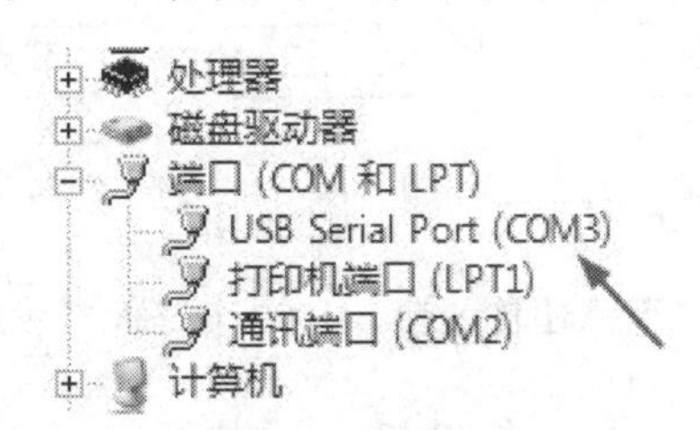

图 20-10　查看对应设备的串口号

图 20-11　选择正确的串口号

打开串口后，选择“网络拓扑图”，其主界面将如图 20-12 所示。注意确保网关与计算机连接正确。

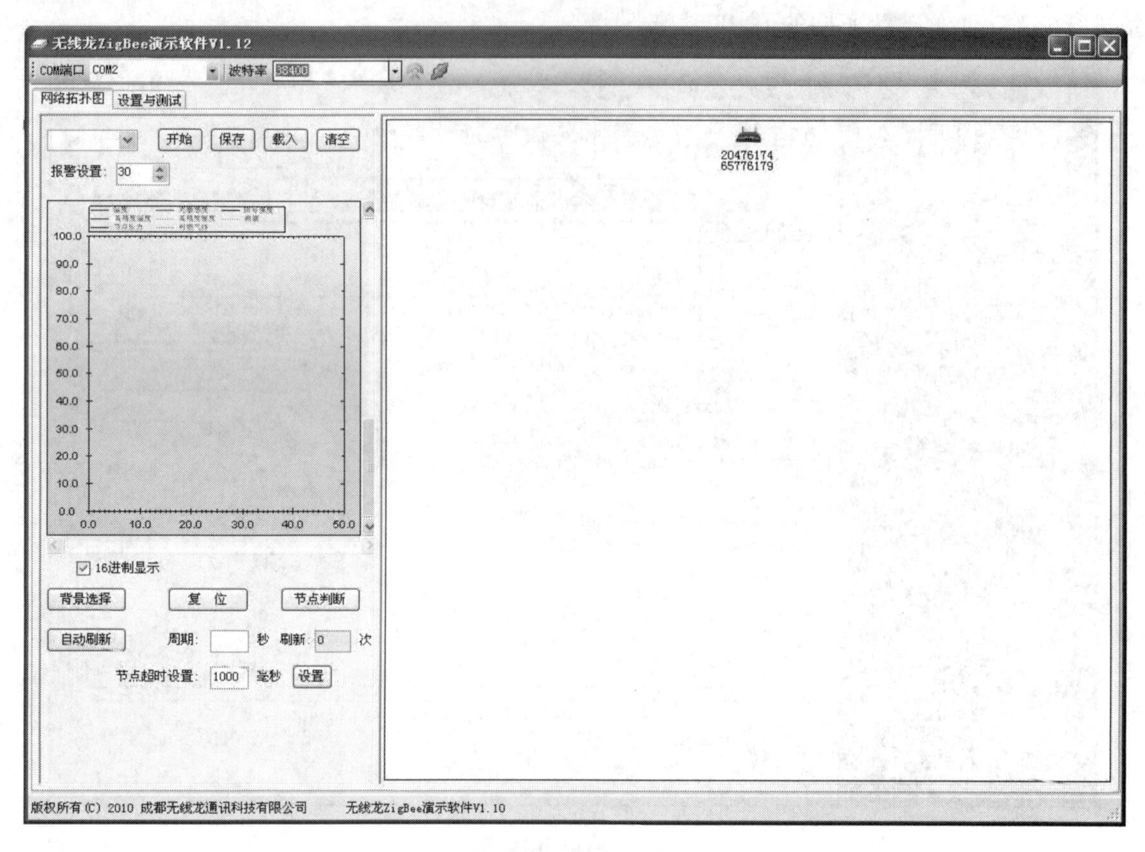

图 20-12　显示网关

打开串口，在拓扑图中没出现“　”（表示网关）。查看 COM 端口设置是否正确，串口连线是否正常。

打开自动更新以便监控网络，如图 20-13 所示。

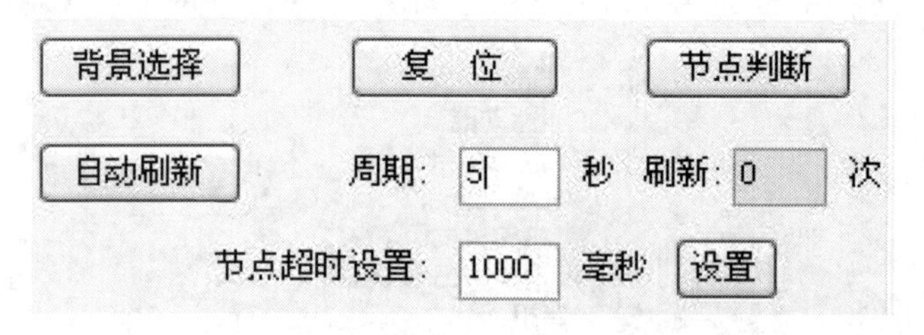

图 20-13　自动刷新

网络拓扑图根据所设的周期自动刷新网络（注：自动更新开启后不能执行其他的与硬件交互的命令）。

打开自动更新后，就可以开始组建网络了。首先将下载有路由器程序（图 20-14 中地址为“00000001”）的节点的电源打开，并确定节点模块上右边的 LED 灯亮起，这样就表示已连入网络（也可用下载了终端节点程序的节点，由于终端节点不具有下级路由，为了显示多级路由说明，使用路由功能节点)，如图 20-14 所示。

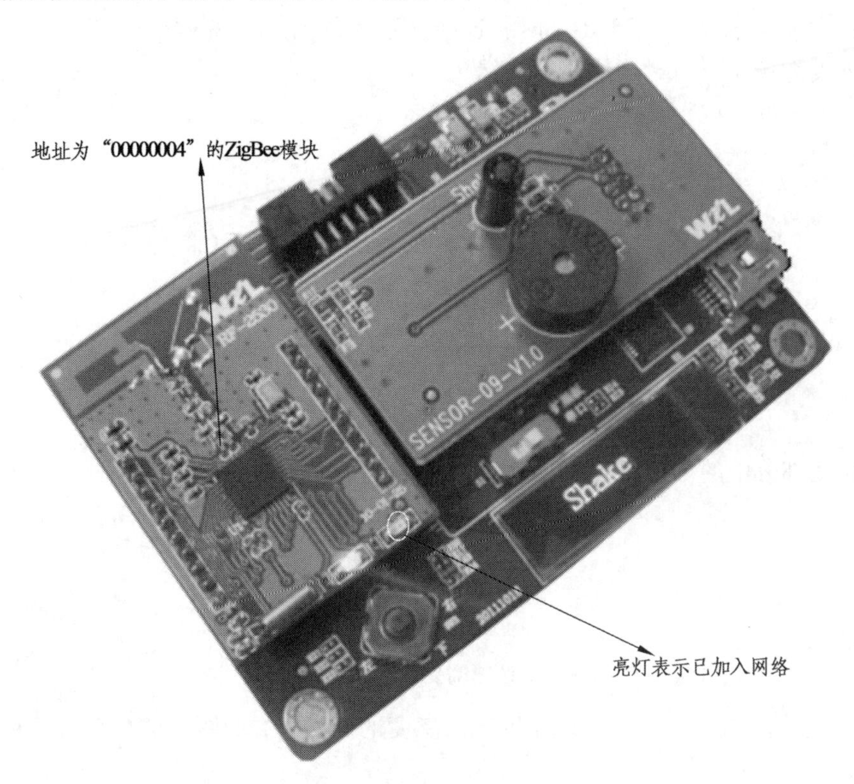

图 20-14　“00000001”路由功能节点

此时网络拓扑图显示如图 20-15 所示。

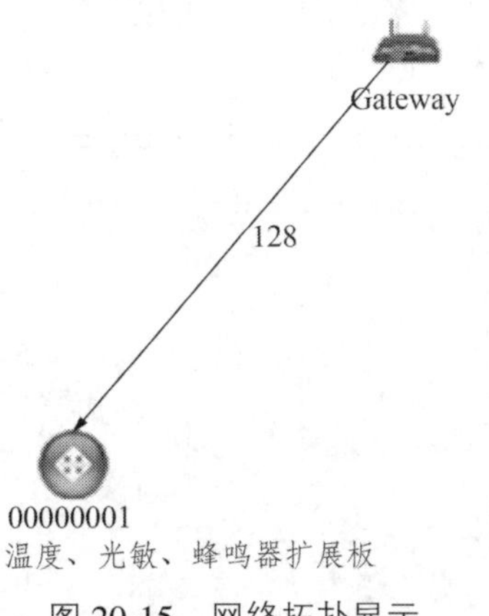

图 20-15　网络拓扑显示

节点如果是路由器，其在拓扑图上的图标表示为 ，如果是终端节点（传感器节点）则表示为 或 。

节点之间的连线表示两节点之间的父子关系，连线的颜色随表示信号强度的数字的变化而变化，具体如下：

当信号强度为 0 时，连线显示为灰色。

当信号强度大于 0 小于等于 50 时，连线显示为红色。

当信号强度大于 50 小于等于 100 时，连线显示为黄色。

当信号强度大于 100 时，连线显示为绿色。

显示光敏曲线的步骤：

（1）在拓扑图中选中节点，如图 20-16 所示。

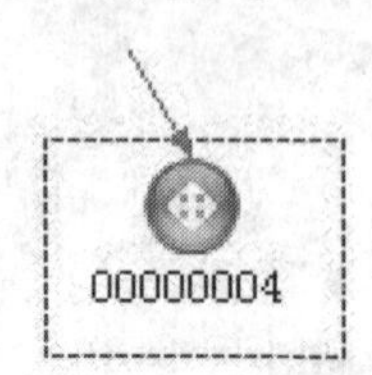

图 20-16　选择需要查看的节点

（2）在曲线部分中的下拉选择框中选择光敏感度，如图 20-17 所示。

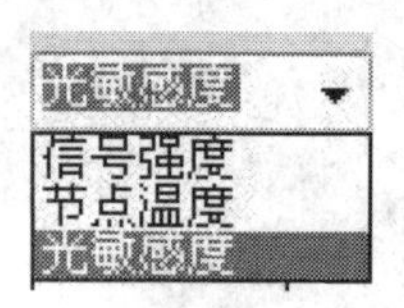

图 20-17　选择需要查看的测试项目

（3）点击“开始”按钮，就可开始显示光敏感度的曲线了，如图 20-18 所示。注意这时“开始”按钮将变为“关闭”按钮。

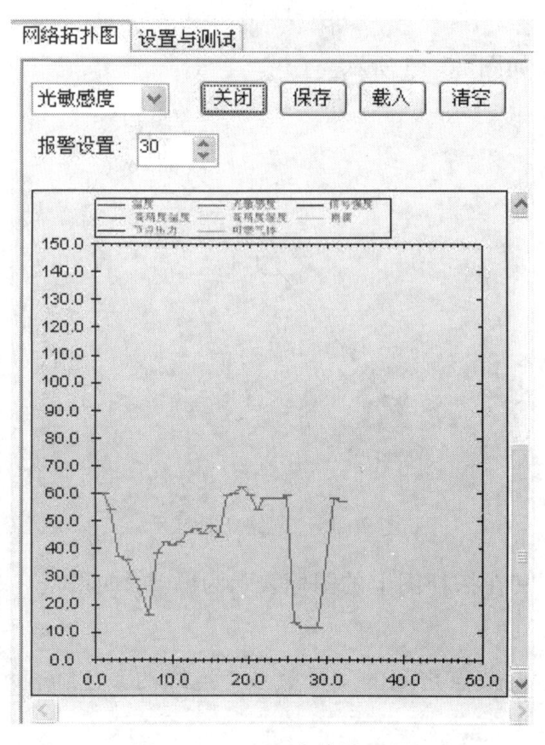

图 20-18　RSS 曲线显示图

为了使显示曲线效果明显，可以通过遮挡光敏传感器来达到明显效果。

点击“关闭”按钮，则曲线停止，但曲线不会消失，这时“关闭”按钮将变为“开始”按钮。这时再点击“开始”按钮，会弹出一个对话框，如图 20-19 所示。

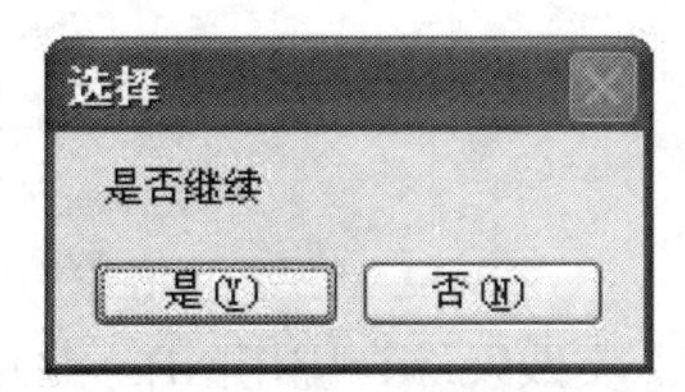

图 20-19　选择是否清空曲线

选择“是”则不清空曲线，继续在图上画曲线。选择“否”则清空曲线，重新在图上画曲线。

二、知识点考核

1. 画出无线光照度检测实验协调器端软件流程图。

2. 画出无线光照度检测实验终端节点端软件流程图。

3. 以下是 ZigBee 网络无线数据帧的格式示意图，请简要说明每部分各占多少字节，以及各字段的功能。

帧头	命令头	地址	数据	CRC	帧尾

4. 简要说明 AF_DataRequest 函数中各参数的含义。

```
afStatus_t AF_DataRequest( afAddrType_t *dstAddr, endPointDesc_t *srcEP,
                           uint16 cID, uint16 len, uint8 *buf, uint8 *transID,
                           uint8 options, uint8 radius )
```

5. 说明 AF_DataRequest()函数中最核心的两个参数的作用：uint16 len________________，Uint8 *buf__________________________。

参考文献

[1] 葛广英，葛菁．ZigBee原理、实践及综合应用[M]．北京：清华大学出版社，2015.
[2] 廖建尚．物联网平台开发及应用：基于CC2530和ZigBee[M]．北京：电子工业出版社，2016.
[3] QST青软实训．ZigBee技术开发：Z-Stack协议栈原理及应用[M]．北京：清华大学出版社，2016.
[4] 李文华．ZigBee网络组建技术[M]．北京：电子工业出版社，2017.
[5] 姚仲敏．ZIGBEE无线传感器网络及其在物联网中的应用[M]．哈尔滨：哈尔滨工业大学出版社，2018.
[6] 姜仲，刘丹．ZigBee技术与实训教程——基于CC2530的无线传感网技术[M]．北京：清华大学出版社，2018.
[7] 王小强．ZigBee无线传感器网络设计与实现[M]．北京：化学工业出版社，2012.
[8] 青岛东合信息技术有限公司．ZigBee 开发技术及实践[M]．西安：西安电子科技大学出版社，2014.
[9] 杜军朝．ZigBee技术原理与实战[M]．北京：机械工业出版社，2015.
[10] 莫宏貌．智能家居DIY——OpenWRT+Arduino+ZigBee+3D打印+手机客户端[M]．北京：电子工业出版社，2015.